U0554054

南京晓庄学院文学院求真学术文库

梁启超美学思想研究

RESEARCH ON LIANG QICHAO'S AESTHETIC THOUGHTS

莫先武 著

社会科学文献出版社
SOCIAL SCIENCES ACADEMIC PRESS (CHINA)

序

先武是我的硕士生，也是我的博士生，他求学之路较长，前后近十年，原因是喜欢的专业较多，工作忙，又出国，影响了进展。不过，好在最后关头他能集中精力，一鼓作气，顺利完成了博士论文。现在，他可以自由自在地做自己想做的事了。

研究梁启超是值得的，他是中国近现代思想史上响当当的人物，留下了丰富的思想遗产，今天读，也能给人无尽的启发。如说变法之本在育人才，要其大成在变官制；如说要知国家与天下、朝廷的区别；如说国民劣根性在奴性、愚昧、为我、好伪、怯懦、无动；如说新民为第一急务；如说精神教育者自由教育也；如说少年强则国强；如说天下最可厌可憎可鄙之人莫过于旁观者；如说吾敬李鸿章之才，吾惜李鸿章之识，吾悲李鸿章之遇；如说欧洲人做了一场科学万能的大梦；如说要发展个性，必须从思想解放入手；如说拿西洋的文明来扩充我的文明，拿我的文明去补助西洋的文明；如说孔教无可亡之理；如说凡一切有主张的运动，无论他所主张和我相同或相反，我总认为他的本质是好；如说不扫除君统之谬见而欲作史，徒为生民毒耳；如说真理是不能用“唯”字表现的；等等。人们在思考中国近现代的变法问题、国民性问题、精神自由问题、个性问题、儒家传统问题、教育问题、中西方思想交流问题等方面，不能不参考梁启超的上述观点，从中汲取营养。梁启超形成的亦西亦中的思想方法，为今天创建具有中国性的思想体系提供了经验，启发我们一定要采取中西融合的视域，立足于解决中国问题并给予具有普遍性的解答，庶几可以创建中国学派以贡献于世界。

就中国现代美学史而言，他也是响当当的人物，与王国维并列为开山人物。梁启超 1902 年发表的《论小说与群治之关系》，早于王国维 1904 年发表的《〈红楼梦〉评论》，是真正的中国现代美学第一文。当然，两位美学家的思想志趣有别，或者根源于两人所欲追求的目标不同，梁启超更多地论述了审美活动与社会生活之间的相关性，期望通过审美来介入现实、改造现实；王国维更多地论述了审美活动与个体生命之间的相关性，期望通过审美来敞亮生命。他俩不是对立的，都试图改造人类生活以近于更加美好的状态。

我认为，研究一个思想家、美学家或文论家，就是找出他的不同于别人的特异处，如果找不到，那不是证明了自己的浅薄，就是证明了对象的浅薄，如此则无须再用力研究下去。所以，刻画出对象的思想个性，是这类学人个案研究的必然要求。先武在这个方面的努力是值得肯定的，其中有三点值得关注，这是他在前人研究基础上，经过自己的思考并加以总结出来的。

其一，研究一位美学家，首先要界定这位美学家的身份，只有界定准确，此后关于这位美学家的研究才能走在正确道路上，如果错了，再怎么用力，都难免南辕北辙的尴尬。先武把梁启超定位在“文人政治家”位置上，这个界定，颇有内涵。一般来说，作为文人，搞的是创作，也就常常会在想象、情趣、技巧方面用力多些，以此满足人们的审美欲求。作为政治家，就善于运筹帷幄，分配各种利益，也善于把握群众的心理，把他们往这方面或那方面调动。但如果是一个“文人政治家”，兼而有文人的气质与政治家的行动，那就非常特别，既不同于一般的文人，也不同于一般的政治家。梁启超正是这样的人，所以让他当文人，他有些放不下政治，让他从事政治，他又时常散发出文人气息，结果是两面不讨好，文人嫌他政治的实利心太多，政治家嫌他文人的想象力太丰富。不过，也有一个好处不容否定，那就是当梁启超把美学与政治相关联时，这个“文人政治家”的身份便成了恰当的主角，能够把美学与政治贯通起来。梁启超能够论述小说与政治之间的关系，而且把二者关系说得那么清楚、深入，除了他是“文人政治家”之外，是找不到其他理由的。研究政治美学，最好由“文人政治家”来承担，这样会保证政治美学具有非常切实的内容。当先武这样分析时，我以为是有说服力的。至于把文人的想象带进政治实践，是否就一定是负面的，也要具体情况具体分析。在中国古代，多得是“文人政治家”，他们能够立言，也能够立功，从而成就了中国古代政治的特色。

其二，研究交叉学科与研究单一学科不同，研究单一学科时，只要按照单一学科所具有的属性进行就可以了。如研究美学，只在美学学科内进行，无论说美是主观的、客观的，还是说美是主客观结合的，都无所谓，都能自成一家之言。但是，如果研究政治美学，再用这个主观说、客观说或主客观统一说来定性，就不太适合，因为根本不能把政治也拉进这个主观说、客观说或主客观统一说的设定中。先武把梁启超的美学思想称为“政治美学”，是恰当的，但如此一来，也就意味着要找到政治与美学二者的相似点才能进行研究，而这个相似点，其实也就是沟通二者的中介。否则，以政治的属性代替美学的属性，美学将消亡；反之，以美学的属性代替政治的属性，政治也消亡。先武认为梁启超在论述美学与政治关系时，建立的是情感中介，信矣，服矣。文学是情感的活动，政治也有情感的属性。一个文学家之所以从事政治活动，恐怕情感的原因多于理性的原因，因为文学家在生活中积蓄了太多的反抗情绪，要找一个地方抒发，到政治活动中去抒发，可能是一个极好的机会。一个政治家之所以也与文学发生关系，甚至把文学视为自己政治活动的一部分，与文学的情感与想象特性有关，文学中的情感可以安慰政治家的孤独之心，更重要的是能激发他们的热情与想象，让他们把文学中的理想当成自己的梦想，树立更远大的目标。所以，美学与政治结合，不是渴望政治的权力，成为它的工具，而是渴望政治的同样品质即情感上的反抗，与政治结成盟友，一起追求美好的生活。政治与美学的结合，应该是取美学的想象性与理想性来充实自己，而非强迫美学成为工具，只服从于短期的利益诉求，那样的话，既有可能扼杀美学的品性，也有可能降低政治的理想性，不

利于追求美好的生活。就我所知，在研究中国现代美学家时，人们会提到情感的问题，但明确地把情感作为美学与政治的中介来讨论，是先武进行的。此种用思极珍贵，言自己所言，才能成就自己的学术。

其三，研究梁启超必然牵涉对于中国现代美学史发展规律的认识，先前学界包括我个人，大都持“双线推进说”，认为中国现代美学史呈现为“功利派”与“审美派”的对立与交替。这导致的结果是：当“功利派”得势的时候，会说美学发展不畅是“审美派”造成的；当“审美派”得势的时候，会说美学发展不畅是“功利派”造成的。这一观察未必完全失实，在中国现代美学的发展中，“功利派”得势的时间远远超过“审美派”。但实际情况又有可能要复杂得多，仅仅只用二者的对立来描述美学史，也显得单薄了一点。因此，寻找新的描述方式，理应成为学界的新探索。先武认为中国现代美学史的发展是由三线推进的，就牵涉了这个重大问题，兹事体大，可能会仁者见仁、智者见智。但我以为先武的概括是可信的，将大大拓展对于中国现代美学史内在特性的认识，揭示出来的美学史景观也将更加丰富。“三线推进说”强调中国现代美学由审美、启蒙与政治三重动力构成发展机制，由此，既丰富了美学史的图景描述，又可以更加具有阐释力，深入揭示审美、启蒙与政治之间的关联与转换方式。诚如先武所说：“由此看政治，它因融入启蒙的视角而深厚凝重，从而凝铸成中国现代的思想史，它借助或通过审美，扩大、丰富了政治的范围与内涵，将宏大的政治主观化、个性化、体验化，将公共的情感体验与个性的情感体验融合了起来；由此看启蒙，它因政治的视角而与解决中国现代社会的困境现实结合了起来，既有理论的指向性，又有解决问题的社会现实性，因审美视角的融入，把人生的价值思考与美好社会生活的想象结合了起来，形成了独特的中国现代启蒙样式；由此看美学，它既追求了自身的特性，但同时也参与了伟大的政治变革，参与了中国现代的思想启蒙运动，自身特性与参与变革、启蒙运动之间的丰富关联，创造了中国现代独特的美学形态及审美经验。”这样一来，美学活了，它不仅是自身，也是启蒙，也是政治，美学在关注人的生命之际，走向了生命的更大活动舞台——思想领域与社会领域。

近几年，我较多地涉及古代文论，发现现代文论提出的一些问题，往往在古人那里已有苗头，甚至已经有了大体相近的说法，这证明中国现代文论的发生是有中国源头的。过去，囿于年代划分，把“五四”以降称作现代时期，又因为现代时期大量引进西方思想资源，故认为中国现代文论只是西方文论的翻版，复又把这种翻版视为“殖民”的结果。其实，问题根本不是这样的。比如，我正在研究韩愈，发现“五四”新文学作家大力批判了他，唯独接受了他的“不平则鸣”说，这说明了什么呢？我稍稍加以推论，得出了一个令我自己也惊奇的看法：如果承认“不平则鸣”代表的是一种抒情思想，在中国古代具有这种思想的作家大有人在，而且到了明清两代，赞成这种抒情思想的人越来越多，那么，是否意味着，即使不吸取西方的抒情思想，中国自身也会滋生出响当当的现代抒情思想呢？我想是的。所以，我们一方面仍然要重视西方的抒情思想，吸收它们，导致中国现代的抒情思想更加鲜明、更加具有个性独立的特色。另一方面也不得不说，中国现代文论的发生虽然是有外缘的，但更有内生的经验与资源，没有这份内在的经验与资源，是不可能真正形成现代抒情思想的。故在我看来，可用“内生外缘”来概括中国现代文论的发生。若这个看法有些可信性，那么，能不能也用到梁启超、王国维的身上来看中国现代美学发生的“内生外缘”特性呢？这是一个问题。探讨的精细处应该在于清晰解释“内生”与“外缘”是如何匹配而产生现代文论的，而不是简单地承认既有“内生”的一面，也有“外缘”的一面。探讨应以个案的方式进行，如选择典型的学者，典型的文本，研究各自的“内生外缘”经验，集腋成裘，不怕描绘不出“内生外缘”的整体美学思想图景。

先武出这本书，既是自我学术研究的一个小结，也应是一个新的开始——指向更大的学术空间。

刘锋杰
2020 年 4 月 24 日星期五，于苏州小石湖畔

目 录

导 论

一 研究缘由

1. “梁启超”值得关注

晚清至民初是中国社会从传统向现代转型的关键时期。在这一特殊时期，梁启超的地位非常特殊，也非常重要。日本学者安倍能成用“贮水池”来评价康德哲学在西方哲学史中的地位，认为“康德以前的哲学概皆流向康德”，“而康德以后的哲学又是从康德这里流出的”。[①] 梁启超思想在中国社会现代转型中也具有这样的“贮水池”功能：龚自珍、魏源、严复、黄遵宪、郑观应乃至康有为，他们的政治思想、文学思想、美学思想都源源不断地流入梁启超这个“贮水池”中，而其后胡适、陈独秀、郭沫若、鲁迅包括毛泽东等，无论是持激赏还是批评的态度，也都曾经从梁启超这个“贮水池”中汲取过营养。

梁启超生时社会影响极大。梁漱溟曾说：“当任公先生全盛时代，广大社会俱感受他的启发，接受他的领导。其势力之普遍，为其前后同时任何人物——如康有为、严几道、章太炎、章行严、陈独秀、胡适之等等——所赶不及。我们简直没有看见过一个人可以发生像他那

① 〔日〕安倍能成：《康德实践哲学》，于凤梧、王宏文译，福建人民出版社，1984，第3页。

样广泛而有力的影响。”[①] 这是事实。戊戌变法失败逃亡日本后，他创办《清议报》，痛骂慈禧及当时旧官僚，慈禧将他看作比孙中山更为危险的头号人物，并以十万两白银悬赏他的人头。1905年清廷派遣端方等五大臣出国考察宪政，梁启超以通缉犯之身份代其撰写宪政奏章二十余万字。辛亥革命后归国，他受到英雄般的礼遇，“上自总统府、国务院诸人，趋跄惟恐不及，下即全社会，举国若狂”，他一人“实为北京之中心”，“各人皆环绕吾旁，如众星拱北辰”。[②] 他去世后，包括熊希龄、冯玉祥等政界名流，胡适、钱玄同、蔡元培、章太炎等思想界巨人，都参加追悼会并敬送挽联，可谓盛况空前，可见他的影响力之巨。

梁启超思想的影响同样极大。无论是活动与影响早于梁启超的严复、黄遵宪，包括其师康有为，还是同时代及其后的夏曾佑、胡适、陈独秀等，都激赏梁启超。黄遵宪曾这样评价梁启超的著述：“《清议报》胜《时务报》远矣。今之《新民丛报》又胜《清议报》百倍矣（《清议报》所载，如《国家论》等篇，理精意博，然言之无文，行而不远。计此报三年，公在馆日少，此不能无憾也）。惊心动魄，一字千金。人人笔下所无，却为人人意中所有，虽铁石人亦应感动。从古到今，文字之力之大，无过于此者矣。罗浮山洞中一猴，一出而逞妖作怪，东游而后，又变为《西游记》之孙行者，七十二变，愈出愈奇。吾辈猪八戒，安所容置喙乎，惟有合掌膜拜而已。”[③] 胡适、陈独秀、鲁迅、郭沫若、毛泽东等或多或少都受到过梁启超的影响。胡适说：“我个人受了梁先生无穷的恩惠。现在追想起来，有两点最分明。第一是他的《新民说》，第二是他的《中国学术思想变迁之大势》

① 梁漱溟：《纪念梁任公先生》，夏晓虹编《追忆梁启超》（增订本），生活·读书·新知三联书店，2009，第218页。

② 梁启超：《与娴儿书》（1912年11月1日），丁文江、赵丰田编，欧阳哲生整理《梁任公先生年谱长编》（初稿），中华书局，2010，第342页。

③ 黄遵宪：《致梁启超函》（1902年5月），《黄遵宪集》，广东人民出版社，2018，第115页。

……我们在那个时代读这样的文字，没有一个不受他的震荡激动的。"[①]"《新民说》诸篇给我开辟了一个新世界，使我彻底相信中国之外还有很高等的民族，很高等的文化；《中国学术思想变迁之大势》也给我开辟了一个新世界，使我知道'四书''五经'之外中国还有学术思想。"[②] 郭沫若在回忆录《少年时代》中说："平心而论，梁任公地位在当时确是不失为一个革命家的代表。他是生在中国的封建制度被资本主义冲破了的时候，他负载着时代的使命，标榜自由思想而与封建的残垒作战。在他那些兴气锐利的言论之前，差不多所有的旧思想、旧风气都好像狂风中的败叶，完全失掉了它的精彩。二十年前的青少年——换句话说：就是当时有产阶级的兄弟——无论是赞成或反对，可以说没有一个没有受过他的思想或文字的洗礼的。"他还说："他著的《意大利建国三杰》，他译的《经国美谈》，以轻灵的笔调描写那亡国的志士、建国的英雄，真是令人心醉。我在崇拜拿破仑、俾士麦之余，便是崇拜加富尔、加里波的、玛志尼了。"[③] 毛泽东青年时代就十分佩服梁启超，他对梁启超主编的《新民丛报》爱不释手，很多文章是读了又读，熟能成诵；他对梁启超的《新民说》《政治学大家伯伦知理之学说》反复钻研，还加了批语；1936 年，他与美国作家斯诺谈话时公开宣称，他青年时代就十分赞赏梁启超，并曾呼吁把孙中山从日本召回，担任新政府总统，由康有为任国务总理，梁启超任外交总长。在青年毛泽东的眼中，梁启超的政治追求、理论构架、道德文章都为一流，他习惯称"梁康"而非"康梁"。他在一次谈话中称，青年时代受到梁启超办的《新民丛报》的影响，"觉得改良主义也不错，想向资本主义找出路"。[④]

可以说，在中国社会转型期影响面如此之广、影响力如此之大，无出梁启超之右者。这样的梁启超，当然值得我们认真对待、认真

① 胡适：《四十自述》，《胡适精品集》（13），光明日报出版社，1998，第 362～363 页。
② 胡适：《四十日记全编》，安徽教育出版社，2001，第 416 页。
③ 郭沫若：《少年时代》，《郭沫若全集》（第 11 卷），人民文学出版社，1992，第 121 页。
④ 参见张品兴《梁启超全集·前言》，《梁启超全集》（第一册），北京出版社，1999，第 1 页。

研究。

2. “梁启超现象”值得反思与重视

梁启超在他的时代影响空前，但“梁启超现象”又非常特殊，可用“两头峰中间谷”来形容。所谓“两头峰”，是指在梁启超时代与当前学术界，他都受到了特殊的礼遇，评价比较高；所谓“中间谷”，是指梁启超后期及去世之后，他的影响与评价逐步下滑，最终跌入谷底，直至新时期被重新认识。研究中国政治法律的现代转型，其源头要回到“康梁”，认为梁启超是迈入现代政治的第一人，是“近代中国思想解放运动的先驱和近代文化的开拓者”，“对梁启超在政治法律思想方面的贡献，必须实事求是地予以肯定”①；研究中国哲学的现代转型，其源头要追溯到梁启超，认为是他构建了中国现代第一篇政治哲学与伦理哲学；研究中国启蒙思想，已经将五四启蒙向前延伸至梁启超的新民理论，认为五四启蒙是对梁启超新民说的“接着说”，梁启超是中国近现代影响巨大而深远的“百科全书式的启蒙思想家和文化巨人”②；研究中国传统文化的现代转型要回到梁启超，无论是他前期对中国传统文化的批判，还是后期对中国传统文化的再评价，都是现代学术研究的起点；研究中国历史，梁启超的研究成果与研究方法，都已经融入中国现代历史研究的学术成果之中；研究现代传媒，梁启超创办的报刊是现代报刊的楷模，其办刊的手段、精神，直至今天仍然值得我们效仿与反思；研究中国现代教育，认为梁启超创建了一套比较完整的教育思想体系和新型的教育模式，“从一定意义上说，他在教育领域的业绩，较之政治方面的成就，更为光彩耀目，有更为久远的生命力”③，他的办学经验、育人手段与自由讲座制度，到今天仍值得我们去继承与挖掘；研究中国现代文论与美学，认为梁启超是“中国近现代民族新美学的开拓者与奠基人之一”④，无论是早期的三

---

① 宋仁主编《梁启超政治法律思想研究》，学苑出版社，1990，第 17 页。

② 杨晓明：《梁启超文论的现代性阐释》，四川民族出版社，2002，第 50 页。

③ 宋仁主编《梁启超教育思想研究》，辽宁教育出版社，1993，第 268 页。

④ 金雅：《梁启超美学思想研究》，商务印书馆，2005，第 13 页。

界革命论尤其是小说理论，还是后期的趣味美学，都越来越受到学术界的重视，认为这是五四文学革命的先声，有着“不容低估的历史价值”①。

李国俊这样评价梁启超：“他创作力之旺盛，著述之宏富，影响之深广，在同时代的学者和思想家中可谓首屈一指，几乎论无不及，学无不窥。三十多年间发生的重大事件，都不同程度地反映于他的笔底波澜。凡是从事中国近代政治、哲学、史学、文学、经济、教育、新闻、法律、伦理、宗教等学科的研究者，无不需要研究他的著作，就是研究古代学术史的人，也常需借鉴他的研究成果。”② 这是对梁启超影响面之广、影响力之大的高度概括，也是中肯的评价。可以说，梁启超的身前身后，一直都是百年中国的重要言说对象与言说重心，梁启超一直伴随着百年中国的历史发展。换句话，梁启超开启并一直伴随着中国社会的现代转型与历史发展，一直生活于百年中国的历史进程之中。“梁启超现象”史，一定程度上就是百年中国学术史的缩影。因此，对梁启超的研究与对梁启超现象的研究，一定程度上就是对百年中国历史的解读；对梁启超的反思与对梁启超现象的反思，一定程度上也就是对百年中国历史的反思。

3. “梁启超美学思想研究”需要新视角新方法

中国百年美学史中，“梁启超美学思想研究”形成了三种研究思路与模式：一是传统的政治阶级评价研究思路与模式，二是转型期的启蒙评价研究思路与模式，三是现代纯美学研究的思路与模式。新中国成立前后，梁启超美学思想研究主要是政治阶级分析与评价。梁启超的美学活动与美学著述，主要是戊戌变法失败逃亡日本后的三界革命论与后期新文化运动时期的趣味美学。由于前期他曾以资产阶级改良派反对资产阶级革命派，后期以道德救国论反对新文化运动、反对无产阶级革命论，在政治阶级话语评价体系中，他的美学思想显然是落后与反动的。新时期以来，在去政治化的语境中，梁启超美学思想

---

① 夏晓虹：《觉世与传世——梁启超的文学之路》，上海人民出版社，1991，第2页。

② 李国俊：《梁启超著述系年·前言》，复旦大学出版社，1986，第1~2页。

研究开启了新的启蒙视角建构。1979年，李泽厚发表《梁启超王国维简论》，将政治与启蒙分离，在不否定梁启超阶级性质的前提下，从历史境遇而不是从阶级评价标准，从启蒙的角度高度评价梁启超美学思想，认为“梁启超和王国维则都是应该大书特书的肯定人物”，“其主要方面是积极的”①。随着学术研究的正常化，梁启超美学思想研究形成了纯美学的研究思路与模式，最典型的是夏晓虹的梁启超文艺美学研究、金雅的梁启超美学思想研究与方红梅的梁启超趣味美学研究，他们从纯美学的研究视角挖掘梁启超早期三界革命论的文学价值与审美价值，重新阐释他后期趣味美学的人生价值。

这三种研究思路与模式虽然对待政治态度迥异，但思维方式基本一致，都持政治与审美二元分离对立论，即将政治与审美看作两个分离或对立的独立领域，只不过对两者关系的认识与态度不同，即政治阶级研究思路与模式持政治与审美一致论，但认为审美依附于政治；启蒙研究思路与模式开始松动政治与审美的关系，但并没有摆脱审美依附于政治的格局；纯美学研究思路与模式则持政治与审美二元对立论，通过政治功能的否定来建构美学的独立价值。但是，梁启超的美学建构，恰恰是强烈政治冲动下的主动审美追求，是将政治与审美融合为一体的文学活动与审美活动及其理论建构，用纯美学的研究视角来审视与评判，显然无法真正进入梁启超的美学，无法真正把握梁启超美学思想的特质。梁启超的美学建构，其目的显然不同于王国维式的纯美学，用王国维式的纯美学思路来研究梁启超的美学，只能肢解、臆测梁启超美学。

因此，研究不同于王国维式纯美学的梁启超美学思想，必然面临视角转换与方法创新。王斑的政治与审美的二元融合论为梁启超美学思想研究提供了新视角、新方法。王斑认为，“在现代中国，任何称得上‘审美体验’的东西总是沾染了政治”，但是，对于“政治可转化为审美体验，且规模宏大”则知之甚少。他指出，在中国，从接受

① 李泽厚：《梁启超王国维简论》，《历史研究》1979年第7期，又见《中国思想史论》（中），安徽文艺出版社，1999，第746页。

西方的美学开始，它就被用来“处理伦理、社会和政治”，“在美学话语与审美实践中，政治被阐述成了审美体验”。[①] 也就是说，在中国，西方美学从被引入与接受始，审美就政治化了，它参与了中国政治现代化的进程；同时，政治也审美化了，已经内化为政治主体的审美体验。其实，政治与审美并不必然是分离或对立关系，它们在美好生活的想象方面具有内在一致性，有着二元融合的基础与现实。梁启超的美学思想，正是建立在政治与审美二元融合的思维基础之上的；他创构的美学，实质上是政治与审美二元融合的政治美学。政治与审美的二元分离视角，并不能真正把握梁启超政治美学区别于纯美学的独特性。

政治与审美二元融合视野的引入不仅必要，更值得期待。用政治与审美二元融合的视野考察梁启超的美学思想，更符合梁启超美学实践与理论建构的实际，能够实现梁启超美学思想研究的突破，也更符合中国现代美学的历史现实，这是值得期待的原因之一。更重要的是，政治与审美二元融合视野的引入，能更有效地阐释政治与审美的复杂关系，拓展美学的研究视域，开辟出与纯美学相并立的政治美学这一新天地。这样，在美学学科之内，既有以对立论为基础的纯美学，也有以融合论为基础的政治美学。这样的分离与区别，既能开拓独立的政治美学之学科，也能使纯美学的性质获得更为清晰的体认。

二 研究现状

目前，国内外学术界对梁启超美学思想研究主要有两种研究思路与模式。一是启蒙研究的思路与模式。1979 年，李泽厚发表《梁启超王国维简论》一文，在一定程度上实现了梁启超美学思想的政治阶级研究思路与模式的突破。1986 年，钟珍维、万发云出版专著《梁启超思想研究》，对梁启超思想做了系统研究，这是在李泽厚基础上对梁

① 〔美〕王斑：《历史的崇高形象——二十世纪中国的美学与政治》，孟祥春译，上海三联书店，2008，第 6 ~ 7 页。

启超启蒙思想的进一步深化。梁启超启蒙论研究的突破表现主要为以下两点。其一，以历史相对论的评价标准取代了无产阶级绝对论的评价标准。李泽厚的启蒙论研究，不再以无产阶级属性作为绝对的评价标准，而是将梁启超及其美学思想置于历史语境中，将历史境遇中的相对价值作为评价标准。李泽厚认为，评价历史人物“应不止是批判他的政治思想了事”，“而应该根据他在历史上所作的贡献，所起的客观作用和影响来作全面衡量”，“给以准确的符合实际的地位”，这就树立了历史相对论的评价标准。从历史相对论这个角度和标准出发，李泽厚认为，梁启超“是应该大书特书的肯定人物”，“在中国近代历史上所起的客观作用和影响，其主要方面是积极的”[①]。其二，以启蒙的评价标准取代了政治阶级的评价标准。李泽厚充分突出了梁启超美学思想的启蒙价值，认为他是我国近代著名的“启蒙思想家”之一。李泽厚指出，梁启超活动的特点“主要是在宣传”，他在历史上的地位“是在思想方面”，在思想方面的地位“又在宣传方面”，“他不是思想家，而只是宣传家”；他的启蒙思想，“构成当时人们（主要是青年一代）思想发展前进中的一个不可缺少的过渡环节”，“它安排了由接受初步启蒙洗礼而走向更开阔更解放的思想境界的媒介”。[②] 钟珍维、万发云认为，梁启超“不仅是一个出色的资产阶级宣传家，在掀起中国近代史上第一次思想解放的潮流中起了重要的作用”，“是新文体、新文化运动的最早倡导者”，“他对后世的影响是深远的”，“他在中国近代史上的历史地位是应该被肯定的”。[③]

二是纯美学研究的思路与模式。所谓纯美学研究，是指从反功利、反政治的无功利美学视角研究梁启超的美学思想。1991 年，上海人民出版社出版了夏晓虹的专著《觉世与传世——梁启超的文学道路》；同年，漓江出版社出版了连燕堂的专著《梁启超与晚清文学革命》；

---

① 李泽厚：《梁启超王国维简论》，《历史研究》1979 年第 7 期，又见《中国思想史论》（中），安徽文艺出版社，1999，第 746 页。

② 李泽厚：《梁启超王国维简论》，《历史研究》1979 年第 7 期，又见《中国思想史论》（中），安徽文艺出版社，1999，第 746、753 页。

③ 钟珍维、万发云：《梁启超思想研究》，海南人民出版社，1986，第 279 页。

2002 年，四川人民出版社出版了杨晓明的专著《梁启超文论的现代阐释》；2005 年，商务印书馆出版了金雅的专著《梁启超美学思想研究》；2009 年，人民出版社出版了方红梅的专著《梁启超趣味论研究》。这标志着梁启超美学思想的研究进入了独立、全面与深化的阶段，同时也是纯美学研究的阶段。梁启超美学思想的纯美学研究，最典型的当数夏晓虹、金雅与方红梅等人的基本研究思路：从梁启超的美学著述中寻找纯美学术语，再按照纯美学的理论框架编织梁启超的美学思想体系，并通过这些术语的勾连研究梁启超前后期美学思想的内在关联。夏晓虹主要从艺术美学角度研究梁启超美学，摘取的最主要的纯美学术语是“情感”。她认为，梁启超前期主要以政治家的身份研究文学，主要注重文学的社会功能，虽然兼顾情感感染功能；而后期则以纯粹的学者身份研究文学，注重对于艺术灵魂的“情感”研究。[①] 金雅与方红梅则从人生美学的角度研究梁启超美学思想。金雅摘取的纯美学术语主要是人生、趣味、情感、力与移人，并以这些范畴构建了梁启超的美学思想体系：其核心范畴是趣味，趣味的核心则是情感，力是中介，移人是目标，移人的目标则是趣味的人生，趣味人生的人生价值是梁启超趣味美学的本质，梁启超趣味美学的本质是人生美学[②]；方红梅摘取的纯美学术语主要是人生、美、趣味，她认为，“人、人生及其与美和趣味的关系，始终是梁启超思考的中心问题”，前期重视美和趣味的救亡与新民功能，后期则重视美和趣味的立人功能，“从世界、人类的立场，认识到审美、趣味对于生活的本体性意义”。[③]

政治阶级研究的思路与模式，是以政治阶级的外在标准衡量与评价梁启超的美学思想，这种评价标准简单粗暴，也完全漠视了美学的学科独特性，现在基本上已经被抛弃。启蒙研究的思路与模式，虽然突破了唯政治阶级评价标准的樊篱，但并没有完全摆脱这一话语体系，

① 夏晓虹：《觉世与传世——梁启超的文学道路》，中华书局，2006，第 8 页。

② 金雅：《梁启超美学思想研究》，商务印书馆，2005，第 7 页。

③ 方红梅：《梁启超趣味论研究》，人民出版社，2009，第 306～307 页。

也没有真正确立启蒙的人学本体价值，其突破依然有限。纯美学的研究视角开启了梁启超美学思想审美独立研究的新天地，但是，这种研究视角将政治与审美对立，并不符合梁启超美学思想建构的目的与现实。无论政治阶级研究、启蒙研究还是纯美学的独立研究，虽然对待政治态度不同，但都持政治与审美二元分离对立论，即将政治与审美看作两个分离或对立的独立领域。这三种研究思路与模式，都没有真正找到能够打开梁启超美学思想独特性的钥匙。

三　研究方法

本书主要采用建构主义与本质主义相结合、布迪厄的场域理论、福柯的“话语”理论与知识考古学、库恩的范式理论、王斑的政治与审美二元融合研究视角等五种研究方法。

1. 建构主义与本质主义相结合

本质主义，又称本质论，是卡尔·波普尔1935年提出的术语。波普尔既不同意唯名论，也不认同唯实论即共相实在论，他认为这种唯实论是一种本质主义；他始终相信“外部世界”实在论。波普尔所讲的本质主义，指与唯实论相对的观点，特别是柏拉图、亚里士多德与胡塞尔的理论。① 本质主义的理论预设是，任何事物内部都存在一个唯一的本质，这个本质构成这一事物区别于其他事物的基本特性。在本质主义的理论视野中，本质与现象的区别是人类认知的基础，人的认知过程，就是通过现象来揭示事物的本质的过程。

建构主义本是一种知识学习理论，最早提出者是瑞士认知发展心理学家皮亚杰。皮亚杰认为，儿童的知识学习并不是主体单纯被动学习的过程，而是在与周围环境的相互作用过程中逐步构建起关于外部世界的知识，从而使自己的认知结构得到发展。儿童与环境的相互作用有两个基本过程，一是“同化”，一是“顺应”。所谓“同化”，是指主体将外界刺激所产生的信息整合进自己原先的认知结构中，从而

① 〔英〕卡尔·波普尔：《波普尔思想自述》，赵月瑟译，上海译文出版社，1988。

引起主体认知结构数量的增加；所谓“顺应”，是指随着外界环境发生变化，儿童原先的认知结构无法同化因新环境刺激而产生的信息，从而调整原先的认知结构，以与外界环境变化相适应，最终引起主体认知结构性质的改变。儿童的认知结构，正是在同化与顺应的交替过程中逐步建构起来的，并在“平衡—不平衡—平衡”的循环中丰富发展。① 建构主义后来被引入社会学与文学艺术批评领域。1919 年，苏俄艺术家和建筑学家首先运用“建构主义”这一术语，并于十月革命后成为一种重要的新艺术流派。文学艺术批评领域中的建构主义，是一种基于反本质主义的立场，认为并不存在所谓客观的文学经典，文学经典只是在人们的阐释之中被建构出来的。

独断的本质主义持超历史的、普遍的、永恒的本质，设置现象/本质为核心的二元对立，相信绝对真理，是一种僵化、封闭与独断的思维方式。建构主义重视主体的能动创造，这是对本质主义独断思维方式缺陷的克服。但同时也要指出，绝对的建构主义可能漠视事物本身的独特性，而将对象塑造成“任人打扮的小姑娘”。本书采用建构主义的理论视角，同时承认事物本身的独特属性即本质主义视角，将梁启超美学思想放入建构主义与本质主义相结合的视角之中来考察。从建构主义的视角看，研究梁启超的美学思想，其实是研究者与阐释者站在自己的立场之上，从自己的知识结构出发建构梁启超美学思想，梁启超美学思想的政治阶级研究、启蒙研究与纯美学研究，其实就是研究者自己的梁启超美学思想的建构过程；从本质主义的视角看，梁启超美学思想的每一次建构与重构，又都必须基于梁启超自己的美学言说，梁启超的政治阶级研究、启蒙研究与纯美学研究之所以在一定程度上能够成立，是因为其言说与活动确实具备这些属性。但是，梁启超美学思想的研究与建构即建构主义的视角，必须更为贴近、接近梁启超美学著述与言说的实际即本质主义的视角。

2. 布迪厄的场域理论

场域理论由法国著名社会学家皮埃尔·布迪厄提出，并迅速被各

① 高文、徐斌艳、吴刚主编《建构主义教育研究》，教育科学出版社，2008。

个学科领域所接受并运用。布迪厄认为，西方19世纪末到20世纪中期是文学场的逐步形成时期；文学场的形成，其实是一个从权力场中挣脱出来并逐步自主化的过程，文学场遵循着自己的游戏规则。布迪厄指出，每类作家在文学场中占据着一定的位置，其占据的位置有其自身的特点。一个新的作家或流派在文学场实现占位，则意味着文学场的重组。文学场的重组则是原占位者与新来者对立与斗争的过程，新来者必须通过反抗原占位者而获得文学场的占位。布迪厄提出场域理论，其目的是反对文学研究中形式主义文论的"自恋"情结，将文学作品置于社会的复杂关系中来研究。布迪厄认为，"抛开为追求纯粹的形式而超脱纯粹的利益这一点，是理解这些社会空间的逻辑必须付出的代价"，"社会空间通过它们运行的历史法则的社会炼金术，最终从特定情感与利益通常残酷的对抗中，抽取普遍性的升华了的本质"，"而且它提供了一种更真实的最终更有保证的观念"。[①] 布迪厄场域理论的价值在于，我们研究特定的对象，不能狭隘地只关注对象本身，不能是对象的自说自话，而应将其置于关联事物的场域之中来分析；事物的性质，并不仅仅取决于它本身，更要通过与场域中其他事物的关联来显现。本书引入布迪厄场域理论的目的，不是将梁启超的美学思想简单地当作梁启超的一套美学话语言说，而是当作梁启超出入政治场与文学场的行动，当作梁启超与其他人物、其他理论争夺文学场权力的斗争。通过场域分析我们可以发现，维新变法时期，梁启超是与守旧派、洋务派争夺政治场、文学场权力的斗争；戊戌变法失败逃亡日本以后，先是与传统政治家、学者争夺文学场的权力的斗争，后又加入与革命派争夺革命领导权的斗争；退出政坛以后，是与社会主义论者、五四新文化论者争夺文学场的权力斗争。

3. 福柯的"话语"理论与知识考古学

法国思想家福柯的"话语"理论认为，话语不是单纯的交流符号，而是与权力紧密结合在一起，真理、知识是权力的形式。离开了

① 〔法〕皮埃尔·布迪厄：《艺术的法则：文学场的生成和结构》，刘晖译，中央编译出版社，2001，第5~6页。

真理与知识，权力也就不成为权力。因此，话语并不仅仅是表达的语言符号系统，它是以权力的建构方式而存在的，“在任何社会中，话语的生产是被一些程序所控制、筛选、组织和分配的”，“它们的作用是转移其权力和危险”。[①] 在话语的权力建构中，“谁拥有建构的权力”与“谁在解释着世界与生活”至关重要。福柯的话语理论要点有二：第一，话语是主体的建构，而不是静态的语言符号；第二，话语的生产就是权力的体现，生产话语就是表现权力、争夺权力。从福柯的话语理论看梁启超的美学著述，它不再是单纯的语言符号，而是体现了梁启超通过话语的建构来表现权力、争夺权力的过程，梁启超的美学思想建构，正是他实现政治目的、实现政治权力欲望的具体体现。

在《词与物——人文科学考古学》一书中，福柯对人文科学做了考古学的分析。福柯的人文科学的考古学分析，其目的是反对基于先验主体的历史观。批判先验主体的奠基作用和构造作用，这在福柯看来非常重要，因为倡导历史连续性、进步甚至解放等总体历史观的历史主义，就是事先假定了先验主体的这个作用，连续的、不中断的历史与意识的统治权形影相随。因而，福柯批判基于西方大写理性之上的“真理目的论”和“理性因果链条说”，批判观念史所谓的“起源说”、“连续说”与“总体化”。福柯挖掘历史间断性的可能性，就是为了抑止主体的先验构造和奠基作用，表明知识史和思想史的展开并无先验主体，而是匿名的、无身份的。福柯在人文科学的考古学研究中提出了“认识型”这一概念，它是指某个时期存在于不同科学领域之间的所有关系，科学之间或各种部门科学中的不同话语之间的这些关系现象。作为不同科学之间的关系集合，“认识型”就是西方文化特定时期的思想框架，是“词”与“物”借以组织起来并能决定“词”如何存在和“物”为何物的知识空间，是一种先天必然的无意识的思想范型。福柯指出，对于以前的认识论形象，考古学有两个使命，一是确定这些形象据以在自己扎根于

① 刘北成：《福柯思想肖像》，北京师范大学出版社，1995，第 201 页。

其中的认识型中得到排列的方式，一是表明这些形象的构型如何截然不同于严格意义上的科学的构型。[①] 梁启超美学思想的知识考古学研究，就是警惕梁启超美学思想研究中的先验主体性，努力挖掘从晚清至五四新文化运动时期不同阶段的知识型，并将梁启超的美学思想置于各种认识型构成的系列之中考察。

4. 库恩的范式理论

范式是美国著名科学哲学史家托马斯·库恩在《科学革命的结构》中提出的一个概念。库恩所说的范式，是指“一种公认的模型或模式”，它是“实际科学实践的公认范例——它们包括定律、理论、应用和仪器在一起——为特定的连贯的科学研究的传统提供模型”。[②] 库恩关于范式的定义前后并不一致，但其内核大致是指某一团体共同信奉的术语、理论与行为的准则与方法，它是不同历史阶段知识结构的断层的体现。本书在梁启超美学思想研究中借用库恩的范式理论创造了“知识范式”这一术语，它是指各个团体共同信奉的术语、范畴等形成的理论体系，以及由此形成的行为准则与方法，并基于这一理论体系与行为准则、方法的共同信仰。从横向来看，各个团体以知识范式相区别；从纵向来看，思想史的演变表现为知识范式的断裂。通过“知识范式”的分析，从纵向上看，我们可以发现梁启超美学思想的知识范式经历了从传统政治家的家国知识范式向现代国家知识范式的断层裂变；从横向上看，我们可以发现梁启超的知识范式区别于守旧派、洋务派、革命派、社会主义派与新文化运动论者知识范式的地质区别。

5. 王斑的政治与审美二元融合研究视角

王斑在《历史的崇高形象》中，根据自己年轻时观看电影《春苗》的体验，从政治与审美二元融合的视角重构政治与审美的关系。他认为自己“当时理解的‘政治’是很肤浅的，将它等同于压迫和洗脑，于

---

① 〔法〕米歇尔·福柯：《词与物——人文科学考古学》，莫伟民译，上海三联书店，2001。

② 〔美〕托马斯·库恩：《科学革命的结构》（第四版），金吾伦、胡新和译，北京大学出版社，2003，第8页。

是，‘崇高’也就几乎成了‘专制’的代名词”；但是，他进一步阅读王国维、鲁迅等人作品后发现，崇高与政治这种美学的意识形态“在某种层面上是绝对必要的，因为它统摄人心”。[①] 他指出，“在中国，西方美学的观念从被接受开始”，“就在各式各样的意识形态话语中占有显著的地位，被思想家和作家借用来处理伦理、社会和政治问题”，“在美学话语与审美实践中，政治被阐述成了审美体验”。王斑指出，“将个体的情欲转移到政治和革命中去，并非一定意味着用完全不同的东西来替代或者除掉它”，“它可以意味着政治要求体验的丰富性和深刻性，呈现出性的内涵，成为血肉丰满的生活世界；它还意味着革命带来个人的满足和充实。这样，政治就被美学化了”。因此，“真正的问题不是牺牲情欲，而是如何表现出来，在多大程度上被表现出来”，“假如我们换个方式解读，不是从情欲与政治对立的角度，而是从政治掩盖下的情欲的角度去理解；假如我们关注的不是情欲的政治而是政治的情欲，我们就有可能按图索骥，找到深层的、灵魂的根源”。王斑通过崇高的引入来沟通个体的情欲与政治的情欲，引用托马斯·威斯科尔的崇高就是“人能够在言语和情感上超越人性”定义，认为这种超越“或许是天国、纯理的领域或精神自由”，“或许是我们肃然起敬的超人品质”，“我们被激励着去追求这种品质”，“或许是肩负历史使命的民族去实施人类进步与解放的乌托邦式的蓝图”。[②] 这样，王斑就抛弃了审美与政治的分立冲突说，而是从中国现代文学实践与理论建设的实际出发，承认了中国现代文学、文论与政治具有内在的关联性，并分析政治如何进入审美与文学，即如何通过审美与文学来表现自身。王斑的审美与政治二元融合视角，对于梁启超美学思想研究实现从纯美学研究向政治美学研究的方向性转换具有重要的意义。梁启超的美学建构，是将政治与审美相融合，而不是相对立，显然，政治与审美二元对立的研究视角无法真正走近梁启超以及梁启超式的美学家。从审美与政治二元融合的视角出发，可以发现中

---

① 余夏云：《天下中国——王斑教授访谈》，《东吴学术》2011 年第 1 期，第 138 页。

② 〔美〕王斑：《历史的崇高形象——二十世纪中国的美学与政治》，孟祥春译，上海三联书店，2008，第 7～8、117、129、2 页。

国现代美学建构的另一条区别于二者对立的纯美学路径，即政治美学。

四 框架结构

导论。包括研究缘由、研究现状、研究方法。研究梁启超美学思想缘由有三：第一，“梁启超”值得研究，因为无论当时的社会影响面还是思想影响力，梁启超都十分重要；第二，“梁启超现象”值得关注与反思，梁启超虽然在生前赢得无限光彩，但在去世以后又迅速跌入低谷，新时期以来又再次进入学人研究视野，且越来越热，因此，“梁启超现象”其实折射了中国百年的美学历史进程；第三，“梁启超美学思想研究”需要新的研究视角与方法，也非常值得期待。目前，国内外学术界关于梁启超美学思想研究主要有三种研究思路与模式。一是政治阶级研究思路与模式。新中国成立前后，胡绳、吴泽、牛仰山、蔡尚思等人的梁启超美学思想研究，主要就是这种政治阶级分析与评价模式。二是启蒙研究思路与模式。这以李泽厚、钟珍维、万发云等为代表，他们注重梁启超的历史相对价值，并用启蒙评价替代政治阶级评价。三是纯美学研究视角。这以夏晓虹、金雅、方红梅等为代表，他们从梁启超的美学著述中寻找纯美学术语，再按照纯美学的理论框架编织梁启超美学思想体系，并通过这些术语的勾连研究梁启超前后期美学的内在关联。政治阶级研究、启蒙研究与纯美学研究虽然对待政治与审美关系的态度不同，但思维方式一致，都持政治与审美的二元对立思维。因此，这三种研究模式都无法真正揭示梁启超政治与审美融合的美学思想的独特性。要真正进入梁启超及梁启超美学思想，必须采用政治与审美的二元融合视角。

第一章，梁启超的社会活动与身份识别。主要内容有二：一是梁启超社会活动分期研究，二是梁启超身份识别。关于梁启超社会活动分期，首先介绍学术界关于梁启超社会活动分期的四期说、三期说与二期说，然后从外在社会活动变迁的角度将梁启超一生划分为五个时期：求学期（1895 年公车上书之前）、变法期（从 1895 年公车上书到 1898 年戊戌变法失败）、逃亡期（从 1898 年戊戌变法失败逃亡日本至

1912 年归国）、参政期（从 1912 年归国至 1918 年欧游）、社会教育期（从 1918 年欧游归国至 1929 年去世）。从内在思想发展演变历程的角度将梁启超的思想演变划分为两大阶段、四个时期。两大阶段以 1915 年发表《吾今后所以报国者》为标志但直至 1918 年欧游后才最终实现划分为前后两期，前期是“政治生涯”即主要作为政治家活动阶段，后期为“在野政治家”即主要作为政治思想家活动阶段。四个时期是将第一阶段再划分为三个时期，这样就形成了梁启超思想发展的四个时期：第一个时期从 1895 年公车上书到 1898 年戊戌变法失败，主要是今文经学派的托古改制思想；第二个时期是戊戌变法失败逃亡日本至 1905 年发表《开明专制论》，主要是卢梭式的民权论思想；第三个时期从 1905 年发表《开明专制论》至 1912 年归国，受伯伦知理国家论影响，提倡开明专制；第四个时期从 1915 年《吾今后所以报国者》提出、1918 年欧游后才实现至去世，主要以“在野政治家”的身份从事文化救国、道德救国的社会教育事业以及学术著述活动。在梁启超的身份揭示上，将梁启超依次确定为政治家、在野政治家与文人政治家三种身份：梁启超首先是一位政治家，他以今文经学的经世致用观做指导，追求现实的政治实践；但梁启超更是一位“在野政治家”即政治思想家，他不仅长期从事政治实践活动，而且积极从事政治理论的著述与建构，并以此指导自己的政治实践活动；同时，梁启超还是一位文人政治家，他有着诗人的天赋与秉性，有着文人的气息与性格，这让他在从事政治活动的同时，也从事文学与美学活动，并且通过文学与美学的手段来实现政治的目的。

第二章，梁启超美学思想的性质界定。主要内容有二：一是学术界关于梁启超美学思想研究的两种基本思路与模式评价，二是梁启超美学思想的定性。目前，学术界对梁启超美学思想研究主要有两种研究思路与模式：新时期以来的启蒙研究思路与模式以及纯美学研究思路与模式。这两种研究思路与模式虽然对待政治与审美的关系态度不同，但是思维方式一致：都持政治与审美二元分离对立论，即将政治与审美看作两个独立的领域。但是，梁启超的美学思想，是将政治与

审美相融合的建构方式，上述三种研究思路显然都无法进入其门。从政治与审美二元融合的视角来看，梁启超的美学其实是政治美学。从政治的内涵层面来看，他早期创构的是党派政治美学，后期创构的是乌托邦政治美学；从政治的主体立场来看，他一直持民间政治立场，创构的是民间政治美学。只有通过政治与审美的二元融合视角，才能真正把握梁启超的区别于纯美学的政治美学的独特性。

第三章，梁启超政治美学的三维透视。梁启超是一位文人政治家，他所创构的政治美学，蕴含着审美、政治与启蒙的三维视野与三种元素。第一，梁启超的政治实践或政治思想的建构，同时包含了审美的思维与视角，将政治审美化了，形成了审美化的政治；第二，梁启超首先是位政治家，他的美学建构具有强烈的政治目的性，他又将审美政治化了，形成了政治化的审美；第三，梁启超不仅是位政治家，更是一位从传统向现代转型的政治思想家，他的政治美学背后发生着政治知识范式从传统向现代的断裂，这又决定了他的政治美学必然内含着启蒙的视角。并且，我们还要看到，梁启超的政治思想发生了几次明显的变化，随着政治思想的变化，这三种元素在他的政治美学中的配置也一直发生着变化。维新变法时期，梁启超以一位开始从传统向现代过渡的政治思想家身份从事政治实践活动与政治理论的重构，在他的政治美学中，政治要素最高，启蒙次之，审美最低；戊戌变法失败逃亡日本后，他迅速接受了西方现代政治理论，在他的政治美学中，启蒙要素最高，政治次之，审美最低；辛亥革命胜利归国参政后，他主要忙于参政与讨袁等，基本上是以政治家的身份活动，其时政治因素最高，启蒙次之，审美最低；随着他正式退出政坛，以在野政治家的身份从事社会教育活动，政治因素消退最多，启蒙因素也在退化，审美迅速上升至第一位。

第四章，梁启超政治美学的情感中介。政治美学是政治与美学的交叉学科，找到政治与美学的中介，是建构政治美学的逻辑起点。梁启超政治美学的中介是情感，即他将情感作为政治与美学的融合中介，形成了情感中介论政治美学。他早期的艺术美学以情感内容与情感影响为中介，来沟通政治与审美；后期的趣味美学以情感生成为中介，来沟通趣味与艺术，再通过趣味来沟通政治与艺术。梁启超的情感中介论政治美学的合理性在于，政治情感是人的情感需求之一，指向人的社会安全与自我实现需求。但只关注政治情感，也使梁启超的政治美学产生了内在危机，它一定程度上压抑与阉割了人的个体情感与自然情感，抽掉了人的自然本性的根基。同时，梁启超的情感中介论美学，其中情感中介更关注文学的思想与内容，并没有深入文学艺象表达的独特性，未能真正将思想情感艺象化，从而导致将文学视作政治的传声筒。

第五章，梁启超政治美学的新民功能。政治美学能否成为独立的学科，必须看其是否能承担独特的功能。梁启超政治美学最主要的功能是新民。从新民对象来看，维新变法时期主要是君、官、绅，同时培育同志；戊戌变法失败逃亡日本后，则转变为普通民众；从卢梭的民约论转向伯伦知理的国家论后，其对象除了普通民众外，更有与孙中山领导的革命派争夺领导权的斗争；从政治家转型为在野政治家并从事社会教育事业后，其对象除了普通民众外，还与政治派尤其是社会主义革命派、新文化运动者进行了争夺领导权的斗争。从新民内容来看，维新变法时期主要是变法以及要从本原上变法；戊戌变法失败逃亡日本后，虽然有从卢梭的民约论向伯伦知理的国家论的转变，但其新民思想内容主要是西方现代国家政治学说；退出政坛从事社会教育事业后，其新民内容主要是道德救国论、国民运动论与以中补西论。从新民手段来看，既有维新变法时期传统的上书、游说等方式，也有现代的办报、办学、演讲、著述等手段，尤其是他的办报与著述，极大地刺激了现代中国人的神经，激起了他们的爱国热情，使后来者沿着他所开辟的道路继续前行。

余论，梁启超及梁启超现象的启示。梁启超之所以会大起大落，因为他缺乏政治美学的学科自觉，他试图用文人的思维解决政治问题，又用政治的方式与手段解决美学问题；梁启超美学思想研究之所以徘徊不前，同样是因为研究者缺乏政治美学的学科自觉，他们要么用政治的思维研究美学问题，要么用美学的思维解决政治问题。梁启超及梁启超现象启示我们，必须走向政治美学的学科自觉。

第一章

梁启超的社会活动与身份识别

梁启超的一生，适逢中国社会重大转折与重建时期，他也抓住了这个历史机遇，以自己的智慧参与了中国政治与文化的现代转型与重建，在中国近现代史上书写了浓重的一笔，赢得身前身后声名无限，“论著遍传九州，声名远腾四裔”[①]，“当任公先生全盛时代，广大社会俱感受他的启发，接受他的领导。其势力之普遍，为其前后同时任何人物——如康有为、严几道、章太炎、章行严、陈独秀、胡适之等等——所赶不及。我们简直没有看见过一个人可以发生像他那样广泛而有力的影响”[②]。但是，梁启超又如一颗流星，极为绚烂之后又迅速消失于中国现代长空。不过，新时期以来，梁启超研究重新升温，几乎哪一门学科都可以发现梁启超的持续影响力。因此，不论以何种态度对待梁启超，要研究中国社会的现代转型，都绕不开梁启超。

梁启超的一生非常复杂，其复杂性主要表现在三个方面：其一，从社会活动涉及的范围与领域来看，他广泛涉猎了政治学、哲学、法学、经济学、文学、美学、历史、教育、金石学、目录学等各个领域，并都做出了创新性的贡献；其二，从社会活动的特性来看，他既有直接参与的前台政治表演与办报、办学等间接的政治活动，又有埋头著述的学者生涯；其三，从社会活动的变迁来看，他既经历了四处求学、海外流亡、入阁参政、讨袁反复辟、文化转向等一系列重大转折，又

① 丁文江、赵丰田编，欧阳哲生整理《梁任公先生年谱长编》（初稿），中华书局，2010，第 647 页。

② 梁漱溟：《纪念梁任公先生》，夏晓虹编《追忆梁启超》（增订本），生活·读书·新知三联书店，2009，第 218 页。

有从传统今文经学派托古改制思想向现代国家政治观念、从政治实践救国到道德文化救国、从全盘否定到充分发扬中国传统文化并提出以中补西论的文化策略的重大思想转变。可以说，梁启超的一生，既丰富多彩，又曲折跌宕。

第一节　社会活动分期

对于梁启超社会活动的分期，学术界主要有四期说、三期说与二期说。持四期说者主要是与梁启超同时代或略迟于梁启超的研究者，主要有徐佛苏、缪凤林、张其昀、郑振铎等。梁启超好友徐佛苏在《梁任公先生逸事》中，将梁启超一生活动划分为四个时期，并认为这是“盖棺论定”之说。

> 窃论梁先生生平以著作报国，实有四十年之历史。此四十年间之事实，又可分析为“四个时期”：(1) 为戊戌变法及逋日刊报之时期。(2) 为运动立宪请愿及辛亥革命之时期。(3) 为兴师起义讨伐洪宪及复辟之时期。(4) 为入校讲学指导青年读书运动、爱国运动时期。又第一个时期亦可称为维新变法之时期，第二个时期亦可称为立宪、革命双方并进之时期，第三个时期亦可称为兴兵起义、恢复共和之时期，第四个时期亦可称为讲学育才、领导青年救国之时期。此系梁先生四十年报国历史中之四大纲领也。
>
> 先生年甫十六时，即大倡维新，大享文名，而誓欲终身以文字报国，距其戊辰冬间逝世时，恰为四十年之报国历史。此历史中之学业，又恰可分为四大时期。此种盖棺论定之笔法，余思为先生撰行状、编年谱之同志，必能研究及之为幸。[①]

---

① 徐佛苏：《梁任公先生逸事》，丁文江、赵丰田编，欧阳哲生整理《梁任公先生年谱长编》（初稿），中华书局，2010，第645页。

缪凤林根据梁氏侄子梁廷灿所编梁氏文集之时间划分，也将梁启超社会活动划分为四个时期：

> 梁氏从子廷灿编次梁氏文集，以戊戌（一八九八）以前作为第一集，戊戌至辛亥（一九一一）居东瀛作为第二集，壬子至戊午（一九一八）游欧前作为第三集，庚申（一九二〇）游欧归后为第四集。梁氏一生活动，亦可分为四期：始则服膺康有为之说而鼓吹变法；至戊戌去国而专力于宣传；壬子返国而从事于政治；及欧游倦归，则寄托于讲学。论其贡献，第一二期之宣传较浅薄，而影响最大；第三期之从政最失败，而帝制一役厥功最伟；第四期之讲学较宏博，而收效最微。①

张其昀也将梁启超的社会活动划分为四个时期：

> 任公一生大致可分为四期，二十六岁以前为第一期，二十六岁至四十岁为第二期，四十岁至四十六岁为第三期，四十六岁以后为第四期。第一期在戊戌政变以前，其师康有为授以通经致用之学，并同从事于维新运动。政变以后，任公乘日本大岛兵舰东渡。第二期除偶游新大陆等处外，均在日本，致力于言论事业，为晚期思想界之重镇。第三期自民国肇造，至欧战告终，其政治生活全在此时，为一政治家兼政论家。第四期则为欧游归后至病殁，谢绝政治，以著书讲学为主。②

郑振铎《梁任公先生》一文，也将梁启超一生活动划分为四个阶段。第一阶段为“第一期政治生活时期”（1890—1898），随其师康有为于万木草堂学习，主持《时务报》、时务学堂，并参与维新变法活动；第二阶段为“主要以著述为生的时期”（1898—1911），流亡日

---

① 缪凤林：《悼梁卓如先生（1873—1929）》，夏晓虹编《追忆梁启超》（增订本），生活·读书·新知三联书店，2009，第98页。

② 张其昀：《梁任公别录》，夏晓虹编《追忆梁启超》（增订本），生活·读书·新知三联书店，2009，第108页。

本，创办《清议报》，游历美洲从事保皇会活动，主持《新民丛报》再入著述，这一阶段“是梁氏影响与势力最大的时代”，也是他“最勤于发表的时代”；第三阶段为“七年的政治生活时代”（1911—1918），这一阶段又经历了与袁世凯合作时代、“护国战役”时代、“复辟战役”时代三个时期，这是梁启超“生活最不安定”“著述力最消退”“文字出产量最最减少”的时期；第四阶段为“第二期的著述时代”（1918—1929），主要从事讲学与著述活动。这四个阶段，第二、第四阶段的著述活动最有价值，“第二期著述时代的梁任公作品，都不过是第一期著述时代的研究的加深与放大而已”。①

著名中国政治思想史研究专家，稍迟于梁启超活动的萧公权先生也将梁氏的社会活动划分为四个阶段：

> 梁氏一生之活动，就大体言，约可分为四期：（1）自四五岁至光绪十六年为幼学及举业时期。（2）自十八岁至宣统辛亥为维新及立宪运动时期。（3）自四十岁至民国八年为投身政治及维护共和时期。（4）自四十八岁至民国十八年病殁为致力学术及社会事业时期。②

历史学家张荫麟（素痴）则专门从学术活动角度将梁启超一生的社会活动划分为四个时期：

> 任公先生一生之智力活动，盖可分为四时期，每时期各有特殊之贡献与影响。第一期自其撇弃辞章考据，就学万木草堂，以至戊戌政变以前止，是为“通经致用”之时期；第二期自戊戌政变以后至辛亥革命成功时止，是为介绍西方思想，并以新观点批评中国学术之时期，而仍以“致用”为鹄的；第三期自辛亥革命成功后至先生欧游以前止，是为纯粹政论家之时期；第四期自先

---

① 郑振铎：《梁任公先生》，夏晓虹编《追忆梁启超》（增订本），生活·读书·新知三联书店，2009，第55~72页。

② 萧公权：《中国政治思想史》（下册），商务印书馆，2011，第714页。

生欧游归后以至病殁，是为专门治史之时期，此时期渐有为学问而学问之倾向，然终不能忘情国艰民瘼，殆以此损其天年，哀哉！①

日本学者狭间直树，亦将与康有为相识之后梁启超的社会活动生涯划分为四个阶段：

第一阶段（1890—1898），从1890年成为康有为的弟子到1898年的戊戌变法，在国内从事变法维新运动，可称为“维新运动时期”；

第二阶段（1898—1912），从1898年流亡日本到辛亥革命后的1912年归国，在国外宣传改革言论，可称为“流亡宣传时期”；

第三阶段（1912—1920），从1912年秋归国到1920年春，担任内阁总长等职，从事实际政治活动，可称为“民国从政时期”；

第四阶段（1920—1929），从1920年春到病逝，他退出政界，奋笔耕耘、勤研教育，可称为“文化活动时期”。②

四期说，除徐佛苏未明确指出各阶段时间上下限外，其他论者都明确标出：第一阶段至戊戌变法，第二阶段从变法失败流亡日本至辛亥革命后归国，第三阶段从归国后至欧游前，第四阶段为欧游归国后至病逝。徐佛苏所说第一个时期、第二个时期与此时间点也相吻合，唯第三个时期“兴师起义讨伐洪宪及复辟之时期”似与前者不合，但看第四个时期“为入校讲学指导青年读书运动、爱国运动时期”，亦与其他学者看法大致不差，倒推第三个时期，亦当自辛亥革命胜利归国至欧游前。徐氏此说，当重点标出梁启超归国后至欧游前最大的政治创举即反对袁世凯复辟的护国运动。

三期说主要以蔡尚思、勒文森、夏晓虹、杨晓明等为代表。新中

① 素痴（张荫麟）：《近代中国学术史上之梁任公先生》，夏晓虹编《追忆梁启超》（增订本），生活·读书·新知三联书店，2009，第84页。

② 〔日〕狭间直树：《梁启超·明治日本·西方·日文版序》，社会科学文献出版社，2012，第4页。

国成立前后，专门研究梁启超思想的学者不得不提到蔡尚思，他曾四论梁启超的后期思想体系问题。蔡氏依据梁启超思想从先进到保守再到反动的变化过程，将其一生划分为前、中、后三个时期：

> 据我看来，似乎可以把他分为前、中、后三个时期：前期大约在一九〇五年同盟会成立以前。当时他也具有两面性，常说两面话，但主要的一面是以资产阶级改良派的立场去反对地主阶级顽固派，因而起了进步的作用。中期大约从一九〇五年到一九一九年“五四”运动以前。在这个比较具有过渡性的时期里，他的斗争的对象，已逐渐由地主阶级顽固派转变为资产阶级革命派，因而开始趋向于中间、落后以至反动，然而在一定程度上还带有资产阶级改良派的本色。后期大约从一九一九年“五四”运动以后一直到逝世。这个时期他还有两面性，也说两面话，但地主阶级思想已经发展成为主要的一面。他在这时最喜欢搬出封建传统思想这个极其陈旧破烂的武器，以无产阶级的共产主义和广大人民为主要攻击对象，而资产阶级的“西方文明”也在他反对之列。这时期的梁启超已经做了“旧店新开”的孔家店的最大头子，无论在政治上思想上所起的作用都是极端反动的。[①]

美国学者勒文森从“西方的冲击”与“传统文化”的应对角度，将梁启超的思想演变划分为三个阶段：第一阶段是1898年前，第二阶段是1899年至1918年，第三阶段是1919年至1929年，并评价道：

> 在第一阶段，他试图将西方的价值偷运进中国历史。第二阶段，他否认把“西方”与“中国”作比较有实际意义。忠实归于民族而不是文化。此外，他所描述的文化变革的结果，是在

---

① 蔡尚思：《梁启超在政治上学术上思想上的不同地位——再论梁启超后期的思想体系问题》，《学术月刊》1961年第6期，又见《蔡尚思全集》（第六册），上海古籍出版社，2005，第266页。

> “新”和“旧”之间而不是在“西方”和“中国”之间。在他看来，西方国家并非“西方化”而是现代化，中国同样能够实现现代化并摆脱债务的幽灵。第三阶段，重新将“西方”与“中国”作为有比较意义的措词，并将它们纳入“物质”与“精神”的二分法中。[①]

夏晓虹则从梁启超思想与传统文化的关系角度，将梁启超文化思想划分为接受、反叛和复归三个阶段：第一个阶段（1873—1895），梁启超对传统文化基本是全面接受；第二个阶段（1895—1917），梁启超意识到传统文化的许多部分已经不适用于时势，开始激烈地批评传统；第三个阶段（1918—1929），梁启超发现传统文化中有许多优秀的成分，对当时世界有用，于是热心于用西方的科学方法整理、介绍中国传统文化。而且，夏晓虹还指出了梁启超这三个时期的复杂性，“当梁启超倾心西方文化，提倡政治小说时，依靠的是正宗的‘载道’文学观念”，“而当他回归传统，重视中国古代诗歌时，依靠的却是非正宗的‘缘情’文学观念”；“如果按照通常的说法，把‘传统’限定为正统观念，那么我们甚至可以说，当梁启超反叛‘传统’时，离‘传统’更近，当他复归‘传统’时，离‘传统’更远”。[②]

杨晓明从中西文化关系的角度，将梁启超思想划分为三个时期：第一个时期是流亡日本之前，是“会通”中西阶段；第二个时期是1899年至1919年，提出了中西文明“结婚”论；第三个时期是欧游以后，提出了中西文化“化合”说。这三个阶段的特征是：

> 在认识的深入程度上，由于早期对西方文化本身的认识与了解非常有限，所以，尽管在思想方法上提出了会通中西的观点，但是，对于到底怎样来会通，还没有深入的认识和研究，所以，存在“不中不西即中即西”的现象。到了中期，借助于日本和日

① 〔美〕约瑟夫·阿·勒文森：《梁启超与中国近代思想》，刘伟、刘丽、姜铁军译，四川人民出版社，1986，第7页。

② 夏晓虹：《觉世与传世——梁启超的文学道路》，中华书局，2006，第146～168页。

> 文的中介，对以启蒙主义为主线的西方思想学说有了深入的认识，在大张旗鼓引进介绍的同时，提出了中西文明“结婚”论，希望西方文化“为我家育宁馨儿以亢为宗”，实质上是提出了融合创新的主张，在认识的深度上，较早期有了飞跃。到了后期，由于欧游亲眼目睹了世界大战以后西方文明的境况，得出了西方物质，东方精神的两分认识，从而提出中西文明“化合”说，应该说，仍然沿袭了中期的文化调和主义主张，只不过，在立足点上，已经发生很大变化了。
>
> 就立足点而言，早期的梁启超虽然热心提倡西方文化，并提出了会通中西的主张，但却仍然站在康有为今文经学的儒教门槛以内，也就是说，立足点尚在中国传统文化的框架之中。中期走出了康有为和儒教的藩篱，立足点不再囿于中国传统文化的框架，而更多地站在西方启蒙主义思想学说的立场上。尽管如此，仍然没有抛弃中国传统文化，而是站在传统文化的框架以外返身观照，致力于引进西方文化来与中国传统文化“结婚”，育出“宁馨儿”以改造传统文化。后期基于西方物质、东方精神的两分认识，对东西方文化进行重新评估，由此而生出中国传统文化的优越感。尽管仍然强调中西文明“化合”，但很明显，其立足点已回到传统文化的本位，只不过需要借助西方文化的方法来研究、西方文化的精华来补助，使之发扬光大，成为一种新文化，从而用它去救拔濒临破产境地的西方文化，尽中国文化对于全人类的绝大责任。①

二期说以蔡尚思、陆信礼、金雅等为代表。蔡尚思在介绍了梁启超思想三期说后，随即提出可将其分为两期的观点：“如果单从梁启超的主导思想来划分时期的话，那么也可以把他的一生划分为两大时期：大约在一九一五年《新青年》出世、新文化运动和东西文化问题大争论开始以前为第一时期，从此以后为第二时期。他从第一时期到

① 杨晓明：《梁启超文论的现代性阐释》，四川民族出版社，2002，第192~193页。

第二时期，就是由资产阶级改良派倒退到地主阶级复古主义者。”[①] 蔡论三分法中的前两个阶段中梁启超的思想并没有什么变化，都是资产阶级改良派思想，只不过由于斗争的对象发生了变化，即由封建地主阶级转变为资产阶级革命派，其性质从先进蜕变为保守，故其二分法着眼于梁启超思想本身，将其前两期合并为一期，这一时期主要是资产阶级改良派思想，后期则倒退为封建地主阶级思想。

陆信礼则从中西文化观认识发展的角度将梁启超文化思想划分为两个阶段。他说：“笔者将梁启超的思想划分为前后两个阶段，是从他主导文化思想的转变角度划分的，其分界点就是《欧游心影录》的发表。前期，梁启超的主要工作是向国人传播并在一定程度上推行西方的思想和文化；后期，梁启超的主要工作是向国人乃至全世界人阐扬中国优秀的传统文化。”[②] 即：梁启超前期的主要工作是“拿来主义”，是向国人传播西方思想和文化；后期的主要工作是“送去主义”，是向全世界阐扬中国优秀传统文化。

国内首位将梁启超的美学思想作为研究对象的学者金雅女士，以欧游为界，将梁启超的美学思想形成过程划分为两个阶段：

> 从现存资料看，梁启超的美学思想活动主要为1896至1928年间。其间以1918年欧游为界，可分为1896至1917年的萌芽期与1918至1928年的成型期。萌芽期以《变法通议·论幼学》为起点，借《论小说与群治之关系》和《惟心》奠定了审美、人生、艺术三位一体的美学思想的基石，并通过“力”与“移人”的范畴突出了艺术审美的功能问题。成型期以《欧游心影录》为起点，借《“知不可而为”主义与“为而不有”主义》、《中国韵文里头所表现的情感》等一批论著，论释并建构了“趣味”这一极富特色的本体范畴，并以“趣味”为纽结将美的人生价值层面

① 蔡尚思：《梁启超在政治上学术上思想上的不同地位——再论梁启超后期的思想体系问题》，《学术月刊》1961年第6期，又见《蔡尚思全集》（第六册），上海古籍出版社，2005，第266页。

② 陆信礼：《梁启超中国哲学史研究评述》，中国社会科学出版社，2013，第21～22页。

> 与艺术的情感实践层面相联结，延续、丰富、深化了前期的美学思想。梁启超美学思想的前后期发展呈现出“变而非变”的演化特征，突显了其人生论美学的基本学术立场和由社会政治理性观向文化价值观迈进的基本轨迹走向。[①]

四期说与三期说、二期说，划分的视角与标准并不一致。徐佛苏等人的四阶段划分，其着眼点是梁启超的社会“活动”，即从外部视角考察，依据外部社会活动的性质划分梁氏社会活动时期。显然，梁启超社会活动与思想转变的第一个重大外部事件就是师从康有为，第二个重大事件是戊戌变法失败后东渡日本，第三个重大事件是辛亥革命胜利后回国，第四个重大事件是欧游考察，每一个重大事件都使梁启超的社会活动发生了重大变化。四期说可以清楚见出外在事件对梁启超社会活动的影响，但这种认识视角也存在两个问题：其一，人的思想转变不像重大事件出现一样时间分明，而会有一个逐渐蜕变的过程，外部重大事件考察法则无法分析梁启超思想转变的过程；其二，重大事件可能影响外在的行为方式与手段，但并不一定影响内在的思想观念，这种研究方法可能会以外在的行为方式与手段替代内在的思想观念考察，比如说，梁启超游南美回到日本后放弃革命论而大倡开明专制，其实是方式与手段的变化，而非思想观念的变化。

三期说与二期说，则以梁启超内在思想观念发展演变为考察对象，能够见出梁启超思想观念变化的过程。除蔡尚思受当时主流政治阶级批评话语影响，将梁启超思想简单地划分为资产阶级改良派与封建地主阶级保守派外，陆信礼两期说中的前期主要引西方文化进入中国、后期主要向世界输出中国传统文化，比较准确地把握了梁启超对待中西文化的态度；金雅关于梁启超前后期美学的划分，寻找到了梁启超前后两期美学思想的差异与内在关联。其实，梁启超本人对自己前后两期的转变有过明确的论述，他在1915年发表的《吾今后所以报国者》以及《国体战争躬历谈》中，将自己前期活动概括为“政治生

---

① 金雅：《梁启超美学思想研究》，商务印书馆，2005，第46页。

涯”，将后来所从事的活动明确地表述为“在野政治家”。[①] 他所讲的“政治家”，指直接从事政治实践活动的政治活动家；“在野政治家”指从事社会教育与政治启蒙活动的政治思想家、政治学者。

因此，梁启超的活动阶段划分，既要从外部事件的角度考察，又要研究其内在思想的演变发展。从外在社会活动变迁来看，包括出道之前的求学阶段，梁启超一生可以划分为五个时期：求学期（1895 年公车上书之前），主要经历了童年家庭启蒙教育、学海堂训诂学训练与万木草堂今文经学学习；变法期（从 1895 年公车上书到 1898 年戊戌变法失败），主要经历了公车上车、协助康有为办强学会、创办《时务报》、著述《变法通议》、主持时务学堂与参与戊戌变法等活动；逃亡期（从 1898 年戊戌变法失败后逃亡日本至 1912 年辛亥革命后归国），主要从事保皇勤王与暗杀活动，创办《清议报》《新民丛报》《新小说》等杂志，著述《新民议》《新民说》等，清廷预备立宪后积极组建政党并发起立宪请愿等活动；参政期（从 1912 年归国至 1918 年欧游前），主要活动有担任袁世凯政府司法总长与币制局总裁，发起与参与反对袁世凯、张勋复辟，出任段祺瑞政府财政总长等；社会教育期（从 1918 年欧游归国至 1929 年逝世），主要从事讲学与著述活动。

从内在思想发展演变历程来看，梁启超思想演变可以划分为两大阶段、四个时期。两大阶段是以 1915 年发表《吾今后所以报国者》为分界线，此前是“政治生涯”即主要作为政治家活动阶段，此后为“在野政治家”即主要作为政治思想家活动阶段。四个时期是将第一阶段再划分为三个时期，这样就形成了梁启超思想发展的四个时期：第一个时期从 1895 年公车上书到 1898 年戊戌变法失败，主要是今文经学派的托古改制思想；第二个时期从戊戌变法失败后逃亡日本至 1903 年左右，主要是卢梭式的民权论思想；第三个时期从 1903 年至 1912 年归国，受伯伦知理国家论的影响，提倡开明专制；第四个时期

① 梁启超：《吾今后所以报国者》，《梁启超全集》（第五册），北京出版社，1999，第 2805 页。

从1915年发表《吾今后所以报国者》始至1918年欧游后，主要以“在野政治家”的身份从事文化救国、道德救国以及提倡以中补西论的社会教育事业及学术著述活动。

第二节 从“政治家”到“在野政治家”

梁启超是一位政治家，他以今文经学的经世致用观为指导，追求现世的政治追求。梁启超更是一位“在野政治家”即政治思想家，他虽然长期从事政治实践活动，但他的政治实践活动始终伴随着政治理论的著述与建构，并以其理论指导自己的政治实践活动。同时，梁启超还是一位文人政治家，他有着诗人的天赋与秉性，有着文人的气息与性格，这让他从事政治活动的同时也从事文学与审美活动，并企图通过文学与审美的手段来实现政治目的。

梁启超首先是一位政治家。经过康有为万木草堂今文经学系统训练的梁启超，其抱负就是参与社会政治现实，将自己的政治理想付诸实践，以实现传统政治家的经世致用之目的。参与和领导政治，是梁启超退出政坛前的主动追求。因此，政治实践活动，是梁启超前半生最主要的社会活动。梁启超的政治实践，既有以平民之身谋求进入政治权力圈的政治追求，主要包括维新变法时期随其师康有为上书、办报、办会等活动，戊戌变法失败后勤王与暗杀西太后、办报等活动，清廷预备立宪后组织政党并发动立宪请愿活动，民国时期反对袁世凯、张勋复辟活动；又有进入政治权力场实施自己政治抱负的政治实践活动，主要包括百日维新时期参与变法活动、袁世凯政府担任司法总长与币制局总裁职务、段祺瑞政府担任财政总长职务。

梁启超最早登上中国近代历史舞台从事政治活动，是1895年作为康有为的得力助手，协助他发起著名的“公车上书”活动。康梁上书的核心是变法，其基本思路是：通过上书打动光绪帝，从而让光绪帝将其擢升进政治权力圈，以实施自己经世致用的政治抱负。公车上书最终未能到达光绪帝，但这次上书影响极大，“公车之人散而归乡里者，亦渐知天下大局之事，各省蒙昧启辟，实起点于斯举”①。

上书不能达，这令康梁非常失望，他们就从事办报、办会、办学等间接政治活动。1895 年 8 月，他们在京师创办《万国公报》（后改名《中外纪闻》），梁启超担任主笔。《万国公报》的主要撰稿人是梁启超与麦孺博，分学校、军政等栏目，主要发行对象是王公大臣，并雇请京报发送人免费赠送。11 月，梁启超协助康有为于京师成立强学会并担任书记员。强学会开办后，“备置图书仪器，邀人来观”，其目的是“冀输入世界之知识于我国民”，“且于讲学之外，谋政治之改革”，“兼学校与政党”之性质。② 但不到三个月，强学会就因言官所劾而被禁。继北京强学会后，康有为南返后发起上海强学会，同样因御史弹劾而被禁。1896 年 8 月，康梁等人在上海创办《时务报》，其办报经费主要来自强学会余款，以及黄遵宪捐献之千金，创办人有黄遵宪、吴季清、邹殿书、汪康年与梁启超五人，主笔与编撰者都是梁启超。《时务报》时期是梁启超著述的第一个高峰期，也是他声名鹊起的时期。1897 年 10 月，梁启超暂离《时务报》，至湖南任时务学堂总教习，欧榘甲、韩文举、唐才常等任教习。时务学堂期间，梁启超积极提倡民权、平等、大同学说，发挥保国、保种、保教之义。此时梁启超思想比较激进，《时务学堂遗编》批答学生札记已删除激烈部分，但从苏舆所辑《翼教丛编》保存的几条激烈之语可见一斑。

1897 年 11 月，德国强占胶州湾；1898 年 2 月，俄国强索旅顺、大连。这再次激起康有为的救国热情，他又来到北京，第五次上书光绪帝，称局势岌岌可危，变法维新势在必行，万万不可延迟。这次上书言辞非常激烈，但同样没有递送到光绪帝手中。于是，康有为在京师发起保国会。4 月，保国会在京成立，梁启超奔走甚力。保国会成立后开过数次会议，到会者都超过百人，京师风气一时为之大变。后

① 梁启超：《戊戌政变记》，《梁启超全集》（第一册），北京出版社，1999，第 181 页。

② 梁启超：《莅北京大学欢迎会演说辞》，《梁启超全集》（第四册），北京出版社，1999，第 2527 页。

来，因洪嘉与、孙灏攻毁，李盛铎、潘庆澜、黄桂鋆参劾，保国会被迫终止。保国会等学会兼有政党与学校的双重性质，既是他们因政治目标而结合的据点，也是他们共同学习的场所。

由于多次上书与报刊学会政治宣传活动的影响，以及当时中国内困外危的严峻形势，康有为变法思想已引起部分朝廷官员的注意，也最终打动了光绪帝，光绪帝决定任用康有为实施变法。1898 年 6 月 11 日（农历四月二十三日），光绪帝下定国是诏上谕，正式拉开了戊戌变法的大幕，康梁也凭借文学场积淀的政治资本正式迈入政治权力圈，一展自己经世致用的抱负。戊戌变法中最为重要的事情，就是应康梁上折，光绪帝于五月初五日、十二日分别下诏废除乡试八股、童生岁科试八股，千年沿袭、事关千万士人前途的旧制度就这样被废除了。在戊戌变法中，梁启超仅以六品衔办理译书局事务，据说这是因为梁启超广东乡音很重，严重影响了光绪帝对他的印象。梁启超掌译书局后，上书历陈译书局开办情形，并上奏拟译书局章程十条，请增加译书局经费，设立编译书局，并请毕业生准予先生出身，书籍报纸免予纳税，都获得光绪帝旨准。由于新政触动了守旧派的利益，维新派扶持的光绪帝并没有实权，且他们没有处理好慈禧与光绪帝的母子关系，这最终导致戊戌政变，其结果是光绪帝被软禁，康广仁、杨深秀、杨锐、刘光第、谭嗣同、林旭等六人被捕杀，康梁逃亡日本。

戊戌政变后，康梁又被驱逐出政治权力场，再次成为普通民众。但是，他们参与过政治权力的运作，已经积累了政治权力的资本。因此，虽然同为普通民众，但这时他们已经与戊戌变法前迥异：戊戌变法之前，作为一介布衣，他们虽然有政治抱负，也有具体的政治动作方式，并且对于朝廷也有忠心，但作为最顶层的西太后与光绪并不了解，其价值还没有得到顶层统治者的认可，因此，他们需要通过上书的方式阐明自己的立场、观点，希望得到最高统治者的信任与擢用。此时已经不同，他们的才干已经得到了光绪帝的肯定，只是由于慈禧的阻碍才让他们功败垂成。在他们看来，是西太后阻碍了他们的政治前程。因此，逃亡日本后，康梁的政治实践重心发生了重大转移，他们把勤王与暗杀作为首要的任务，其基本策略是：赞皇上，武力勤王；骂太后，谋求诛杀慈禧。在他们看来，只要推翻西太后的政治权力，重新拥戴光绪帝执掌政权，自己就可以自然地重新踏入政治权力场。所以，逃亡日本后，康梁就祭起保皇勤王的大旗，创立保皇会，并且在各地成立分会，在美洲、澳洲、南洋等地募集资金，并派唐才常等在国内成立自立会，组织自立军，准备武装勤王、诛杀太后。这次武装勤王，因资金不足屡次推迟起事时间而暴露，最终归于失败。武装勤王失败后，康梁又企图暗杀西太后以及荣禄、李鸿章、刘学洵、张之洞等太后党重臣，他们不惜斥巨资收买侠士，并委派梁铁君专谋此事，但最终也以1906年梁铁君遇难而无成。

康梁在勤王的同时也创办报刊，从事政治宣传活动。1898年9月，梁启超逃亡至日本后，12月即在横滨创办《清议报》，创办经费由旅日华商冯镜如等筹集。梁启超用笔名吉田晋，陆续发表《戊戌政变记》，攻击清政府。1899年，为保皇事宜筹募资金，梁启超游历美洲，将《清议报》交由麦孺博先生主持。1901年12月，因火灾《清议报》出版至一百号停刊，梁启超改办《新民丛报》，于1902年2月8日于横滨正式出版。《新民丛报》为半月刊，每月一日、十五日发行，其开办经费为译书局借款，最初计划附属译书局，后来公议归梁启超和其他几位同志经营。《清议报》《新民丛报》时期，是梁启超最为耀眼的时期，其声名甚至盖过其师康有为。1902年11月，梁启超又创办《新小说》，刊登政治小说，并亲自创作政治小说《新中国未来记》。

逃亡日本期间，以康梁为首的维新派与孙中山领导的革命派展开了激烈的论争与斗争。这两派原本有合作之议。早在1896年，兴中会就与维新派有所接触，商谈联合之事。戊戌变法失败后，革命派孙中山等人积极运动营救康有为等人。康梁到达日本后，日人宫崎、平山等曾居间调停，想促成康梁的维新派与孙中山的革命派联合。但是，因两派立场和主张不同，“时康有为称奉清帝衣带诏，以帝王师自命，

意气甚盛，视中山一派为叛徒，隐存羞与为伍之见”[①]，终未有结果。1899年，康有为去美洲后，经冯镜如介绍，梁启超与兴中会领袖杨衢云于日本横滨再度商谈两派联合事宜。夏秋间，梁启超与孙中山来往日益密切，渐有赞成革命之意，其同门韩文举、欧榘甲、张智若、梁子刚等思想更为激进，两派一度走近，并有合并之计划，拟推孙中山为会长，梁启超为副会长。梁启超到香港后，曾与陈少白会晤，商谈两派联合之事，并推陈少白与徐勤起草联合章程。但是，康门弟子徐勤与麦孟华暗中反对，他们写信给康有为，说梁启超已中孙中山圈套，让康有为速设法解救。康有为在新加坡得知这一消息后非常恼火，立即派叶觉迈携款赴日，勒令梁启超立即赴檀香山办理保皇会事宜，不得延误。梁启超不得已，只得遵命赴檀香山。梁启超临行前频约孙中山共商国是，誓言合作到底，至死不渝。因为檀香山是兴中会的发源地与根据地，梁启超力托孙中山介绍同志，孙中山也深信不疑，作书将梁介绍给其兄德彰及其他朋友。[②] 但是，梁启超离开日本至檀香山以后，因往来生疏，合作事宜又渐渐消停。1900年，因宫崎事件，两派合作事宜完全停止。从此，两派矛盾尖锐，两派各自成立机关报，形成了《新民丛报》与《民报》两大阵营，相互攻击甚是激烈，遂呈水火不容之势。这一争论，最终以维新派的失败而告终。

1905年，清廷派遣载泽、端方、戴鸿慈、尚其亨、李盛铎等五大臣出洋考察宪政，这让梁启超燃起了宪政的希望。他一方面以通缉犯之身份与朝廷考察宪政大臣端方接触，为其代拟奏章二十余万字；另一方面，他积极组建政党，希图通过西方式的政党制约模式推动清廷实行君主立宪制度。1906年，清廷应考察宪政大臣之请下预备立宪诏，准备立宪，这让梁启超彻底放弃了革命主张，转向建立政党以推动宪政。他先是联合杨度、徐佛苏、蒋智由、熊秉三等筹建政党，后因与杨、徐意见不合而各行其是，杨度自组宪政公会，而他与蒋观云、徐佛苏等人筹办政闻社。同月，他两次致信康有为，建议改保皇会为

---

① 冯自由：《中华民国开国前革命史》，广西师范大学出版社，2011，第305页。

② 冯自由：《中华民国开国前革命史》，广西师范大学出版社，2011，第44页。

国民宪政会，并提出三条纲领：一是尊崇皇室，扩张民权；二是巩固国防，奖励民业；三是要求善良之宪法，建设有责任之政府。[①] 在梁启超的努力下，1907 年 2 月，保皇会正式改组为国民宪政会，政闻社也于 10 月在日本东京正式成立。政闻社成立以后，便派大批社员前往国内各地，请愿速开国会。在政闻社成员的积极推动下，1910 年 10 月，各省谘议局同日成立，并于 12 月在上海召开联谊会，组织国会同志请愿会。由于清廷严厉制止国会请愿运动，国内开明人士已对其极为不满；再加上皇族内阁、铁路国有、川督赵尔丰枪杀请愿民众，最终导致武昌起义即辛亥革命爆发。

可以说，辛亥革命之成功，得梁启超等维新派间接之力至巨。于此，徐佛苏认为，“辛亥革命之一举成功，无甚流血之惨祸者，实大半由于各省议员根据议政机会，始能号召大义，抵抗清廷也，又大半由于各省谘议局之间有互助合作之预备与其目标也”[②]。将辛亥革命之胜利完全归功于维新派尤其梁启超的宣传作用，是言过其实，掩盖了孙中山等革命派的功劳；但是，得梁启超政治宣传的间接之力之巨也毋庸置疑。具体说来，梁启超间接之力表现有三：其一，人力上的支持，各省谘议局的成员，很多都是原保皇会的成员；其二，政治活动上的支持，正是以原保皇会成员积极参与的请愿活动激起了全国性的革新热潮；其三，最重要的是，政治理念的支持，从《变法通议》时期始，尤其是《新民丛报》时期梁启超所宣扬的西方政治学说，为现代国家、政治、政党的建设奠定了理论基础。

随着辛亥革命胜利，梁启超于 1912 年末回国，这再次开启了他的参政阶段。梁启超回国后，积极参与政党组织并准备国会选举工作，希望按照西方式的党派竞选塑造现代中国宪政制度。但事与愿违，1913 年 4 月 18 日国会竞选国民党胜利，共和党惨败。为挽回局势，5

① 梁启超：《与夫子大人书》，丁文江、赵丰田编，欧阳哲生整理《梁任公先生年谱长编》（初稿），中华书局，2010，第 191 页。

② 徐佛苏：《梁任公先生逸事》，丁文江、赵丰田编，欧阳哲生整理《梁任公先生年谱长编》（初稿），中华书局，2010，第 317 页。

月 29 日，统一、共和、民主三党合并成立进步党，并开成立大会于京师，推选黎元洪任理事长，梁启超任理事。9 月，熊希龄正式组阁，梁启超担任“人才内阁”的司法总长一职[①]，正式开启了他作为国务大臣的参政生涯。梁启超出任司法总长，缘于他对中国司法重要性的体认。梁启超对中国司法建设有详细计划与抱负。他在《政府大政方针宣言书》中指出，立国之本，一是教育，另一个就是司法。他就任司法总长，就是希望整顿法规、培养人才。但正式上任后，因为经费困难，且袁世凯对司法改革持消极态度，所以他只能维持现状，从消极方面进行整顿，但最终也以失败告终。由于司法整顿根本无法进行，于是梁启超不断请辞。最终袁世凯同意梁启超辞去司法总长一职，但同时任命他为币制局总裁。梁启超任币制局总裁，仍希望在自己能力范围之内有所图展。但就职后各种改革计划也均成空想，所以最终他又辞去币制局总裁一职。

在反对袁世凯复辟的过程中，梁启超是最主要的策划者与参与人。随着袁世凯复辟提速，梁启超有所觉察并开始关注。1915 年 6 月，梁启超偕冯国璋入京谏袁，但被袁世凯的花言巧语所蒙蔽。8 月，杨度、孙毓筠、严复、刘师培等于北京发起筹安会，鼓吹帝制运动，为袁世凯称帝制造舆论。梁启超作《异哉所谓国体问题者》一文以攻之，反对袁世凯复辟帝制。12 月，袁世凯称帝，改国号为“中华帝国”。16 日，梁启超从天津返回上海，从事倒袁活动。在梁启超的策划下，25 日，云南组织护国军讨袁，蔡锷、唐继尧、李烈钧通电讨袁，先后发出的《致北京敬告电》《致北京最后通牒电》《致各省通电》《云贵檄告全国文》各篇，均为梁启超预先准备。1916 年 1 月 27 日，贵州宣布讨袁；3 月 4 日，梁启超由沪赴港，成功说服陆荣廷举义，15 日广西宣布讨袁；在梁启超周旋下，4 月 6 日广东宣布讨袁，12 日浙江宣布讨袁；5 月 1 日两广都司令部成立，推选岑西林为都司令，梁启超

① 人才内阁具体名单为：孙宝琦为外交总长，朱启钤为内务总长，汪大燮为教育总长，张謇为工商总长兼农林总长，周自齐为交通总长，段祺瑞为陆军总长，刘冠雄为海军总长，梁启超任司法总长，熊希龄兼财政总长。

任都参谋；5月，护国军政府军务院成立，梁启超被推选为军务院政务院委员长兼抚军，应蔡锷之邀任滇、黔、桂三省总代表。1916年6月6日，袁世凯众叛亲离，在全国唾骂声中病死。可以说，讨袁斗争梁启超居功至伟。

1917年6月，在段祺瑞支持下，张勋、康有为入京复辟。梁启超当日致电冯国璋和各省督军，反对复辟，后参与段、冯讨伐复辟之役。段祺瑞再次组阁后，梁启超出任财政总长一职。这次组阁，梁启超之所以再次出山，是因为阁员多为其旧友（研究会会员），如内务总长汤化龙、司法总长林长民，此外，教育总长范源廉、外交总长汪大燮、农商总长张国淦，也都与他关系匪浅。他此次就任财政总长之职，最大目的是想利用缓付的庚子赔款和币制借款彻底改革币制，整顿金融。但可惜再次事与愿违，段祺瑞执政府借款不是为了国家经济，而是积极发展自己的军队地盘，以及应付庞大的行政开支，就是消极方面维持现状，亦难以实现。在梁启超的积极主张下，国务院通电各省征求临时参议院意见，这造成南方发起护法运动，形成南北对峙局势。同年11月15日，国务总理辞职，梁启超也请辞财政总长一职并于30日获准，从而正式结束了他的政治生涯。

梁启超不仅是一位政治家，积极从事政治实践活动；他更是一位“在野政治家”即政治思想家，他一直从事政治理论的建构与著述活动，用现代的政治理论指导自己的政治实践。“在野政治家”是梁启超1916年8月就副总统、宪法、省长等问题，对报馆记者发表谈话论自己出处时提出的。他说：“鄙人之政治生涯已二十年，骤然完全脱离，原属不可能之事。但立宪国之政治事业，原不限于政府当局，在野之政治家亦万不可少，对于政府之施政，或为相当之应援补助，或为相当之监督匡救，此在野政治家之责任也。鄙人尝持人才经济之说，谓凡人欲自效于国家或社会，最宜用其所长。鄙人自问若在言论界补助政府匡救政府，似尚有一日之长，较诸出任政局或尤有益也。又国中大多数人民政治智识之缺乏，政治能力之薄弱，实无庸为讳，非亟从社会教育上痛下工夫，则宪政基础无由确立。此着虽似迂远，然孟

子所谓七年之病，求三年之艾，苟为不蓄，终身不得。鄙人数年来受政界空气之刺激愈深，感此着之必要亦愈切。亡友汤觉顿屡劝摆弃百事，专从事于此，久不能如其教，心甚愧之。”① 梁启超所说的“在野政治家”，与“在野党”有相似之处：其一，地位相似，他们都与执政相对，都不执掌政权；其二，功能相似，他们都对执政党或政府起着“监督匡救”的作用。但是，“在野政治家”与“在野党”亦有显著区别：其一，追求不同，“在野党”以追求执政为直接目标，梁启超的“在野政治家”恰恰不追求执掌政权，而是甘于落在民间，追求政治思想的著述；其二，功能亦有异，“在野党”批评执政党或政府，虽也有“监督匡救”的功能，但其目的是为自己执政铺路，梁启超的“在野政治家”“监督匡救”执政党或政府，仅为追求政治完善，但不追求自己执政，由此而导致“在野政治家”还具有“对于政府之施政或为相当之应援补助”。梁启超认为，“国中大多数人民政治智识之缺乏，政治能力之薄弱，实无庸为讳，非亟从社会教育上痛下工夫，则宪政基础无由确立。此着虽似迂远，但却是根本”，这就是他所说的“在野政治家”的职责。因此，梁启超的“在野政治家”主要是指以政治思想家为主兼有政治教育家的双重身份。梁启超的“在野政治家”，既表现为前期以“在野”身份从事政治思想的宣传与理论建构工作，亦有后期专门从事的社会教育工作。

维新变法阶段，梁启超就构建了以道变为核心的政治思想，其代表作是《变法通议》。《变法通议》由三个部分构成：一是总论，包括自序、《论不变法之害》、《论变法不知本原之害》、《论科举》、《说群》等，这是从学理上论述变法的重要性以及核心问题；二是人才教育论，包括《论学校》《论师范》《论女学》《论幼学》等；三是人才教育方法论，包括《论译书》《论学会》等。《变法通议》中政治主张的核心是变法，其理论依据则是康有为的公羊三世学说。梁启超首先从进化论的角度论述了变乃万世公理，变亦变，不变亦得变，只不

---

① 梁启超：《与报馆记者谈话一》，《梁启超全集》（第五册），北京出版社，1999，第2923页。

过前者变之权操之于己手，后者变之权操之于他人之手。法之变与不变，让梁启超的政治思想与守旧派的祖宗之法不可变拉开了距离。当然，变法是根本，不过变法当知本原，梁启超所说的本原则是变官制。变法的核心是育人才，而人才培养的场所是学校，要兴学校教育，当变科举，而科举变革能否实行，在于官制，这样，梁启超从社会的人才核心，即学校教育，一步一步推出变法核心，即政治变革。《变法通议》中的政治主张，一方面反映了梁启超初步接受西方现代民主政治模式与社会教育模式后形成的政治理想，具有学理性；另一方面，这些政治主张不是纯粹的学理研究，而是直接针对当时的中国社会现实，企图用这些主张直接更替现实的社会政治，具有政治实践性，尤其是废科举兴学校的社会人才变革本体论，与变官制改革政治的政治变革本体论，抓住了当时社会变革的两大核心，直指中国社会变革的命门。

《清议报》与《新民丛报》时期，是梁启超继《时务报》后第二个重要的著述时期，是他从传统政治家走向现代政治家的理论构建时期，也是他学术成就最大、对国人影响最大的时期。这一时期，奠定梁启超政治思想基础的是《新民说》《新民议》，这也是梁启超生平最重要的著作。《新民说》包括《论新民为中国今日第一急务》《释新民之义》《就优胜劣败之理以证新民之结果而论及取法之所宜》《论公德》《论国家思想》《论进取冒险》《论权利思想》《论自由》《论自治》《论进步》《论自尊》《论合群》《论私德》《论生利分利》《论毅力》等，从公德、国家思想、进取冒险精神、自由、自治、进步、自尊、合群、生利、分利、毅力、义务思想、尚武、私德、民气与政治能力等十六个方面论述了国民品质。《新民说》致力于中国国民新人格建设，是“20世纪中国思想史的真正起点”[①]。其时梁启超“新民说”影响非常大，黄遵宪称其“理精意博”，“惊心动魄，一字千金”，“人人笔下所无，却为人人意中所有”，“虽铁石人亦应感动”，

① 蒋广学、何卫东：《梁启超评传》（上），南京大学出版社，2005，第152页。

“从古到今文字之力之大，无过于此者矣”。[①] 当然，梁启超的新人格建设的《新民说》与《新民议》，并不是纯伦理学的著作，而是一部政治著作，其目的是解决中国的现实政治问题，即通过新民实现救国的目的，于此，狭间直树教授指出，“梁启超之撰写《新民说》”，“绝不是从一个思想家或学者的角度”，“而是首先从政治需要出发的”。[②]

这一时期，梁启超还将自己学习的西方宪政精华介绍到中国来。1901 年著《霍布斯学案》《卢梭学案》《斯片挪莎学案》等，介绍霍布士利己主义、快乐主义哲学与卢梭的民约论等；1902 介绍西人学说的有《亚里斯多德之政治学说》《进化论革命者颉德之学说》《乐利主义泰斗边沁之学说》《法理学大家孟德斯鸠之学说》《天演学初祖达尔文之学说及其传略》《近世文明初祖二大家之学说》《论泰西学术思想变迁之大势》等；1903 年著《二十世纪之巨灵托拉斯》《近世第一大哲康德之学说》《政治学大家伯伦知理之学说》等。这些著译一方面反映了他积极吸收西方现代政治理论成果的心路历程，另一方面，也让中国知识分子第一次直接面对如此丰富的西方现代政治学说，从而打开了国人的视野，这不仅仅是梁启超，更是其后中国几代知识分子的精神食粮。

1915 年在《吾今后所以报国者》中正式提出欲脱离“政治生涯”，以“在野政治家”身份从事社会教育事业直至 1918 年欧游才得以实现，此后，梁启超迎来了他的第三个著述高峰期，其代表作是《欧游心影录》与《中国政治思想史》规划中的《先秦政治思想史》。《欧游心影录》在梁启超思想发展史中具有两个重要意义：一是坚定了先前退出政坛的想法，坚定了思想救国论；二是坚定了发掘中国传统哲学价值的念头。欧游途中梁启超看到西方物质科技单面发展的弊端，从而对中国传统哲学对于世界的贡献非常乐观。梁启超著《先秦

---

① 黄遵宪：《致梁启超函》，《黄遵宪集》，广东人民出版社，2018，第 115 页。

② 〔日〕狭间直树：《〈新民说〉略论》，〔日〕狭间直树：《梁启超 · 明治日本 · 西方》，社会科学文献出版社，2012，第 84 ~ 85 页。

政治思想史》，深感中国古代哲学之博大精深，并希望发扬光大以用于将来。梁启超《序论》“本问题之价值”言先秦政治思想史研究之价值：“然则中国在全人类文化史中尚能占一位置耶？曰能。中国学术，以研究人类现世生活之理法为中心，古今思想家皆集中精力于此方面之各种问题。以今语道之，即人生哲学及政治哲学所包含之诸问题也。盖无论何时代何宗派之著述，未尝不归结于此点。坐是之故，吾国人对于此方面诸问题之解答，往往有独到之处，为世界任何部分所莫能逮。吾国人参列世界文化博览会之出品恃此。”[①] 这一时期，他提出道德救国论，提倡国民运动，提出以中补西论，这些思想虽然在当时并未引起足够的重视，但是，在今天告别革命、后现代的精神启蒙语境中具有重新阐释的价值。

梁启超一生笔耕不辍，为我们留下了一千五百万字左右的精神遗产。这些文字，是他关于中国政治前途的观察与思考，是他自己政治实践的指导方针，是那个时代以及以后几个时代的指路明灯，也是我们走近梁启超、走近那个时代的路径。如果说，梁启超的政治实践构成了他政治领域直接的政治活动，让他成为一位近现代政治家；那么，他的著述活动则是思想界的间接的政治活动，这让他成为一位近现代政治思想家。政治领域的实践活动，与思想界的启蒙活动，共同构筑了梁启超政治活动的两个层面与两个向度。

梁启超不仅是一位政治家，他还有着诗人的情怀与心胸，有着文人的秉性与天赋，这就让他在从事政治实践与政治著述活动的同时，还从事文学与美学的活动，并且把文学与审美的活动纳入政治的实践与理论建构之中，通过文学与审美的维度来实现政治的目的，这就让他成为一位文人政治家。

梁启超最早的文学活动，要追溯到维新变法时期的童子小说启蒙论与新学之诗创作实践。《〈蒙学报〉〈演义报〉合叙》中，梁启超吸收了康有为的小说功能观，认为小说是童子启蒙的最有效的手段，

① 梁启超：《先秦政治思想史》，《梁启超全集》（第六册），北京出版社，1999，第3604页。

“盖以悦童子，以导愚氓，未有善于是者也”。[①] 1895年前后，梁启超与谭嗣同、夏曾佑等人共同提倡“新学之诗”创作。所谓“新学之诗”，是“挦扯新名词以自表异”，“提倡之者为夏穗卿，而复生亦綦嗜之”，而自己“彼时不能为诗，时从诸君子后学步一二”。[②] 夏曾佑、谭嗣同、梁启超等人都是新学之诗的提倡者与实践者，创作了一批具有初步启蒙色彩的政治诗歌。

戊戌变法失败逃亡日本后，梁启超进入了文学活动的第一高峰期，即三界革命论。一是“诗界革命”的实践与理论建构。“诗界革命”是梁启超于1899年游檀香山途中提出的。在诗歌理论上，梁启超提出诗歌“三长”理论，即新意境、新语句与古人之风格，其实质是“竭力输入欧洲之精神思想”[③]。在诗界革命实践上，梁启超在《新小说》杂志上专门开设了“诗话”专栏，自己亲自撰写诗话，鼓吹诗界革命；在《清议报》开设“诗文辞随录”（出版《清议报全编》时改为“诗界潮音集”），刊登黄遵宪、康有为等鼓吹西方宪政精神、鼓动国民精气的政治诗歌，称其“皆近世文学之精英，可以发扬神志，涵养性灵，为他书所莫能及者”[④]。

二是“小说界革命”的实践与理论建构。梁启超正式提出“小说界革命”，是在1902年发表的《论小说与群治之关系》一文中。在这篇论文中，梁启超正式提出“今日欲改良群治，必自小说界革命始，欲新民，必自新小说始”[⑤] 的口号，即小说界革命。梁启超对政治小说的关注，最早发生在1898年，他在逃亡日本途中阅读了日本政治小说家柴四郎所著的政治小说《佳人奇偶》，一读而大喜之并立即着手翻译。这部小说极大地影响了梁启超。1902年，他创办专门的小说期

---

① 梁启超：《〈蒙学报〉〈演义报〉合叙》，《梁启超全集》（第一册），北京出版社，1999，第131页。

② 梁启超：《诗话》，《梁启超全集》（第九册），北京出版社，1999，第5326~5327页。

③ 梁启超：《夏威夷游记》，《梁启超全集》（第二册），北京出版社，1999，第1219页。

④ 参见张永芳《晚清诗界革命论》，漓江出版社，1991，第35~36页。

⑤ 梁启超：《论小说与群治之关系》，《梁启超全集》（第二册），北京出版社，1999，第886页。

刊《新小说》，虽然栏目有图画、论说、历史小说、哲理科学小说、军事小说、冒险小说、探侦小说、写情小说、语怪小说、札记体小说、传奇体小说、世界名人逸事、新乐府、粤讴及广东戏本等，但显然政治小说最为重要。他在《莅报界欢迎会演说辞》中说道："壬寅秋间，同时复办一《新小说报》，专欲鼓吹革命。鄙人感情之昂，以彼是为最矣。"[①] 不仅在《新小说》上刊登大量翻译的日本政治小说，而且他亲自创作了政治小说《新中国未来记》。在小说理论建构方面，梁启超通过《译印政治小说序》《论小说与群治之关系》构筑了现代小说理论：在小说的功能上，梁启超认为小说是新民救国的工具；在小说的特性认识上，梁启超认为小说具有趣味性、通俗性，更有替代实现与替代表达的功能；在小说的影响上，梁启超提出著名的熏、浸、刺、提四力说。

三是文界革命。梁启超在《清代学术概论》中总结过自己的散文写作特色："启超夙不喜桐城派古文，幼年为文，学晚汉魏唐，颇尚矜炼，至是自解放，务为平易畅达，时杂以俚语韵语及外国语法，纵笔所至不可检束，学者竞效之，号新文体。老辈则痛恨，诋为野狐。然其文条理明晰，笔锋常带情感，对于读者，别有一种魔力焉。"[②] 他的"新文体"主要是政论文，其文特征有四：一是平易畅达，时杂以俚语及外国语法，这是语言特征，即用大众所容易理解的通俗语言写作，并夹杂以西方语法；二是我手写我口；三是条理明晰；四是笔锋常带情感，纵笔不可检束。因其通俗易懂，自然容易为读者所接受。梁启超一方面大量接触了西方现代政治学说，另一方面本就具有强烈的责任意识、忧患意识，让他的政论文充满激情与理论新视野。所以，他的政论文影响了前后几代学者，正如他自己所说："……国人竞喜读之；清廷虽严禁，不能遏；每一册出，内地翻刻本辄十数。二十年

① 梁启超：《莅报界欢迎会演说辞》，丁文江、赵丰田编，欧阳哲生整理《梁任公先生年谱长编》（初稿），中华书局，2010，第151页。

② 梁启超：《清代学术概论》，《梁启超全集》（第五册），北京出版社，1999，第3100页。

来学子之思想，颇蒙其影响。”①

梁启超欧游后正式退出政坛，以“在野政治家”身份从事社会教育事业后，他进入了文学与美学研究的第二个高峰期。这一阶段，梁启超将文学与艺术提高到人生最重要的位置：一方面在学校中演说，提倡艺术教育，提倡趣味人生；另一方面撰写了《中国韵文里头表现的情感》《情圣杜甫》《陶渊明》等一系列诗评与诗人评论。随着其身份从政治家转变为在野政治家，其观念从政治救国论转化为道德救国论，梁启超这一时期的美学观念也发生了质的变化。这种变化主要表现在以下三个方面。第一，对于文学、艺术与政治关系的认识发生了重大变化。在前期，对于梁启超来说，政治是核心问题；到后期，他则将社会教育放到核心位置上，并把情感教育提高到最重要的位置，因此，文学、美术、音乐等艺术教育是他关注的重心。由此，产生了第二个变化，即在学校教育中大力提倡艺术教育，而不再把政治教育放在第一位。第三，从事社会教育后，梁启超把趣味提升到人生的首要地位，并认为艺术是培养趣味人生的手段与路径。趣味美学的建构，是梁启超后期重要的美学成果。

梁启超的一生，既有跌宕起伏的政治实践，又有丰富多彩的文学与审美生活；既有前台参政的直接政治表演，又有幕后著述与理论建构的间接政治活动。作为前台的政治家，梁启超的表演并不算成功；作为幕后的政治思想家，梁启超既有站在中国政治理论最前沿的开拓，亦有滞后于中国历史链条的追赶。作为文人政治家，梁启超构筑了中国现代美学史上的第一篇政治美学。梁启超及其政治美学，值得我们认真地思考与反思。

---

① 梁启超：《清代学术概论》，《梁启超全集》（第五册），北京出版社，1999，第3100页。

第二章

梁启超美学思想的性质界定

中国传统美学的转型与现代美学的发生，要追溯至清末。龚自珍、严复、魏源、冯桂芬等人已经开始撬开中国传统美学的铁壳，在传统美学的框架之内质疑传统美学并试图重构。但直至梁启超，才用中西融合的开阔视野积极吸收西方美学思想，大刀阔斧地开始中国现代美学的学理构建。因为社会政治形势的需要，与梁启超独特的政治美学家气息，梁启超构建的中国现代第一篇美学是政治美学。梁启超政治美学的构建，随着他政治与学术活动重心的转移，形成了前期具有明确的政治理论指向的党派政治美学，与后期以美好社会生活想象为目标的乌托邦政治美学。

第一节　梁启超美学思想研究的两条路径

梁启超美学思想研究，主要经历了两个阶段，分别从启蒙与审美两个视角切入，形成了两种研究路径与两类研究成果：新时期的启蒙批评研究思路与模式，其成果是启蒙美学；新时期学术研究正常化以后的纯美学研究思路与模式，其成果是艺术美学或人生美学。

新时期以来，梁启超美学思想研究形成了启蒙的研究视角，其主要研究思路与模式是启蒙批评，其成果是启蒙美学，这以李泽厚为代表。

早在 1979 年，李泽厚发表《梁启超王国维简论》为梁启超翻案，认为“梁启超和王国维则都是应该大书特书的肯定人物”，“其主要方面是积极的”。[①] 李泽厚为梁启超美学思想翻案，主要采取了三步走的策略。

第一步：从简单论转向复杂论。所谓“简单论”，指简单地、直接地给研究对象贴阶级标签即阶级定性，即将研究对象直接纳入马克思主义唯物史论的政治哲学框架之中，并简单地做出非此即彼的阶级定性与价值评判；所谓复杂论，指强调研究对象哲学思想、政治思想、美学思想及其关系的复杂性，将其研究重心从贴外在的标签转向研究内在的人物及其思想的复杂性。李泽厚认为，中国近代人物都比较复杂，他们的意识形态更是如此，“先进者已接受或迈向社会主义思想”，“落后者仍抱住‘子曰诗云’‘正心诚意’不放”；同一人物“思想或行为的这一部分已经很开通很进步了，另一方面或另一部分却很保守很落后”，“政治思想是先进的，世界观可能仍是落后的”，“文学艺术观点可能是资产阶级的，而政治主张却依旧是封建主义”。在这一背景下，“用简单办法是不能正确处理这种图景的”，“关于梁启超和王国维的许多评论，就可以说明这个问题”。[②]

第二步：从当下论走向历史论。所谓“当下论”，指以当前的无产阶级哲学、政治、美学作为最先进的思想，并以是否具备这种思想作为评价、衡量研究对象优劣的标准；所谓“历史论”，指将研究对象置于历史语境中，更重视其历史境遇中的相对价值。李泽厚指出，1949 年以来，之所以将梁启超作为“否定的历史人物来对待和论述”，其原因就在于他是“辛亥革命时期著名的保皇党”，“辛亥以后也一直站在反动派方面”，以当下无产阶级的思想做标尺来衡量，“否定和批判他们”，“‘肃清’他们宣扬的世界观和政治思想，便成了‘理所当然’”。李泽厚摒弃这种“当下论”并走向“历史论”，认为评价历史人物“就应不止是批判他的政治思想了事”，“而应该根据他在历史上

① 李泽厚：《梁启超王国维简论》，《历史研究》1979 年第 7 期，又见《中国思想史论》（中），安徽文艺出版社，1999，第 746 页。

② 李泽厚：《梁启超王国维简论》，《历史研究》1979 年第 7 期，又见《中国思想史论》（中），安徽文艺出版社，1999，第 745 页。

所作的贡献，所起的客观作用和影响来作全面衡量”，“给以准确的符合实际的地位”，“即使‘先进人物’也有应该批判的思想，落后者也可以在某些方面作出重要的贡献”。他认为，从历史论这个角度和标准着眼，梁启超“是应该大书特书的肯定人物”，“在中国近代历史上所起的客观作用和影响，其主要方面是积极的”。[①]

第三步：以启蒙论替代政治论。所谓“政治论”，指对梁启超美学思想的评价，仅以政治的阶级先进与落后作为评价标准；所谓“启蒙论”，指对梁启超美学思想的评价，以思想启蒙作为评价标准。李泽厚突破了唯政治阶级论，充分突出了梁启超的思想启蒙作用，认为他是我国近代著名的“启蒙思想家”之一，“洪（秀全）杨（秀清）、康梁和孙（中山）黄（兴），是中国近代三大运动中联在一起的著名的领导人物”；梁启超的社会贡献“主要是在宣传”，他在历史上的地位“是在思想方面”，在思想方面的地位“又在宣传方面”，“他不是思想家，而只是宣传家”。[②] 早在《康有为谭嗣同思想研究》中李泽厚就提出，在《梁启超王国维简论》中他又坚持强调，梁启超的主要贡献在于《清议报》《新民丛报》时期“撰写了一系列介绍、鼓吹资产阶级社会政治文化道德思想的文章”。[③] 李泽厚认为，梁启超这一时期“在思想战线上的主要作用”，“不在他宣传了多少反满急进主张”，他的主要作用在于“作了当时革命派所忽视的广泛思想启蒙工作”，“他有意识地广泛介绍了西方资产阶级各种理论学说，作了各种《泰西学案》，同时极力鼓吹了一整套资产阶级的世界观、人生观和社会思想”。[④] 梁启超的启蒙宣传工作价值巨大，“构成当时人们（主要是青年一代）思想

---

① 李泽厚：《梁启超王国维简论》，《历史研究》1979 年第 7 期，又见《中国思想史论》（中），安徽文艺出版社，1999，第 746 页。

② 李泽厚：《梁启超王国维简论》，《历史研究》1979 年第 7 期，又见《中国思想史论》（中），安徽文艺出版社，1999，第 746 页。

③ 李泽厚：《康有为谭嗣同思想研究》，上海人民出版社，1958，第 57 页，又见李泽厚《梁启超王国维简论》，《历史研究》1979 年第 7 期，又见《中国思想史论》（中），安徽文艺出版社，1999，第 747 页。

④ 李泽厚：《梁启超王国维简论》，《历史研究》1979 年第 7 期，又见《中国思想史论》（中），安徽文艺出版社，1999，第 751 页。

发展前进中的一个不可缺少的过渡环节”，在政治上“它安排了一根由不满清朝政府而走向革命的思想跳板”，在观念上“它安排了由接受初步启蒙洗礼而走向更开阔更解放的思想境界的媒介”。[①]

通过复杂论、历史论、启蒙论，李泽厚一步一步实现了梁启超美学思想研究的去政治化，并在启蒙的视野中为梁启超翻案，认为梁启超美学的真正价值在于启蒙，其成果是启蒙美学。复杂论超越了简单贴阶级标签的庸俗政治批评，将梁启超美学思想研究从简单的阶级印证，转向其内在思想复杂性的体认，认为梁启超及其美学思想具有复杂并值得肯定的一面，这就为梁启超及其美学思想研究从庸俗的政治批评中解放出来奠定了基础；历史论则绕开了无产阶级美学为最先进的潜在评价标准，而将梁启超及其美学思想放在当时的历史境遇中去评价，从“当下”价值转向“历史”价值，将梁启超及其美学思想从与无产阶级相比较的价值底层，提到历史境遇中相较于封建地主阶级的价值最高层，从而成为值得大书特书的对象；启蒙论则打破了政治评价标准的一元性，试图在政治标准之外另立启蒙评价标准，这就为突破梁启超及其美学的政治批评树立了新的理论依据与衡量标准。启蒙论，将梁启超美学思想研究推至新的高度，也为梁启超美学思想研究打开了广阔的天地。

但是，李泽厚的梁启超美学思想的启蒙论研究，囿于政治阶级批评话语的强大惯性，其局限也非常明显。首先，启蒙论研究依旧采用美学之外的价值评判标准，并没有真正确立起政治美学的批评标准。李泽厚认为，“1898 年至 1903 年是梁启超作为资产阶级启蒙宣传家的黄金时期”，“是他一生中最有群众影响，起了最好客观作用的时期”，其理由是“他一定程度上不再完全受康有为思想的支配控制”，“相对独立地全面宣传了一整套当时是先进的、新颖的资产阶级意识形态”。[②] 李泽厚眼

① 李泽厚：《梁启超王国维简论》，《历史研究》1979 年第 7 期，又见《中国思想史论》（中），安徽文艺出版社，1999，第 753 页。

② 李泽厚：《梁启超王国维简论》，《历史研究》1979 年第 7 期，又见《中国思想史论》（中），安徽文艺出版社，1999，第 747 页。

中梁启超美学思想的价值与意义在于资产阶级意识形态的宣传作用，而不是政治美学的价值与意义。通过对启蒙价值的挖掘，看起来提高了梁启超美学思想的价值，但因为没有政治美学的批评自觉，其实并没有真正揭示梁启超美学思想的独特性与独特价值。

更重要的是，启蒙论研究并没有真正斩断庸俗的政治批评，其背后的理论依据依然是政治批评的阶级话语体系。李泽厚认为，“梁启超是在中国近代最早高度评价和极力提倡小说创作的人”，“也是最早在中国主张用资产阶级史学观点和方法来研究中国历史的人”，“这两点都是与封建正统文学观念和封建史学观念相对抗的”①；“他从宣传一般的资产阶级世界观和人生观到提倡资产阶级的‘新小说’‘新史学’”，“自觉注意了在意识形态方面与中国传统观念作斗争”，“在这方面他比当时任何人所做的工作都要多，起了广泛和重要的社会影响”，“他是当时最有影响的资产阶级启蒙宣传家，这就是他在中国近代历史上主要地位之所在”。② 我们可以看到，李泽厚对梁启超美学思想的启蒙价值进行评判的标准，不是启蒙的人学价值，而是反对封建地主阶级的政治价值。

正因为李泽厚的启蒙论研究，其价值评判标准依然是马克思主义的唯物史观，所以，他才特别看重梁启超《清议报》《新民丛报》时期的启蒙宣传作用，而完全忽视梁启超后期的趣味美学。李泽厚认为，1898 年至 1903 年是梁启超作为启蒙宣传家的黄金时期，“但梁氏所以更加出名，对中国知识分子影响更大”，“却主要还是戊戌政变后到 1903 年前梁氏在日本创办《清议报》《新民丛报》”。③ 李泽厚看重的梁启超美学，也是他早期的三界革命论。他认为，梁启超提倡的小说

---

① 李泽厚：《梁启超王国维简论》，《历史研究》1979 年第 7 期，又见《中国思想史论》（中），安徽文艺出版社，1999，第 755 ~ 756 页。

② 李泽厚：《梁启超王国维简论》，《历史研究》1979 年第 7 期，又见《中国思想史论》（中），安徽文艺出版社，1999，第 759 页。

③ 李泽厚：《康有为谭嗣同思想研究》，上海人民出版社，1958，第 57 页，又见李泽厚《梁启超王国维简论》，《历史研究》1979 年第 7 期，《中国思想史论》（中），安徽文艺出版社，1999，第 747 页。

界革命和白话文运动，与20世纪初的一大批小说作品，“形成一股强大的文学巨流，无论从内容到形式都冲突了传统封建文艺”；《新小说》创刊号发表的《论小说与群治之关系》一文，“提出的是为人生而艺术反封建传统的理论”，“成了它的理论代表和领导人物”。[①] 也就是说，梁启超美学思想的启蒙价值，正在于它与“传统封建文艺”斗争的“资产阶级属性”，是“反封建传统的理论”，这显然依然是马克思主义的唯物史论的政治阶级批评话语。

在传统政治阶级批评话语中，政治与美学直接关联，形成的是政治—美学二层直接关系论；李泽厚启蒙论研究视野中的梁启超美学思想研究，则通过启蒙中介勾连政治与审美，形成了政治—启蒙—美学的三重间接关系论，其转换的目的是，试图通过启蒙的介入，实现梁启超美学研究的去政治化。但是，由于启蒙论研究的价值评判标准依然是马克思主义唯物史论的政治标准，他虽然给梁启超美学思想研究松了绑，但并没有真正解开政治批评的绳索。这正反映了当时政治话语的强势地位，以及去政治化之路的艰难。当然，启蒙因素的介入，也确实给梁启超美学思想的独立研究提供了无限可能的空间，因为，启蒙虽然可以与政治相关，但与人的价值关系更为密切，沿着启蒙这条线索，我们可以彻底突破庸俗政治批评的樊篱，寻找到梁启超美学思想的人学价值。

新时期以来，随着学术研究的正常化，梁启超美学思想研究取得了重大突破，形成了审美独立论的研究思路和模式，其后期美学思想也得到了充分的重视与挖掘，这以夏晓虹等为代表。所谓“审美独立论”，指从纯美学的视角研究并评价梁启超美学思想，认为梁启超构建的美学实质上是艺术美学或人生美学。这一研究思路与模式形成了与政治批评、启蒙批评迥异的特色，具体表现在以下三个方面。

其一，从前期重心论走向前后期贯通、后期重心论。在政治阶级批评话语体系中，梁启超早期以资产阶级改良派思想反对封建地主阶级思想，因此是进步的；中期以资产阶级改良派思想与资产阶级革命

---

① 李泽厚：《梁启超王国维简论》，《历史研究》1979年第7期，又见《中国思想史论》（中），安徽文艺出版社，1999，第756～757页。

派思想做斗争，因此是保守、落后的；后期则以资产阶级改良派或封建地主阶级思想与无产阶级、资产阶级思想斗争，因此是顽固的、反动的。从这一评价标准出发，在政治阶级批判视野中，梁启超及其美学价值当然在于前期与中期。

李泽厚的启蒙论研究，在政治与美学之间引入“启蒙”这个中介，在一定程度上实现了审美的政治松绑。夏晓虹等人的纯美学研究视角则完全不同，他们将梁启超美学思想的前后期贯通，并且将研究重心转移到后期。夏晓虹以 1917 年为界，将梁启超的社会活动与著述活动划分为前、后两期，“前期以政治家而兼事文学创作与学术研究，后期则以文学及其他学科的专门学者而兼评时事”；前期“以政治或其他功利考虑为出发点”，“必然会影响到学术研究的科学性”，后期是“从古代文化中”，“发掘具有永久性的价值”，“显示出他对于艺术的灵魂——情感的研究”，“本身也具有传世的价值”。[①] 金雅以 1918 年欧游为界，将梁启超美学思想划分为 1896 年至 1917 年的萌芽期与 1918 年至 1928 年的成型期，“萌芽期以《变法通议·论幼学》为起点”，“借《论小说与群治之关系》和《惟心》奠定了审美、人生、艺术三位一体的美学思想的基石”，“并通过‘力’与‘移人’的范畴突出了艺术审美的功能问题”；成型期“以《欧游心影录》为起点”，“借《“知不可而为”主义与“为而不有”主义》《中国韵文里头所表现的情感》等一批论著”，“论释并建构了‘趣味’这一极富特色的本体范畴”；而且，“梁启超美学思想的主要成果是在后期完成的”，“正是在后期，梁启超逐步形成并凸显了自己关于美的问题思考的特色与深度”。[②] 方红梅认为，“人、人生及其与美和趣味的关系”，“始终是梁启超思考的中心问题”，“梁氏的文化树人、审美树人思想有两条进路”：“一是以美和趣味为策略的、为救亡而新民的线性递进进程”，“二是相对独立于政治、人之所以为人的普遍性意义上进行的、以美和趣味为归宿的立人”，后期“前一思路相对弱化，后一思

① 夏晓虹：《觉世与传世——梁启超的文学道路》，中华书局，2006，第 5、8 页。
② 金雅：《梁启超美学思想研究》，商务印书馆，2005，第 46、9 页。

路则逐渐凸显”。[①]

其二，从政治化到去政治化。在政治阶级批评话语体系中，政治价值是梁启超哲学、美学、史学等各领域价值的唯一评判依据，梁启超的美学思想是否符合先进阶级的理念是判断其价值的唯一标准。梁启超前期美学因以资产阶级改良派思想反对封建地主阶级思想而政审合格，这一阶段的美学就是先进的；后期美学因以资产阶级改良派或封建地主阶级顽固派思想反对资产阶级与无产阶级思想而政审不达标，其美学思想也就是中性的或是反动的。这显然是美学思想的政治化审查。李泽厚的启蒙批评话语体系，虽然在美学与政治之间安插了启蒙这一评价体系，美学的价值不再直接由政治评价，而代之以启蒙，在一定程度上实现美学的去政治化；但是，问题又在于，启蒙的价值还是由政治的价值决定的，启蒙的背后依然是政治的审查。

在纯美学批评话语体系中，美学之“纯”通过去政治化而得以体现，也就是说，纯美学的话语体系，是将审美与政治对立起来，通过与政治的脱离与对立而实现去政治化，实现纯美学的学理建构；政治批评话语体系中的政治价值，恰恰成为纯美学的价值缺陷。夏晓虹指出，梁启超早期提倡政治小说，“显然是以之为政治斗争的手段，这种强烈的功利性使其理论与创作潜伏着危机”，“文学终究不是政治思想的传声筒，它虽然会产生宣传的效果，却不以此为惟一目的”，“功利主义地利用文学，只会损害文学，使它因失去艺术性而减弱了感染力，结果反而离本来的目标更远”。[②] 金雅同样持这种观点，她认为梁启超的小说理论“拔高也悬置了社会功能在小说艺术审美中的地位”，“贬低也误读了审美功能在小说艺术实践中的价值”，“模糊了小说艺术本体和艺术功能的界限，以社会功能来覆盖审美功能，以功能问题颠覆了本体问题”。[③] 方红梅也认为，梁启超早期小说美学的“理论偏颇只在于”，“对体用合一思想的坚持中又太偏重于‘用’”，“以至于

① 方红梅：《梁启超趣味论研究》，人民出版社，2009，第 306～307 页。

② 夏晓虹：《觉世与传世——梁启超的文学道路》，中华书局，2006，第 18 页。

③ 金雅：《梁启超美学思想研究》，商务印书馆，2005，第 262 页。

把趣味、审美及至个体的人都手段化了”。[1]

其三，艺术美学与人生美学的价值重构。纯美学的研究思路与模式，将梁启超美学思想研究从政治价值中解放出来，必然面临美学价值的重构问题。夏晓虹、金雅等人的这一价值发现就是艺术价值与人生价值，他们认为，梁启超建构的是艺术美学或人生美学。夏晓虹持艺术美学论。她认为，梁启超后期作为一名学者在研究古代文化遗产时，“重视作品的艺术价值，倾向‘情感中心’，强调文学的感情净化力量”，更加“精致”，也“更切合文学自身的艺术价值”；“当他说‘情感是不受进化法则支配的，不能说现代人的情感一定比古人优美，所以不能说现代人的艺术一定比古人进步’时”，“不仅展现出其研究对象具有永久的魅力，而且显示出他对于艺术的灵魂——情感的研究”，因此而“具有传世的价值”。[2]

金雅与方红梅持人生美学论。金雅认为，虽然梁启超“从未刻意在理论上营构体系”，“但其始终直面现实、积极入世的价值向度”，“向我们展示了一个融求是与致用为一体、融精神理想与现实执着为一体的富有自身特色的趣味主义人生论美学思想体系”。[3] 方红梅认为，梁启超“从世界、人类的立场”，“认识到审美、趣味对于生活的本体性意义”，“他对趣味的本体化提升”，“他关于人要能从生活中领略到趣味、生活才有价值的看法”，“与尼采提出的‘艺术是生命的最高使命和生命本来的形而上活动’和‘只有作为一种审美现象，人生和世界才显得是有充足理由的’以及席勒提出的‘只有美才能使全世界幸福’的著名观点，有着相近的深意”。[4]

夏晓虹、金雅、方红梅等人的纯美学研究，其基本思路是：从梁启超的美学著述中寻找纯美学的术语，再按照纯美学的理论框架编织梁启超美学思想体系，并通过这些术语的勾连研究梁启超前后期美学

① 方红梅：《梁启超趣味论研究》，人民出版社，2009，第270～271页。

② 夏晓虹：《觉世与传世——梁启超的文学道路》，中华书局，2006，第38、8页。

③ 金雅：《梁启超美学思想研究》，商务印书馆，2005，第7页。

④ 方红梅：《梁启超趣味论研究》，人民出版社，2009，第307页。

的内在关联。夏晓虹主要从艺术美学角度研究梁启超美学思想，摘选的最主要纯美学术语是“情感”。她认为，梁启超前期主要以政治家的身份研究文学，虽然兼顾情感感染功能，但主要注重文学的社会功能；而后期则从纯粹的学者身份研究文学，注重对于艺术灵魂的“情感”研究。[①] 金雅与方红梅则从人生美学的角度研究梁启超美学，金雅摘选的纯美学术语主要是人生、趣味、情感、力、移人，并以这些范畴构建了梁启超的美学思想体系：其核心范畴是趣味，趣味的核心则是情感，力是中介，移人是目标，移人的目标则是趣味的人生，即人生价值是梁启超趣味美学的本质，梁启超趣味美学的本质是人生美学。[②] 方红梅主要摘选的纯美学术语是人生、美、趣味，她认为“人、人生及其与美和趣味的关系，始终是梁启超思考的中心问题”，其中前期重视美和趣味的救亡与新民功能，后期则重视美和趣味的立人功能，“从世界、人类的立场，认识到审美、趣味对于生活的本体性意义”。[③]

夏晓虹、金雅、方红梅等人的纯美学研究，是在去政治化即政治与审美对立的语境中研究梁启超美学思想的，他们关注的是梁启超本身的美学论述，打通了前后期的思想界限，既认识到梁启超美学思想前后期的区别、发展，也研究前后期美学思想的内在关联。在去政治化的语境中，纯美学的研究通过与政治的对立和区别而得以体现，梁启超前期的政治化美学被贬低，后期的趣味美学则被大大张扬；在美学的价值重构中，他们通过艺术美学与人生美学重新阐释了梁启超趣味美学的价值。

第二节　政治美学：梁启超美学思想的性质

蔡尚思等人政治阶级批评视野中的梁启超美学思想研究，完全视

① 夏晓虹：《觉世与传世——梁启超的文学道路》，中华书局，2006，第8页。

② 金雅：《梁启超美学思想研究》，商务印书馆，2005，第7页。

③ 方红梅：《梁启超趣味论研究》，人民出版社，2009，第306~307页。

美学为政治的传声筒与实现政治目的的工具，这当然应该摒弃；李泽厚的启蒙论研究虽然初步突破了政治批评话语的樊篱，但因启蒙的价值依然建构在政治价值基础之上，也注定难以走远；夏晓虹、金雅与方红梅等人的纯美学建构，将梁启超美学思想的研究转移到美学内部，开始了梁启超美学思想的独立研究，这当然功不可没。但是，我们需要追问的是：梁启超的美学思想，是否就是纯粹的艺术美学或者人生美学呢？他们构建的梁启超艺术美学或人生美学体系，是否符合梁启超的美学创构实际呢？我的答案是：表面相似，实质背反。

先说表面相似。所谓“表面相似”，是指夏晓虹、金雅、方红梅等人关于梁启超美学的具体分析能忠实于梁启超美学著述的实际。梁启超的美学思想，确实经历了前后期的巨大变化，且他美学思想的构建主要在于后期①；梁启超的美学论述，也确实非常关注情感问题；梁启超美学思想的核心范畴，完全可以用趣味来概括，这是梁启超本人在其演讲和著述中反复致意的；梁启超的趣味美学，确实与人生密切相关，指向人的人格境界与生存状态，具有人生美学的品格与人生实践性的特征。② 他们关于梁启超美学思想的这些分析，表面看来，

---

① 不过，关于前后期的划分，笔者的看法与金雅稍异。笔者认为，梁启超美学思想前后期划分的界限，应该是1915年发表《吾今后所以报国者》一文。梁启超趣味美学的著述，确实发生在欧游之后。但是，梁启超这一思路，早在此时已经完全确定。梁启超在文中明确指出，自己要脱离以前的“政治生涯”，从事“在野政治家”工作即社会教育，只不过后来因袁世凯复辟等事件而一再耽搁。

② 1922年4月10日，梁启超在直隶教育联合研究会所作讲演《趣味教育与教育趣味》中提出，他信仰的就是趣味主义：“假如有人问我，你信仰的甚么主义？我便答道：我信仰的是趣味主义。有人问我，你的人生观拿甚么做根柢？我便答道：拿趣味做根柢。我生平对于自己所做的事，总是做得津津有味，而且兴会淋漓，什么悲观咧，厌世咧，这种字面，我所用的字典里头可以说完全没有。我所做的事常常失败——严格的可以说，没有一件不失败——然而我总是一面失败一面做，因为我不但在成功里头感觉趣味，就在失败里头也感觉趣味。我每天除了睡觉外，没有一分钟一秒钟不是积极的活动，然而我绝不觉得疲倦，而且很少生病。因为我每天的活动有趣得很，精神的快乐，补得过物质上的消耗而有余。”他在《学问之趣味》中又说道：“我是个主张趣味主义的人，倘若用化学分‘梁启超’这件东西，把里头含一种原素名叫‘趣味’的抽出来，只怕所剩下仅有个零了。我以为：凡人必常常生活于趣味之中，生活才有价值。若哭丧着脸捱过几十年，那么生命便成沙漠要何用？……我一年到头一肯歇息。问我忙什么？忙的是我的趣味。我以为这便是人生最合理的生活，我常常想运动别人也学我这生活。”

与梁启超的美学著述确实非常贴近。

再说实质背反。所谓“实质背反”，是指从梁启超美学活动与美学著述的目的与旨归来看，夏晓虹、金雅、方红梅等人的纯美学研究与其背道而驰。我们需要提问的是：梁启超的美学构建，真是为了实现纯艺术目的或人生目的吗？梁启超曾经这样评价过自己的著述目的：“惟好攘臂扼腕以谈政治。政治谈以外，并非无言论，然匣剑帷灯，意有所属，凡归政治而已。”[①] 这有两层含义：一是指，在他所有的著述之中，政治著述是主体；二是指，他的文学与美学等其他非政治著述，都以政治为目的。梁启超早期的诗论、小说理论的政治指向性毋庸置疑，他提倡诗界革命，是要“输入欧洲之精神”；提倡新小说，提倡觉世之文、应时之文，反对传世之文、藏山之文，都是强调文学的政治宣传价值。即使后期的趣味美学，其政治目标也非常明确。梁启超后期转向社会教育，提倡趣味美学，是因为他发现“中国社会之堕落窳败，晦盲否塞，实使人不寒而栗”，“以智识才技之晻陋若彼，势必劣败于此，物竞至剧之世，举全国而为饿殍；以人心风俗之偷窳若彼，势必尽丧吾祖若宗遗传之善性，举全国而为禽兽”。[②] 所以，梁启超认为，中国要真正建立起现代民主国家，不是光靠上层政治制度设计就能够解决，而必须实行道德启蒙，即提升国民道德素质才能真正实现。他提倡趣味美学，就是要用趣味来提升国民道德素质，以实现其政治之目的。梁启超的美学著述，从来都不是无功利的纯美学，而是具有强烈的政治目的性的。

当然，由于梁启超政治思想观念的变迁，他前后期政治与审美关系的框架与模式有显著的区别。早期三界革命论的政治与审美关系的框架与模式是政治—制度/执政—文学，是政治问题通过政治制度即通过自己执政重设政治制度来解决，文学在这一框架中的功能是文学—

① 梁启超：《吾今后所以报国者》，《梁启超全集》（第五册），北京出版社，1999，第2805页。

② 梁启超：《吾今后所以报国者》，《梁启超全集》（第五册），北京出版社，1999，第2806页。

政治，即文学宣传政治，这是工具论、服务论的文学观；趣味美学时期政治与审美关系的框架与模式是改造社会（政治）—趣味人生（道德）—文学/美学（路径与方法），即简单直接的制度设定与执政并不能带来良好的政治，只有全民道德与政治意识的提高，才能真正促成良好政治的形成，即政治问题必须通过道德来解决，而文学与审美在政治—道德解决模式中的功能是：文学与审美可以提高人们的道德，形成趣味人生。这样，通过趣味，梁启超将艺术、审美与社会改造的政治目标连接起来，即社会改造的政治目的只有通过国民道德提升（趣味人生的生成）才能真正实现，而国民道德的提升只能通过艺术的提升与超越才能达成。

因此，从趣味的直接阐释来看，梁启超的美学直接将艺术与人生价值勾连，其宗旨似乎就是人生美学，表面看这与柏格森、叔本华以及王国维基本相似。但是，从他美学构建的最终目的来看，无论是早期的三界革命论，还是后期的趣味美学，梁启超都不是将文学与审美看作纯艺术、纯审美来对待与研究，而是从政治功用的角度来考察与借用，将其置于解决中国社会与政治问题的框架之中研究。梁启超首先是位政治家，他站在政治的立场上研究文学与审美，这是他看待、研究文学与审美的独特之处，这就决定了他所构建的文论与美学不同于王国维等建构的纯美学。因此，夏晓虹、金雅、方红梅等人，企图通过纯美学的途径研究兼具政治与审美双重色彩的梁启超美学，当然无法真正进入梁启超美学，他们对于梁启超美学思想的艺术美学或人生美学判断，当然也不符合梁启超美学思想的著述现实。

我们不妨将他的美学构建目的与纯美学的王国维做对比。王国维曾在《静庵文集》序言中阐明自己研究哲学、文学之目的：

> 体素羸弱，性复忧郁，人生之问题，日往复于吾前。自是始决于哲学……①

① 王国维：《静庵文集·自序（一）》，姚淦铭、王燕主编《王国维文集》（下部），中国文史出版社，2007，第283页。

余疲于哲学有日矣。哲学上之说，大都可爱者不可信，可信者不可爱。余知真理，而余又爱其谬误。伟大之形而上学，高严之伦理学，与纯粹之美学，此吾人所酷嗜也。然求其可信者，则宁在知识论上之实证论，伦理学上之快乐论，与美学上之经验论。知其可信而不能爱，觉其可爱而不能信，此近二三年中最大之烦闷，而近日之嗜好所以渐由哲学而移于文学，而欲于其中求直接之慰藉者也。要之，余之性质，欲为哲学家则感情苦多，而知力苦寡；欲为诗人，则又苦感情寡而理性多。诗歌乎？哲学乎？他日以何者终吾身，所不敢知，抑在二者之间乎？[①]

王国维研究哲学、美学、文学，是要解决自己的“人生”问题，也就是人生价值问题。他的人生美学建构有两个特点：从主体特性上来说，它指向个体；从价值特性上来说，它指向终极价值，即人生价值是他美学研究的终极目标。

1921 年，梁启超总结了自己的研究特性：

我的学问兴味政治兴味都甚浓。两样相较，学问兴味更为浓些，我常常梦想能够在稍为清明点子的政治之下，容我专作学者生涯；但又常常感觉，我若不管政治，便是我逃避责任。[②]

从王国维与梁启超的自我剖析可以看出，梁启超从来就不是王国维式的纯粹美学家，而是始终兼顾审美与政治并以政治为重的“杂家”。王国维等人的纯审美研究，是将审美与政治对立起来，研究文学与审美的独特价值，这种研究思路与模式可称为政治审美对立论，其成果是纯美学。梁启超的研究思路与模式，是将文学审美置于政治这个根本目的与宗旨中考察，是政治与审美的交融，是融合了政治与审美两种成分的美学，这种研究思路与模式，可称为政治审美融合论，

① 王国维：《静庵文集·自序（二）》，姚淦铭、王燕主编《王国维文集》（下部），中国文史出版社，2007，第 284 页。

② 梁启超：《外交欤内政欤》，《梁启超全集》（第六册），北京出版社，1999，第 3410 页。

其成果可命名为政治美学。政治美学，才是梁启超趣味美学的真正品质。

与王国维的纯美学相较，梁启超的政治美学呈现了不同的特点：从主体特性看，在个体与群体之间，梁启超最看重的是人的社会性即群性；从价值特性看，在个体价值与社会价值之间，梁启超更看重的是人生的社会价值，主要是政治价值。早在《时务报》时期，梁启超就在《论学会》中指出："道莫善于群，莫不善于独。独故塞，塞故愚，愚则弱；群故通，通故智，智故强。"[①]《〈说群〉序》又言："以群术治群，群乃成；以独术治群，群乃败。……善治国者，知君之与民同为一群之中之一人，因以知夫一群之中所以然之理，所常行之事，使其群合而不离，萃而不涣，夫是之谓群术。"[②] 因此，关注群即人的社会性，关注人的社会价值，这是梁启超研究人生问题的出发点，也是其根本目的，这与王国维迥异。正如张灏指出："梁氏的'群'这一概念的意义几乎是不会被过分强调的，因为它涉及政治整合、政治参与和政治合法化以及政治共同体的范围等重大问题。"[③]

政治美学，是政治学与美学的交叉学科。但这一交叉，并不意味着两者地位完全一致，既可以交叉于政治，即以政治为重心，形成依附性的政治美学；也可以美学为重，形成乌托邦政治美学。依附性的政治美学，是指将美学当作实现政治目的的工具，它是一种工具论美学；乌托邦政治美学，指没有直接的党派政治目的，而是通过美学的想象来构建美好政治生活即乌托邦。

夏晓虹、金雅、方红梅等人其实也看到了梁启超美学的不纯粹性。夏晓虹指出："说到底，梁启超本质上还是个文人型的政治家。在'觉世'与'传世'之间，其前后期的侧重点虽有变化，但从政时不能忘情于文学，创作时又不能忘怀政治。"[④] 方红梅认为，"梁启超的

① 梁启超：《论学会》，《梁启超全集》（第一册），北京出版社，1999，第26页。

② 梁启超：《〈说群〉序》，《梁启超全集》（第一册），北京出版社，1999，第93页。

③ 〔美〕张灏：《梁启超与中国思想的过渡（1890—1907）》，崔志海、葛夫平译，江苏人民出版社，1997，第69页。

④ 夏晓虹：《觉世与传世——梁启超的文学道路》，中华书局，2006，第11页。

文化启蒙意向和文艺新民思想是由救国愿望引起的”，“且被用作手段和策略，而以救国为最终归宿”。[①] 金雅对梁启超趣味美学的不纯粹性也并不陌生。她评价梁启超前期的《论小说与群治之关系》时说，这篇文章“在对小说的艺术本性的审美功能的认识上有很大的偏颇”，“他不仅无限地夸大了小说的社会功能”，“还把审美功能放在工具性层面，把社会功能放在终极性层面”，“从而扭曲了艺术的社会功能与审美功能的关系”[②]；对于梁启超文界革命的政治目的，她也非常熟悉，认为文界革命“是将著书立说直接推上近代社会变革的历史进程之中”，“要求文人志士以自觉的历史意识和社会责任感来从事写作活动，把启蒙宣传与社会效果放在最重要的位置”[③]；对于梁启超后期趣味人生美学背后潜伏的社会改造的政治目的同样并不陌生，她说，“我们无论如何都不能得出‘五四’以后的梁启超已由一个职业的政治家转变成一个纯粹的不问政事的学者的结论”，“也不能得出后期梁启超已由一个关心政治的功利主义者转变成潜心书斋的超功利主义者的结论”，梁启超欧游目的，是因为“他在国内的政治中看不到光明，因此想赴欧洲‘拓一拓眼界’‘求一点学问’”，“实际上也是想为中国社会的前途寻找一条新的出路”[④]。金雅认为，梁启超前后期美学变而不变的深层质素，就是他“对于强民富国之路的不息探寻”，“这种探寻一方面构成了梁启超学术思想的价值根基”，“另一方面也成为其不断探索与追求的内在动力”[⑤]。因此，“爱国主义始终是梁启超生命活动中高扬的一面旗帜”，“也成为他努力建设‘一种适应新潮的国学’的强大动力”。[⑥] 她还引用了梁启超学生李仁夫回忆的梁启超原话来证明这一点：“但我是有中心思想和一贯主张的，绝不是望风转舵，随风而靡的投机者。……我的中心思想是什么呢？就是爱国。我的一

① 方红梅：《梁启超趣味论研究》，人民出版社，2009，第279页。

② 金雅：《梁启超美学思想研究》，商务印书馆，2005，第49~50页。

③ 金雅：《梁启超美学思想研究》，商务印书馆，2005，第158页。

④ 金雅：《梁启超美学思想研究》，商务印书馆，2005，第54页。

⑤ 金雅：《梁启超美学思想研究》，商务印书馆，2005，第230页。

⑥ 金雅：《梁启超美学思想研究》，商务印书馆，2005，第234页。

贯主张是什么呢？就是救国。”[①]

那么，为什么夏晓虹、金雅、方红梅等人一方面认识到梁启超美学思想的不纯粹性，另一方面又将其纳入纯美学的评价体系，以艺术美学或人生美学来界定其品性呢？这是因为，他们对梁启超美学思想评判的逻辑起点是审美政治二元对立论。所谓审美政治二元对立论，是指将政治功利与审美无功利对立起来，通过与政治功利性的对立与背反确立审美的无功利性，以及自己的独立价值与研究领域。

审美政治二元对立论源于康德的审美无功利性。康德认为，纯粹的鉴赏判断即审美的快感“是没有任何利害关系的”[②]，即没有任何功利性。康德讲的无功利性，是与欲望功利相对，而不是与政治功利相对，即审美与欲望是一组相对的概念。但是，由于当时政治功利性的强大势力，王国维等人引进康德的无功利美学后，将康德的欲望无功利转化为政治无功利性，形成了审美与政治相对的概念。王国维直接将政治与文学相对、政治家与文学家相对，认为“生百政治家，不如生一文学家”，其原因有二：其一，“政治家与国民以物质上之利益”，“而文学家与以精神上之利益”，显然，精神的利益远远大于物质的利益；其二，物质上之利益是一时的，而精神上之利益是永久的，永久的精神利益其作用显然远大于一时的政治之利益。[③] 所以，王国维强调，“词人观物，须用诗人之眼，不可用政治家之眼”，因为“政治家之眼，域于一人一事”，而“诗人之眼，则通古今而观之”。[④] 这样，王国维就将康德的审美—欲望对立模式的审美无功利性，改造成了中国式的审美—政治对立模式的审美无功利性。

在审美—政治对立模式的无功利性美学话语体系中，审美的独特

① 李仁夫：《回忆梁启超先生》，夏晓虹编《追忆梁启超》（增订本），生活·读书·新知三联书店，2009，第346页。

② 〔德〕康德：《判断力批判》（上册），宗白华译，商务印书馆，2000，第40页。

③ 王国维：《文学与教育》，姚淦铭、王燕主编《王国维文集》（下部），中国文史出版社，2007，第36页。

④ 王国维：《人间词话·删稿·三十七》，姚淦铭、王燕主编《王国维文集》（上部），中国文史出版社，2007，第90页。

价值只有通过与政治的背离即在政治的否定中获得。因此，政治审美二元对立论可以评价王国维等纯美学家的美学思想与美学理论，用来评价梁启超的政治美学却使自己陷入两难的窘境：如果承认梁启超政治美学的价值，那么就否定了其评价标准，使得自己的批评失去了衡量的准星；如果否定了梁启超政治美学的价值，那么就从根本上否定了研究对象的研究意义与价值。

夏晓虹、金雅、方红梅等人是如何应对这个窘境的呢？他们主要采用了两种策略：一是打揉结合，二是误接误读。先看打揉结合。所谓“打”，是指批评梁启超美学思想的政治功能论。如金雅评价《论小说与群治之关系》，“尽管这篇论文在对小说的艺术本性的审美功能的认识上有很大的偏颇，他不仅无限地夸大了小说的社会功能，还把审美功能放在工具性层面，把社会功能放在终极性层面，从而扭曲了艺术的社会功能与审美功能的关系”；“揉”即表扬其纯美学的审美特性论。“打”过“政治功能”论之后，金雅又说，“但在这篇论文中，梁启超从‘力’的命题出发，概括并阐释了小说所具有的‘熏’‘浸’‘刺’‘提’四种艺术感染力，‘渐’化和‘骤’觉两种基本艺术感染形式，‘自外而灌之使人’和‘自内而脱之使出’两大艺术作用机理，从而得出了小说‘有不可思议之力支配人道’，并能达成‘移人’之境的基本结论。这一阐释从小说艺术特征和读者审美心理的角度来探讨小说发挥功能的独特方法与途径，体现了梁启超深厚的艺术功底，也呈现出较为丰富的美学内蕴”[①]，这就是“揉”。一打一揉，看似对梁启超小说理论的优点与不足都做出客观的评价，但我们还是无法明了：梁启超的小说理论，究竟因政治功能论而不该进入纯美学理论体系，还是纯审美理论体系是否要突破政治无功利论？这一评价，看似公允，实则两相抵销，并没有对梁启超小说理论的价值做出明晰的、令人信服的评价。

所谓误接误读，是指从梁启超政治美学的论述中寻找、挑选纯美

① 金雅：《梁启超美学思想研究》，商务印书馆，2005，第49~50页。

学的论述，将这些范畴、论述与纯美学话语体系对照，并组合、编织成所谓的纯美学理论。夏晓虹指出，梁启超虽然在本质上是个文人型的政治家，从政时不能忘情于文学，创作时又不能忘怀于政治，但依然用纯美学的标准来批评梁启超的小说理论、诗歌理论。金雅明明已经发现了梁启超早期小说美学与后期趣味美学的政治功利性，但是，从政治与审美对立的纯美学标准出发，她无法发现梁启超建构的美学是政治美学，于是，就从梁启超的趣味论述中寻找、挑选纯审美理论中的趣味、人生、情感，同时弱化梁启超小说美学中的政治功利性，突出其情感影响力，搭建了以趣味为核心范畴、以人生价值为宗旨、以情感为核心内容的梁启超趣味人生美学体系，故意忽略梁启超美学的政治指向性，将梁启超的政治美学嫁接在纯审美理论之上。

这种打揉结合与误接误读，乍一看，似乎符合纯审美的理论体系，而且其批评与肯定都切中要害。但是，只要跳出这一理论体系之外，阅读梁启超的著述并追问，梁启超趣味美学的构建，真的是要搭建一个王国维式的纯审美的理论体系吗？这一追问就会让我们直觉到，夏晓虹、金雅、方红梅等人构筑的这一纯审美的艺术美学或趣味人生美学，恰恰与梁启超自己美学著述与建构的目的背道而驰，看似华丽辉煌的梁启超美学思想的大厦，却并非建立在梁启超自家的美学宅基地之上。

梁启超美学思想研究主要有三种思路与模式，具体表现为：一是以蔡尚思等人为代表的政治阶级研究思路与模式，他们以简单的阶级定性替代美学的学术研究，这当然应该摒弃；二是以李泽厚等为代表的启蒙研究思路与模式，他们试图在政治与审美之间插入启蒙的中介，以给美学研究实现政治的松绑，但他的启蒙价值依然建构在政治价值基础之上，也注定难以走远；三是以夏晓虹、金雅、方红梅等为代表的纯美学研究思路与模式，他们从美学的内部视角研究，开启了梁启超美学思想审美独立研究的新天地。不过，无论是政治阶级研究、启蒙研究还是纯美学研究，虽然对待政治的态度不同，但思维方式一致：

都持政治与审美二元分离对立论，即将政治与审美看作两个独立的领域，只不过在两者关系的认识上，政治阶级研究者认为审美依附于政治，启蒙研究者则将政治与审美进行疏离，纯美学研究者则持政治与审美二元对立论。其实，政治与审美在美好社会生活的想象方面存在着内在一致性，有二元融合的基础与现实。梁启超的美学思想，正是建立在这种政治与审美二元融合的思维基础之上；他所创构的美学，实质上是政治与审美二元融合的政治美学，这才是梁启超美学思想的真正特性。只有通过政治与审美二元融合的视角，才能真正把握梁启超政治美学区别于纯美学的独特性。夏晓虹、金雅、方红梅等人从纯美学视角建构的梁启超美学思想体系，其理论出发点是政治与审美二元对立论，当然无法真正进入梁启超的政治美学，只能入宝山而空返，无法对梁启超政治美学做出符合其特性的评价。

第三章

梁启超政治美学的三维透视

越来越多的学者将中国现代文论的发生从五四上溯至清末，而梁启超实为中国现代文论发生的第一位典型代表。中国现代文论的开端体现了极为复杂的内涵，它不仅指世纪之交本身，还指孕育了这个时期的历史，大体可以包括通常所说的近代以来直到现代开始。因此，以梁启超为代表所涉及的政治与审美关系，也就具有极为开阔的论述空间，我们从中可发现中国现代文学观念如何生成，也可以发现中国现代政治观念如何变迁，并且正是这两种观念的发生与交融，才产生了百年来政治与审美关系的纷争与发展。但鉴于文学观念的现代发生带有突破传统文以载道观的鲜明时代特征，必然趋向个性的解放与文学的审美独立。而事实上，整个近代以来的中国社会又处于救亡图存、现代国家创建的紧张与焦虑之中，从而造成了政治与审美诉求之间的既相适应、又相冲突的局面，使政治与审美之间的关系变得十分重要，却又十分敏感。说这个关系重要，是因为参与了现代国家的创建，审美因此使命而变得举足轻重；说这个关系敏感，是因为参与政治以后，审美难免被政治所控制，审美因此而变得左右为难：过分投入政治，可能伤及文学的审美，可稍对政治有所疏离，可能伤及审美的生存。因此，中国近百年来对政治与审美关系的研究，一直深思熟虑，形成了非常流行的“双线推进说”，以解释这种复杂而艰难的存在现状。“双线推进说”强调：以梁启超为代表的“功利派”与以王国维为代表的“审美派”之间的冲突构成中国现代美学思想的内在矛盾与紧张，并由此形成了它的走向与不同的文学实践。尤其是从审美主义的立场出发，将中国现代文学理论发展不畅、多经波折、无法创新的缺失，归之于“功利派”。这是一种“双线对立推进说”的视角。

这一视角未免过于简单。“双线对立推进说”作为中国现代文论的发生理论，一开始就未能包括梁启超、鲁迅与周作人等人的文论经验，尤其是未能考虑不同历史节点之间的区别，以及新的历史展开以后所可能具有的新型文论经验形态。所以，即使我们不放弃这一观点，也要对它进行彻底改造，即采用政治与审美二元融合的观点，采用“双线融合推进说”这一新视角，这样才能更加全面地解释中国现代文论的发生与发展，也才能更加有效地解释政治与审美之间既冲突又融合的双重特性。审美的自身特性与参与政治变革之间，并不天然地存在敌对关系；相反，它们的高度融合，既能创造出名垂青史的杰作，又能满怀政治激情与意识，这是文学史与美学史的成功经验之一。中国的屈原、杜甫、苏轼、陆游、曹雪芹、鲁迅等是代表，西方的但丁、莎士比亚、雨果、托尔斯泰、惠特曼等也是代表。关键在于，怎样用审美创作去表现政治理念。政治与审美都是人的生活的一部分，真想叫它们不发生关联也枉然。

我们还要看到，中国现代文论的发生、发展，伴随着传统观念向现代观念的转型，必然面临着知识范式的转换。因此，中国现代文论也就必然地要承担起现代启蒙的使命，从而使其必然内含着启蒙的视角。这样，我们就将“双线推进说”转换成了“三线推进说”，形成了政治、启蒙与审美三元融合的视角。从三元融合推进的视角观察，我们会发现，中国现代文论中政治与审美之间的关系图景焕然一新。由此看政治，它因融入启蒙的视角而深厚凝重，从而凝铸成中国现代的思想史；它借助或通过审美，扩大了政治的范围、丰富了政治的内涵，将宏大的政治主观化、个性化、体验化，将公共的情感体验与个性的情感体验融合了起来。由此看启蒙，它因政治的视角而与解决中国现代社会的困境现实结合了起来，既有理论的指向性，又有解决问题的社会现实性，因审美视角的融入，把对人生价值的思考与对美好社会生活的想象结合了起来，形成了独特的中国现代启蒙样式。由此看美学，它既追求了自身的特性，也参与了伟大的政治变革，参与了中国现代的思想启蒙运动，自身特性与参与变革、启蒙运动之间的丰富关联，创造了中国现代独特的美学形态及审美经验。梁启超的政治美学，就是这样的三元融合的美学，它内在地包含着三元视角与三种维度：第一是政治的视角与维度，即梁启超的美学创构，具有强烈的政治目标指向性，他将审美政治化了；第二是启蒙的视角与维度，梁启超把政治的实践与美好社会生活的想象、人生的价值进行了个性化的融合；第三是审美的视角与维度，梁启超的政治实现与政治启蒙，或借用美学，或通过美学，将审美作为其工具或途径，他将政治与启蒙审美化了。审美、政治与启蒙，共同构成了梁启超政治美学思想的三维世界。

第一节　审美之维

梁启超是一位文人政治家，他兼有政治家与文学家的双重身份，这就让他的政治实践与政治理论的建构比纯粹的政治家多出了审美的途径与视角，即审美之维。审美活动一直伴随着梁启超的政治活动，终其一生，他总是试图将政治置于审美之维内解决，通过审美的途径来实现他的政治目的。梁启超政治美学的审美之维，具体表现为早期以三界革命论为代表的文艺美学与后期的趣味美学。

梁启超最早的文学尝试，是 1894 至 1895 年间与夏曾佑、谭嗣同等人提倡与从事“新学之诗”的创作实践。在 1902 年开始写作并连载于《新民丛报》的《诗话》中，梁启超对当年的“新学之诗”做了回忆，他说：“盖当时所谓新诗者，颇喜挦扯新名词以自表异。丙申、丁酉间，吾党数子皆好作此体。提倡之者为夏穗卿，而复生亦綦嗜之。……当时吾辈方沉醉于宗教，视数教主非与我辈同类者，崇拜迷信之极，乃至相约以作诗非经典语不用。”① 梁启超等人“新学之诗”的创作，其主要特征是“挦扯新名词以自表异”，而这些“新名词”主要是当时他

① 梁启超：《饮冰室诗话》，《梁启超全集》（第九册），北京出版社，1999，第 5326 页。

们所热衷的宗教术语，“非经典语不用”。

1899年，梁启超正式提出“诗界革命”的口号。他在《夏威夷游记》中说道：“余虽不能诗，然尝好论诗。以为诗之境界，被千余年来鹦鹉名士（余尝戏名词章家为鹦鹉名士，自觉过于尖刻）占尽矣。虽有佳章佳句，一读之，似在某集中曾相见者，是最可恨也。故今日不作诗则已，若作诗，必为诗界之哥仑布玛赛郎然后可。犹欧洲之地力已尽，生产过度，不能不求新地于阿米利加及太平洋沿岸也。欲为诗界之哥仑布玛赛郎，不可不备三长，第一要新意境，第二要新语句，而又须以古人之风格入之，然后成其为诗。不然，如移木星、金星之动物以实美洲，瑰伟则瑰伟矣，其如不类何。若三者俱备，则可以为二十世纪支那之诗王矣。”① 梁启超诗界革命论的核心，是诗歌三长论，即新意境、新语句与古人之风格。新语句就诗歌的语言形式而言，新意境就诗歌的情感思想而言，古人之风格就诗歌的氛围效果而言；新意境侧重于内容，古人之风格侧重于诗歌形式，而新语句则是勾连两者的中介。诗界革命是情感内容与形式需要同时革新，但更重要的是要情感内容革命。梁启超指出：“过渡时代，必有革命。然革命者，当革其精神，非革其形式。吾党近好言诗界革命。虽然，若以堆积满纸新名词为革命，是又满州政府变法维新之类也。能以旧风格含新意境，斯可以举革命之实矣。苟能尔尔，则虽间杂一二新名词，亦不为病。不尔，则徒示人以俭而已。”② 风格是形式，意境是内容，即精神，故梁启超诗界革命的核心就是“以旧风格含意境”。

梁启超的诗评标准，就是他所建构的诗歌三长论。他评价黄遵宪“时彦中能为诗人之诗而锐意欲造新国者，莫如黄公度”，因其“皆纯以欧洲意境行之”，这是肯定了黄遵宪意境之高；评他“新语句尚少”，这是指出诗歌创作缺少新语句，其原因从客观方面看是“新语句与古风格常相背驰”，从主观方面看则是“公度重风格者，故勉避之也”。他评价夏曾佑与谭嗣同“皆善选新语句”，“其语句则经子生

① 梁启超：《夏威夷游记》，《梁启超全集》（第二册），北京出版社，1999，第1219页。

② 梁启超：《诗话·六十三》，《梁启超全集》（第九册），北京出版社，1999，第5327页。

涩语、佛典语、欧洲语杂用”，其诗歌“颇错落可喜”；但是，由于他们缺少古人之风格，所以“不备诗家之资格”。他高度评价邱沧海题无惧居士独立图之作，对郑西乡某首诗作“拍案叫绝”，正是因为这两首诗“三长兼备”。[①]

小说方面，梁启超提出“小说界革命”的口号，并亲自从事小说的翻译与创作以及理论建构。早在1897年，梁启超就借鉴康有为对于小说的认识[②]，认为小说对于儿童启蒙教育具有重要的意义，他说：“今言变法，必自求才，始言求才，必自兴学始。然今之士大夫，号称知学者，则八股、八韵大卷、白折之才十八九也。本根已坏，结习已久，从而教之，盖稍难矣。年既二三十，而于古今之故，中外之变，尚寡所识，妻子仕宦衣食，日日扰其胸，其安能教？其安能学？故吾恒言他日救天下者，其在今日十五岁以下之童子乎。西国教科之书最盛，而出以游戏小说者尤多。故日本之变法，赖俚歌与小说之力。……故教小学教愚民，实为今日救中国第一义。”[③] 梁启超认为，西方教科书中游戏小说最多，日本变法亦赖俚歌小说之力，故提倡用小说作教科书，以达到启蒙童子的目的。

1902年2月，梁启超创办《清议报》，并开设“政治小说”栏目以刊登政治小说。在《清议报》创刊号上，梁启超发表了《译印政治小说序》[④] 一文，大力鼓吹政治小说。他说：“善夫南海先生之言也！曰：‘仅识字之人，有不读经，无有不读小说者。’故六经不能教，当以小说教之；正史不能入，当以小说入之；语录不能喻，当以小说喻

---

① 梁启超：《夏威夷游记》，《梁启超全集》（第二册），北京出版社，1999，第1219页。

② 1897年，康有为在《日本书目志》中，将“小说”单独列为一部，与“文学”并列，并说：“易逮于民治，善人于愚俗，可增七略为八，四部为五，蔚为大国，直隶王风者，今日急务，其小说乎！仅识字之人，有不读经！无有不读小说者。故‘六经’不能教，当以小说教之正史不能人，当以小说入之；语录不能喻，当以小说喻之；律例不能治，当以小说治之”。“今中国识字人寡，深通文学之人尤寡，经义史故，亟宜译小说而讲通之。泰西尤隆小说学哉！”（康有为：《日本书目志·识语》，上海大同译书局，1897）

③ 梁启超：《〈蒙学报〉〈演义报〉合叙》，《梁启超全集》（第一册），北京出版社，1999，第131页。

④ 这篇论文本以《佳人奇遇》序言发表，后改此名。

之；律例不能治，当以小说治之。天下通人少而愚人多，深于文学之人少，而粗识文字之人多。六经虽美，不通其义，不识其字，则如明珠夜投，按剑而怒矣。孔子失马，子贡求之不得，圉人求之而得，岂子贡之智不若圉人哉？……然则小说学之在中国，殆可增七略而为八，蔚四部而为五者矣。"[①] 梁启超认为，世上大多数人不是通才，不是深懂文学之人，而是愚人、粗识文学之人，所以，六经虽美，但不通其义不识其字，就无法实现教育民众的目的，而这恰恰是通俗易懂之小说可以实现的；如果用小说传达六经之义，就可以实现启蒙宣传的目的。正是从这一认识出发，梁启超将原为不入流的"小说"这种文体提高到极高位置，认为小说在中国"可增七略而为八，蔚四部而为五"。

1902 年 11 月，梁启超在日本横滨创办专门的小说杂志《新小说》，以发表各种小说、文艺理论、诗话等。在《新小说》创刊号上，梁启超发表著名的《论小说与群治之关系》，正式提出"小说界革命"的口号。梁启超认为，因为小说有"不可思议之力支配人道"，所以，"欲新一国之民，不可不先新一国之小说"，"故欲新道德，必新小说"，"欲新宗教，必新小说"，"欲新政治，必新小说"，"欲新风俗，必新小说"，"欲新学艺，必新小说"，"乃至欲新人心，欲新人格，必新小说"，当然，"今日欲改良群治，必自小说界革命始"。[②] 梁启超"小说界革命"的实质其实是小说内容革命，其基本思路是：把小说内容从稗官的街谈巷语、道听途说的内容转换成政治内容，从而实现小说的内容创新。

梁启超不仅有小说的理论建构，还积极从事政治小说的翻译与创作实践。1898 年在逃亡日本途中，梁启超读到日本政治小说家柴四郎所著的政治小说《佳人奇遇》并尝试翻译，后刊登于 1902 年的《清

---

① 梁启超：《佳人奇遇·序》，《梁启超全集》（第十册），北京出版社，1999，第 5495 页。

② 梁启超：《论小说与群治之关系》，《梁启超全集》（第二册），北京出版社，1999，第 884、886 页。

议报》创刊号上。[①] 柴四郎，别署东海散士，日本著名政治小说家。这部小说主要描写了主人公留学美国时，与西班牙卡尔洛斯党员幽兰、爱尔兰独立运动战士红莲邂逅而产生的爱情与友谊，描绘了北美独立战争、朝鲜东学党起义、中日甲午战争等一百多年的革命运动，表达了被压迫民族争取民族独立与自由的愿望。《新小说》还刊登了日本留学生周宏业翻译的日本政治小说家矢野文雄的《经国美谈》。矢野文雄是日本立宪政治家，曾任驻华公使。这部小说描写了齐武名士威波、巴比陀、玛留等人历经磨难推翻专制统治、建立民主政权，并在盟邦雅典支持下打败斯巴达而称霸希腊的故事，表达了争取民族自由和独立的政治理想。《佳人奇遇》和《经国美谈》是当时日本政治小说的代表作，梁启超给予它们高度评价，认为它们在日本政治小说中对于“浸润于国民脑质”是最有效力者，“则《经国美谈》《佳人奇遇》两书为最”[②]；“有政治小说，《佳人奇遇》《经国美谈》等，以稗官之异才，写政界之大势。美人芳草，别有会心；铁血舌坛，几多健者。一读击节，每移我情；千金国门，谁无同好”。[③]

梁启超自己还创作了政治小说《新中国未来记》。他酝酿《新中国未来记》长达五年之久，从《新小说》创刊号第一期开始连载。梁启超原来打算每期写一至两回，用数年时间完成，其目标是演绎从光绪二十八年（1902）至中国实现君主立宪的近六十年历史。但是，这部小说只连载了四期，到第五期就因忙于其他事务而不了了之。从前五回来看，小说采用倒叙的手法，开头先从中国君主立宪成功的集会

① 《佳人奇遇》译文连载于《清议报》第 1 ~ 36 册，刊登时并没有写明译者，梁启超在 1900 年的《纪事二十四首》中说自己“曩译《佳人奇遇》成”。不过，有学者对梁启超是这部小说译者持怀疑态度，其原因很简单，因为梁启超当时还不懂日文。夏晓虹认为，梁启超的翻译，是以典型的汉文直译体写成。她比较了这部小说中日文版开头章节，指出不独梁启超，只要是对日文稍有了解，便不难猜出日版大意并能译成中文。结合梁启超自己的说法与夏晓虹的分析，以及中日文版文字，本书由梁启超翻译应该可信；况且，本书刊登直到 1902 年《清议报》创刊，此时梁启超已经学习了日文，也完全可以在原来基础之上加以润饰。

② 梁启超：《传播文明三利器》，《梁启超全集》（第一册），北京出版社，1999，第 359 页。

③ 梁启超：《〈清议报〉一百册祝辞并论报之责任及本馆之经历》，《梁启超全集》（第一册），北京出版社，1999，第 479 页。

写起，通过“同盟党”创始人黄克强之口，来叙述中国实现君主立宪的政治斗争史。小说描写戊戌变法失败后，中国社会的腐败黑暗与世界列强瓜分中国的社会现实，而黄克强、陈去病等人正是带领中国争取民族独立与自由、建立君主立宪的革命人。在这部小说中，梁启超采用对话体的形式，通过黄克强与陈去病关于中国前途是革命还是开明专制的改良的争论，来表达自己对于中国革命前途的思考。

1898 年，梁启超提出“文界革命”[①] 的口号，并一直从事这种“新文体”的写作实践。《清代学术概论》中，梁启超对自己的“新文体”评价道：“启超夙不喜桐城派古文，幼年为文，学晚汉魏唐，颇尚矜炼，至是自解放，务为平易畅达，时杂以俚语韵语及外国语法，纵笔所至不检束，学者竞效之，号新文体。老辈则痛恨，诋为野狐。然其文条理明晰，笔锋常带情感，对于读者，别有一种魔力焉。”[②] 梁启超的“新文体”有四个特征：一是自解放，务为平易畅达，也就是“我手写我口”，不写艰深拗口之作，这与桐城派古文相反；二是杂以俚语韵语与外国语法，这是他受到西方文法影响的表现；三是条理明晰；四是笔锋常带情感，纵笔不可检束。

梁启超退出政坛，以“在野政治家”的身份从事社会教育，提倡趣味美学时，更为重视文学与美学。梁启超后期反复强调“趣味”之于人的重要性。1922 年 4 月 10 日，他在直隶教育联合研究会所作讲演《趣味教育与教育趣味》中提出，其信仰的就是趣味主义：

> 假如有人问我：“你信仰的甚么主义？”我便答道：“我信仰的是趣味主义。”有人问我：“你的人生观拿甚么做根柢？”我便答道：“拿趣味做根柢。”我生平对于自己所做的事，总是做得津津有味，而且兴会淋漓；什么悲观咧厌世咧这种字面，我所用的字典里头，可以说完全没有。我所做的事常常失败——严格的可

① 梁启超的散文主要指政论文，这从他的理论与创作实践可得到证明，梁启超一生的写作，政论文是主体之一。

② 梁启超：《清代学术概论》，《梁启超全集》（第五册），北京出版社，1999，第 3100 页。

以说没有一件不失败——然而我总是一面失败一面做；因为我不但在成功里头感觉趣味，就在失败里头也感觉趣味。我每天除了睡觉外，没有一分钟一秒钟不是积极的活动；然而我绝不觉得疲倦，而且很少生病；因为我每天的活动有趣得很，精神上的快乐，补得过物质上的消耗而有余。①

他在《学问之趣味》，结合自己的体验说道：

我是个主张趣味主义的人：倘若用化学划分“梁启超”这件东西，把里头所含一种原素名叫“趣味”的抽出来，只怕所剩下仅有个0了。我以为：凡人必常常生活于趣味之中，生活才有价值。若哭丧着脸挨过几十年，那么，生命便成沙漠，要来何用？中国人见面最喜欢用的一句话：“近来作何消遣？”这句话我听着便讨厌。话里的意思，好像活得不耐烦了，几十年日子没有法子过，勉强找些事情来消他遣他。一个人若生活于这种状态之下，我劝他不如早日投海！我觉得天下万事万物都有趣味，我只嫌二十四点钟不能扩充到四十八点，不够我享用。我一年到头不肯歇息，问我忙什么？忙的是我的趣味。我以为这便是人生最合理的生活，我常常想运动别人也学我这样生活。②

梁启超为什么这么重视趣味呢？他认为，趣味不仅于个人，也是整个人类活动的源泉：

趣味的反面，是干瘪，是萧索。晋朝有位殷仲文，晚年常郁郁不乐，指着院子里头的大槐树叹气，说道：“此树婆娑，生意尽矣。”一棵新栽的树，欣欣向荣，何等可爱！到老了之后，表面上虽然很婆娑，骨子里生意已尽，算是这一期的生活完结了。殷仲文这两句话，是用很好的文学技能，表出那种颓唐落寞的情

① 梁启超：《趣味教育与教育趣味》，《梁启超全集》（第七册），北京出版社，1999，第3963页。

② 梁启超：《学问之趣味》，《梁启超全集》（第七册），北京出版社，1999，第4013页。

绪。我以为这种情绪，是再坏没有的了；无论一个人或一个社会，倘若被这种情绪侵入弥漫，这个人或这个社会算是完了，再不会有长进。何止没长进？什么坏事，都要从此产育出来。总而言之，趣味是活动的源泉，趣味干竭，活动便跟着停止。好像机器房里没有燃料，发不出蒸汽来，任凭你多大的机器，总要停摆。停摆过后，机器还要生锈，产生许多毒害的物质哩！人类若到把趣味丧失掉的时候，老实说，便是生活得不耐烦，那人虽然勉强留在世间，也不过行尸走肉。倘若全个社会如此，那社会便是痨病的社会，早已被医生宣告死刑。①

问人类生活于什么？我便一点不迟疑答道“生活于趣味”。这句话虽然不敢说把生活全内容包举无遗，最少也算把生活根芽道出。人若活得无趣，恐怕不活着还好些，而且勉强活也活不下去。人怎样会活得无趣呢？第一种，我叫他做石缝的生活：挤得紧紧的没有丝毫开拓余地；又好像披枷带锁，永远走不出监牢一步。第二种，我叫他做沙漠的生活：干透了没有一毫润泽，板死了没有一毫变化；又好像蜡人一般没有一点血色，又好像一株枯树，庾子山说的“此树婆娑生意尽矣”。这种生活是否还能叫做生活，实属一个问题。所以我虽不敢说趣味便是生活，然而敢说没趣便不成生活。②

何为趣味？趣味与文学、与美学有何关系呢？梁启超通过趣味的定义，将其与文学、美学直接关联了起来。他说：

凡属趣味，我一概都承认他是好的。但什么样才算“趣味”，不能不下一个注脚。我说：“凡一件事做下去不会生出和趣味相反的结果的，这件事便可以为趣味的主体。”赌钱趣味吗？输了

① 梁启超：《趣味教育与教育趣味》，《梁启超全集》（第七册），北京出版社，1999，第3963页。

② 梁启超：《美术与生活》，《梁启超全集》（第七册），北京出版社，1999，第4017页。

> 怎么样？吃酒趣味吗？病了怎么样？做官趣味吗？没有官做的时候怎么样？……诸如此类，虽然在短时间内像有趣味，结果会闹到俗语说的“没趣一齐来”，所以我们不能承认他是趣味。凡趣味的性质，总要以趣味始以趣味终。所以能为趣味之主体者，莫如下列的几项：一，劳作；二，游戏；三，艺术；四，学问。诸君听我这段话，切勿误会以为：我用道德观念来选择趣味。我不问德不德，只问趣不趣。我并不是因为赌钱不道德才排斥赌钱，因为赌钱的本质会闹到没趣，闹到没趣便破坏了我的趣味主义，所以排斥赌钱；我并不是因为学问是道德才提倡学问，因为学问的本质能够以趣味始以趣味终，最合于我的趣味主义条件，所以提倡学问。①

梁启超认为，所谓趣味，指不会产生与趣味相反的结果，趣味的性质，就是以趣味始，以趣味终。根据这一定义，能够称得上趣味的活动只有四样：一是劳作，二是游戏，三是艺术，四是学问。这样，梁启超就将趣味与文学和美学直接关联了起来。艺术，是培养趣味的直接手段。梁启超认为：“审美本能，是我们人人都有的。但感觉器官不常用或不会用，久而久之麻木了。一个人麻木，那人便成了没趣的人；一民族麻木，那民族便成了没趣的民族。美术的功用，在把这种麻木状态恢复过来，令没趣变为有趣。换句话说，是把那渐渐坏掉了的爱美胃口，替他复原，令他常常吸收趣味的营养，以维持增进自己的生活康健。明白这种道理，便知美术这样东西在人类文化系统上该占何等位置了。”② 人如何才能生活得有趣味呢？如何培养自己的生活趣味呢？显然，趣味与艺术直接相连，艺术是趣味的直接体现。

梁启超是位文人政治家，他早期的政治思想建构与政治实践活动，同时融入了审美之维，即将政治审美化了。梁启超的政治审美化，主要表现在四个方面。

---

① 梁启超：《学问之趣味》，《梁启超全集》（第七册），北京出版社，1999，第4013页。

② 梁启超：《美术与生活》，《梁启超全集》（第七册），北京出版社，1999，第4018页。

一是思想载体。所谓思想载体，指将文学作为其政治思想的重要载体。梁启超与夏曾佑、谭嗣同等人从事新学之诗的创作，就是通过诗歌来表达他们当时的政治思想；提倡诗界革命，就是想通过诗歌输入西方的现代政治学说；提倡小说界革命，就是想通过政治小说来表达自己的政治理解与领悟，阐明中国政治变更的方向；提倡文界革命，就是想通过平易通俗的语言，表达自己的政治思想，从而达到开启民智的目的。也就是说，与纯粹的政治家单纯的政治话语不同，梁启超的政治思想表达有两种语言：一是政治语言，二是文学语言。通过政治语言，他从学理上阐明了他的政治思想；通过文学语言，他多了一条宣传政治思想的工具，多了一方政治宣传的文学阵地。

二是效率工具。梁启超将政治美学化，不仅是因为文学是政治思想表达的载体，更因为文学能更有效地达到宣传效果，从而能更有效地实现政治目的。梁启超提倡用小说作教材进行童子启蒙教育，就是针对童子识字少的现实，想通过通俗易懂的小说达到童子启蒙之目的；他大力提倡政治小说，就是认识到小说浅而易懂、乐而多趣，容易为广大普通民众所喜闻乐读；他提出文界革命，要求我手写我口，辞达而已，也是针对普通民众易于接受而言。也就是说，通俗易懂、乐而多趣的文学手段，能够更有效地达到政治宣传的目的，文学与美学，是实现他政治目的的更有效的手段。

三是精神提升。文学的手段，不仅能达到更好的宣传效果，而且还能提升人的精神层次。梁启超在《饮冰室诗话》中提倡军歌，就是想通过音乐来提升人的精神境界。他认为，“中国人无尚武精神”，“其原因甚多，而音乐靡曼亦其一端”。他举例说，“昔斯巴达人被围，乞援于雅典”，“雅典人以一眇目跛足之学校教师应之”，当时斯巴达人很疑惑，但是，“及临阵，此教师为作军歌”，“斯巴达人诵之，勇气百倍，遂以获胜”，这就是“声音之道感人深”的缘故。他指出，“中国向无军歌”，勉强算得上的只有“杜工部之前后《出塞》”，而且这样的军歌还“不多见”，并且“于发扬蹈厉之气尤缺”，这不只是“祖国文学之缺点”，“抑亦国运升沉所关也”。所以，他看到黄遵宪

《出军歌》四章，“读之狂喜”，“大有‘含笑看吴钩’之乐”，立即录入《小说报》第一号。黄遵宪的《出军歌》共二十四首，分出军、军中、还军各八章，其章末一字，义取相属，“以‘鼓勇同行，敢战必胜，死战向前，纵横莫抗，旋师定约，张我国权’二十四字”结尾，梁启超评价“其精神之雄壮活泼沉浑深远不必论，即文藻亦二千年所未有也，诗界革命之能事至斯而极矣”，“一言以蔽之曰：读此诗而不起舞者必非男子”。[①]

四是人格生成。梁启超后期还将艺术与人格境界直接关联，认为人格境界在审美、在艺术中生成。梁启超提倡趣味美学，认为文学、美术等艺术形式能够提升人格境界。趣味教育源于欧美，但是梁启超认为他们还是拿趣味当作手段，“我想进一步，拿趣味当目的”[②]。因此，梁启超的趣味美学，是把趣味当作人生根本目的，而不仅仅是前期情感论中的工具手段。梁启超把情趣与生活、人生直接联系时，就自然得出了“人生艺术化”的美学观了。他的“人生艺术化”美学观有两个重要支点。一是“知不可而为”主义。“‘知不可而为’主义是我们做一件事明白知道他不能得着预料的效果，甚至于一无效果，但认为应该做的便热心做去。换一句话说，就是做事时候把成功与失败的念头都撇开一边，一味埋头埋脑的去做。”[③] 知不可而为主义，就是要摆脱功利主义的成败功利打算，不因成败而计算是否行事，不以是否有效果而去算计，应该做的就热心去做。一是“为而不有”主义。“‘为而不有’的意思是不以所有观念作标准，不因为所有观念始劳动。简单一句话，便是为劳动而劳动。这话与佛教说的‘无我我所’相通。”[④] 为而不有主义，就是要抛弃功利主义的利益为标准，而是为劳动而劳

---

① 梁启超：《诗话・五十四》，《梁启超全集》（第九册），北京出版社，1999，第5321页。

② 梁启超：《趣味教育与教育趣味》，《梁启超全集》（第七册），北京出版社，1999，第3963页。

③ 梁启超：《“知不可而为”主义与“为而不有”主义》，《梁启超全集》（第六册），北京出版社，1999，第3411页。

④ 梁启超：《“知不可而为”主义与“为而不有”主义》，《梁启超全集》（第六册），北京出版社，1999，第3414页。

动。将“知不可而为”主义与“为而不有”主义合起来，就是老子所说的“无所为而为”主义，即“为劳动而劳动，为生活而生活”，“都是要把人类无聊的计较一扫而空，喜欢做便做，不必瞻前顾后”，“把人类计较利害的观念，变为艺术的情感的”，这就是“生活的艺术化”。[①]

第二节　政治之维

梁启超首先是一位政治家，这就决定了他的美学与王国维等人的纯美学迥异，他的美学具有强烈的政治目的性，政治之维是其美学著述与理论建构的出发点与根本点。他所创构的美学，无论是早期的文论、诗论、小说理论等文艺美学，还是后期的趣味美学，都具有强烈的政治目的指向性。

我们先来看梁启超早期“新学之诗”的创作目的。梁启超等人“新学之诗”的最重要的特征是“挦扯新名词以自表异”，而这些“新名词”，主要是当时他们所热衷的宗教术语。那梁启超等人想通过这些新名词表达什么呢？我们不妨来看看当时他们这些“新体之诗”中的“新名词”：

> 穗卿有绝句十余章，专以隐语颂教主者。余今不能全记忆，忆其一二云。“冰期世界太清凉，洪水茫茫下土方。巴别塔前分种教，人天从此感参商。”此其第一章也。冰期、洪水，用地质学家言。巴别塔云云，用《旧约》述闪、含、雅弗分辟三洲事也。又云：“帝子采云归北渚，元花门石镇欧东。□□□□□□□，一例低头向六龙。”“六龙冉冉帝之旁，三统芒芒轨正长。板板上天有元子，亭亭我主号文王。”所谓帝子者，指耶稣基督自言上帝之子也。元花云云，指回教摩诃末也。六龙，指孔子也。吾党当时

① 梁启超：《“知不可而为”主义与“为而不有”主义》，《梁启超全集》（第六册），北京出版社，1999，第3415页。

盛言《春秋》三世义，谓孔子有两徽号，其在质家据乱世则号“素王”，在文家太平世则号“文王”云。故穗卿诗中作此言。其余似此类之诗尚多，今不复能记忆矣。[①]

梁启超这则诗话回忆了夏穗卿的几首绝句，并对其诗句中的宗教术语做了注解：巴别塔，用《旧约》述闪、含、雅弗分辟三洲事；帝子，指耶稣基督自言上帝之子；元花，指“回教摩诃末”；六龙，指孔子。从表面来看，这些诗歌确实大量“挦扯新名词”即宗教术语。不过，我们还要仔细分析他们运用这些“新名词”究竟想表达什么情感或思想。“冰期世界太清凉，洪水茫茫下土方。巴别塔前分种数，人天从此感参商”一章，引用地理学家冰期、洪水之术语，言人类发展之历史进程；引《旧约》之巴别塔述三洲之辟，实言人种分别由此产生，民族发展差异也由此而生，隐含的意思是：黄色人种的中华民族由此开始落后于欧洲之白色人种了，这其实是感慨当时中国落后的社会困境。“帝子采云归北渚，元花门石镇欧东。□□□□□□□，一例低头向六龙”“六龙冉冉帝之旁，三统芒芒轨正长。板板上天有元子，亭亭我主号文王”两章，言“基督上帝之子”、“回教元花”都向“六龙”即孔子低头，六龙在“帝之旁”，“三统芒芒轨正长”“亭亭我主号文王”，都是对于孔子这一素王的礼赞，这其实来源于康有为的孔教之论。也就是说，这些“新体之诗”表面上看是引用了大量的宗教术语这些新名词，其实这些新名词背后表达的是他们当时孔子三世学说的托古改制的政治思想。新体之诗的政治指向性，张永芳看得非常清楚，他认为，“夏、谭、梁创作的‘新诗’”，“主要是追求思想解放”，他们的新体之诗“为的是宣传‘自己的宇宙观、人生观’”，他们着迷于新体之诗，也是“出于对‘新学’的崇拜迷信及对‘旧学’的鄙弃厌恨”，“这种‘新诗’，其实是韵文化的‘新学’，它与

① 梁启超：《饮冰室诗话》，《梁启超全集》（第九册），北京出版社，1999，第5326～5327页。

思想界的关系，显然比与诗坛的关系更为密切”[①]；“夏、谭、梁，都是晚清思想界的先驱”，“他们之所以不愿继续写作旧诗，主要不在于他们的文学趣味如何，而在于他们是把‘旧诗’当作‘旧学’的一种而加以厌弃的”，“同样，他们之所以热衷于创作‘新诗’，也主要不在于他们的文学趣味如何，而在于他们对‘新学’的极度崇拜迷信”。[②] 梁启超对这一点也非常明了，他在评价夏曾佑此阶段的诗作时说，“穗卿自己的宇宙观人生观，常喜欢用诗写出来”[③]，这其实是他们这些新学之诗提倡者与创作者的共同特征。

梁启超诗界革命论的真实意图，不是诗歌自身的发展问题，而是出于政治之目的。梁启超诗界革命论的核心是“三长”，即新意境、新语句与古人之风格。那么，这三者孰轻孰重呢？梁启超说：“欧洲之意境语句，甚繁富而玮异，得之可以陵轹千古，涵盖一切。今尚未有其人也。时彦中能为诗人之诗而锐意欲造新国者，莫如黄公度。……皆纯以欧洲意境行之。然新语句尚少，盖由新语句与古风格常相背驰，公度重风格者，故勉避之也。夏穗卿、谭复生，皆善选新语句，其语句则经子生涩语、佛典语、欧洲语杂用，颇错落可喜，然已不备诗家之资格。”[④] 显然，梁启超讲的新意境就是欧洲之意境，新语句指欧洲之语句，它们“繁富而玮异”，“得之可以陵轹千古，涵盖一切”。梁启超高度评价黄遵宪的诗，因为他“皆纯以欧洲意境行之”；夏曾佑、谭嗣同的诗虽然多新语句，但因为缺少欧洲之意境，故“不备诗家之资格”。梁启超所说的诗歌三长的“第一”“第二”“第三”，并非平等的“并列”关系，而是依次减弱的“递退”关系，即“新意境”第一位，其次“新语句”，再次“古人之风格”。正因为将欧洲之意境放在诗歌三长之首，所以，梁启超说他要“竭力输入欧洲之精神思想”；也正因为他认为自己已经把准了中国诗歌的要害，所以很自信地说

① 张永芳：《晚清诗界革命论》，漓江出版社，1991，第25~26页。

② 张永芳：《晚清诗界革命论》，漓江出版社，1991，第29~30页。

③ 梁启超：《亡友夏穗卿先生》，《饮冰室全集·文集之四十四上（五）》（影印本），中华书局，1989，第395页。

④ 梁启超：《夏威夷游记》，《梁启超全集》（第二册），北京出版社，1999，第1219页。

“今日不作诗则已，若作诗，必为诗界之哥仑布玛赛郎然后可”；正因为他认为自己就是诗界的哥仑布、玛赛郎，所以他说“今日者革命之机渐熟，而哥仑布玛赛郎之出世，必不远矣”。[①]

那梁启超所说的欧洲之意境又是什么呢？我们结合梁启超的诗评来做具体分析：

> 文芸阁有句云：“遥夜苦难明，它洲日方午。”盖夜坐之作也，余甚赏之。邱沧海题无惧居士独立图云：“黄人尚昧合群义，诗界差争自立权。”对句可谓三长兼备。……郑西乡自言生平未尝作一诗，今见其近作一首云：“太息神州不陆浮，浪从星海狎盟鸥。共和风月推君主，代表琴樽唱自由。物我平权皆偶国，天人团体一孤舟。此身归纳如何处，出世无机与化游。”读之不觉拍案叫绝。全首皆用日本译西书之语句，如共和、代表、自由、平权、团体、归纳、无机诸语皆是也。吾近好以日本语句入文，见者已诧赞其新异，而西乡乃更以入诗，如天衣无缝，“天人团体一孤舟”，亦几于诗人之诗矣。吾于是乃知西乡之有诗才也。吾论诗宗旨大略如此。[②]

“遥夜苦难明”，显然指中国当时的黑暗社会现实；“它洲日方午”，“它洲”指欧洲，“日方午”指欧洲正处于强盛时期，为当时世界列强，本联为中国与世界时势之感慨；“黄人尚昧合群义”指中国国民还不了解现代国家之概念，“诗界差争自立权”是对国民缺乏独立自由精神之批评。郑西乡之作，“共和”“自由”“平权”“团体”，显然是对现代民主的追求与向往。因此，梁启超所说的欧洲之意境，就是西方现代政治理论与观念。梁启超推崇黄遵宪、夏曾佑与蒋观云，称他们为“近世诗家三杰”，认为他们“理想之深邃闳运”，就是高度评价他们诗歌背后的政治价值。朱自清指出，梁启超等人的诗界革命

① 梁启超：《夏威夷游记》，《梁启超全集》（第二册），北京出版社，1999，第1219页。
② 梁启超：《夏威夷游记》，《梁启超全集》（第二册），北京出版社，1999，第1219页。

实质就是“在诗里装进他们的政治哲学”[①]；张永芳指出，诗界革命的本质“是学习外国（主要是西方）的结果，并不是对传统的简单突破”，其作品“大多直接为改良派的政治斗争服务，有鲜明的政治色彩和强烈的爱国热情”[②]，这都道出了诗界革命的政治目的。如果说在“新学之诗”时代，梁启超等人的新学之诗已有通过诗歌表达政治目的的实际但还未形成自觉的追求，那么，到“诗界革命”时代，“新意境”则主动要求诗歌承担政治革新的目的，承担宣传西方现代政治观念的重任。

诗歌如此，小说亦如此。1897 年，梁启超提倡将小说作为启蒙儿童的教科书，并非以教育家的身份谈童子启蒙教学，而是以一个政治家的身份谈政治观念的宣传与政治变革的实施。他之所以要用小说进行童子启蒙教学，是因为他认识到，今之号称学者的士大夫，学习的是八股、八韻大卷、白折等无用之学，“本根已坏，结习已久”，难以教之，并且由于“妻子仕宦衣食”等现实功利问题也难以安心学习，所以他们根本不能承担起政治变革的使命。只有童子，他们是一张白纸，还未受八股、八韻大卷、白折等玷污，也没有妻子仕宦衣食之拖累，对他们进行现代政治观念的教育，就可以“他日救天下”，所以，“教小学教愚民”，“实为今日救中国第一义”。[③] 这样，小说的童子启蒙教育就与救中国的政治目标关联了起来，小说的童子启蒙教育服务于“救中国”的政治目的。

梁启超提倡小说界革命，大力提倡政治小说，正是看中了它对于政治宣传、政治启蒙的重要作用。他在《论小说与群治之关系》中说道：“欲新一国之民，不可不先新一国之小说。故欲新道德，必新小说；欲新宗教，必新小说；欲新政府，必新小说；欲新风俗，必

① 朱自清：《论中国诗的出路》（1933 年），《清华中国文学会月刊》第一卷第四期。

② 张永芳：《晚清诗界革命论》，漓江出版社，1991，第 45 页。

③ 梁启超：《〈蒙学报〉〈演义报〉合叙》，《梁启超全集》（第一册），北京出版社，1999，第 131 页。

新小说；欲新学艺，必新小说；乃至欲新人心，欲新人格，必新小说。”[①] 因此，在梁启超那里，小说不是怡情养性的纯艺术，而是宣传政治的载体，是实现政治目标的工具。梁启超讲的新道德、新宗教、新风俗、新政府，乃至新人心、新人格，都是为了实现新民目的，而新民则服务于政治目标，这个才是本。夏晓虹指出，“正是从载道（指宣传维新思想）小说的层面上，梁启超把日本的政治小说选作中国‘小说界革命’的范本，期望从政治小说入手，改变小说家的创作意识和小说的创作内容”，“梁启超的政治家身份，也决定了他必然效法明治政治小说的作者，走政治小说的创作道路”。[②] 对于这一目的，梁启超自己也说得很清楚，“壬寅秋间，同时复办一《新小说报》”，“专欲鼓吹革命”[③]；他说他的《新中国未来记》“似说部非说部，似稗史非稗史，似论著非论著，不知成何种文体”，其目的只是“欲发表政见，商榷国计”[④]。

正是从政治宣传的目的出发，他不惜有意夸大小说在西方政治变革中的作用：

> 在昔欧洲各国变革之始，其魁儒硕学，仁人志士，往往以其身之所经历，及胸中所怀政治之议论，一寄之于小说，于是彼中缀学之子，黉塾之暇，手之口之，下而兵丁、而市侩、而农氓、而工匠、而车夫马卒、而妇女、而童孺，靡不手之口之。往往每一书出，而全国之议论为之一变。彼美、英、德、法、奥、意、日本各国政界之日进，则政治小说，为功最高焉。英名士某君曰：

① 梁启超：《论小说与群治之关系》，《梁启超全集》（第二册），北京出版社，1999，第884页。

② 夏晓虹：《觉世与传世——梁启超的文学道路》，中华书局，2006，第203页。

③ 梁启超：《莅报界欢迎会演说辞》，丁文江、赵丰田编，欧阳哲生整理《梁任公先生年谱长编》（初稿），中华书局，2010，第151页。

④ 梁启超：《新中国未来记·绪言》，《梁启超全集》（第十册），北京出版社，1999，第5609页。

小说为国民之魂，岂不然哉？岂不然哉？[①]

在《传播文明三利器》中，梁启超则认为小说的翻译与创作对于日本明治维新作用巨大：

> 于日本维新之运有大功者，小说亦其一端也。明治十五六年间，民权自由之声，遍满国中，于是西洋小说中，言法国、罗马革命之事者，陆续译出，有题为自由者，有题为自由之灯者，次第登于新报中，自是译泰西小说者日新月盛，其最著者则织田纯一郎氏之《花柳春话》，关直彦氏之《春莺啭》，藤田鸣鹤氏之《系思谈》《春窗绮话》《梅蕾余薰》《经世伟观》等，其原书多英国近代历史小说家之作也。翻译既盛，而政治小说之著述亦渐起。如柴东海之《佳人奇遇》，末广铁肠之《花间莺》《雪中梅》，藤田鸣鹤之《文明东渐史》，矢野龙溪之《经国美谈》（矢野氏今为中国公使，日本文学界之泰斗，进步党之魁杰也）等，著书之人，皆一时之大政论家，寄托书中之人物，以写自己之政见，固不得专以小说目之。而其浸润于国民脑质，最有效力者，则《经国美谈》《佳人奇偶》两书为最……[②]

因为“天下通人少而愚人多，深于文学之人少，而粗识文字之人多”，所以，“六经虽美，不通其义，不识其字，则如明珠夜投，按剑而怒矣”，而通俗易懂的小说（政治小说）在政治启蒙与宣传中就能发挥巨大的作用，“六经不能教，当以小说教之”，“正史不能人，当以小说入之”，“语录不能喻，当以小说喻之”，“律例不能治，当以小说治之”，故“小说学之在中国，殆可增七略而为八，蔚四部而为五者矣”。[③] 梁启超极力提高小说的地位，不是从文学的审美功能角度而

① 梁启超：《译印政治小说序》，《梁启超全集》（第一册），北京出版社，1999，第 172 页。

② 梁启超：《传播文明三利器》，《梁启超全集》（第一册），北京出版社，1999，第 359 页。

③ 梁启超：《佳人奇遇·序》，《梁启超全集》（第十册），北京出版社，1999，第 5495 页。

言，而是从小说对于政治宣传与启蒙功能角度来谈。

把小说当作宣传自己政治思想的工具，这在他创作的政治小说《新中国未来记》中得到了典型的体现。梁启超在小说中虚构了两位主人公：李去病、黄克强，其中李去病是“过去梁启超”的影子，他主张革命破坏主义，想通过法兰西式的暴力革命在中国建立民主共和的政治制度；黄克强则是“现在梁启超”的代言人，他认为革命论、民主制与国民道德素质、政治水平密切相关，鉴于国民的道德素质，中国不能实施暴力革命的破坏主义，而只能通过开明专制走向君主立宪，再走向民主共和。阅读这部小说，就知道这两个人物其实只是梁启超自己政治观念的传达者，李去病与黄克强的争论，其实就是昨日之梁启超与今日之梁启超的争论，这部小说真实地记录了梁启超这一时期政治思想的转变过程，即从卢梭的民约论、革命破坏论，走向伯伦知理的国家论、开明专制论。阿英评价《新中国未来记》“只是一部对话体的‘发表政见，商榷国计’的书而已”①，他站在纯审美的文学性角度批评这部小说，但恰恰道出了这部小说的真实面目。梁启超在这部小说的“绪言”中将这一政治目的说得非常清楚：“兹编之作，专欲发表区区政见，以就正于爱国达识之君子。”②

梁启超的文界革命论的散文理论与创作也体现了政治宣传的目的性。梁启超反对桐城派古文，表面看是反对其语言艰涩难懂，实质上是反对其背后的写作目的。桐城派的古文，其理论是“义理、考据、辞章”，即学术的考证工作，这有明显的专业性，且阅读对象是专业学术人士，所以，语言自然会艰涩专业。这种写作目的，显然是梁启超的经世致用观所反对的。梁启超的散文，不是学术的义理、考据与辞章，而是政治的启蒙与宣传；而且，梁启超逃亡日本后，将中国政治重建的主体从皇帝与官僚转移为普通的民众，这就更使他需要用普通民众看得懂、听得懂的语言来写作，这才是他文体“自解放”，用

---

① 阿英：《晚清小说史》，东方出版社，1996，第 87 页。

② 梁启超：《新中国未来记·绪言》，《梁启超全集》（第十册），北京出版社，1999，第 5609 页。

“务为平易畅达”之语言写作的内在根源。因此，梁启超的文界革命，是服从于他的政治目的，是用普通民众容易接受的语言来写作，从而达到政治宣传与启蒙之目的。

梁启超与严复、黄遵宪关于写作语言的争论，正反映了他们写作目的的差异。从《时务报》时期持续到《新民丛报》时期，梁启超与严复、黄遵宪一直存在着这种争论。1897 年，严复致信梁启超，批评他发论草率，“劝其无易由言，致成他日之悔”[①]。梁启超一方面承认严复批评的缺点确实存在[②]，另一方面又不愿意改变，说“然启超常持一论，谓凡任天下事者，宜自求为陈胜、吴广，无自求为汉高，则百事可办”，“故创此报（按：指《时务报》）之意，亦不过为椎轮，为土阶，为天下驱除难，以俟继起者发挥光大之”，所以“不复自束，徒纵其笔端之所至，以求振动已冻之脑官”。[③] 1902 年，梁启超在《新民丛报》创刊第 1 号刊登严复《原富》译本书评，称其极为“精善”，但同时也批评说“但吾辈所犹有憾者，其文笔太务渊雅，刻意模仿先秦文体，非多读古书之人，一翻殆难索解”，因为“著译之业，将以播文明思想于国民也，非为藏山不朽之名誉也”。[④] 严复对于梁启超的批评一方面很为感佩，说“《丛报》于拙作《原富》颇有微词，然甚佩其语”[⑤]，另一方面又回信提出自己的观点，认为“若徒为近俗之辞，以取便市井乡僻之不学，此于文界，乃所谓陵迟，非革命也”，“且不佞之所从事者，学理邃赜之书也，非以饷学童而望其受益也，吾译正以待多读中国古书之人”，“使其目睹中国之古书，而欲稗贩吾译者，此

① 严复：《与熊纯如书》，《严复集》（第三册），中华书局，1986，第 650 页。

② 梁启超在给其师康有为信中说：“严幼陵有书来，相规甚至，其所规者，皆超所知也。然此人之学实精深，彼书中言，有感动超之脑气筋者。”（丁文江、赵丰田编《梁启超年谱长编》，上海人民出版社，1983，第 77 页）

③ 梁启超：《与严幼陵先生书》，《饮冰室合集·文集》（第 1 册），中华书局，1989。

④ 梁启超：《绍介新著〈原富〉》，《新民丛报》第 1 号，1902 年 2 月 8 日。原文未署名，为梁启超所作。付祥喜、陈淑婷编《梁启超集》，广东人民出版社，2018，第 10 页。

⑤ 严复：《与张元济书》，《严复集》（第三册），北京：中华书局 1986 年，第 551 页。

其过在读者，而译者不任受责也”。[①] 严复认为，自己写的就是“学理邃赜之书”，“非以饷学童而望其受益也”，而是“以待多读中国古书之人”；梁启超认为“文笔太务渊雅，刻章模仿先秦文体，非多读古书之人，一翻殆难索解”，正是他们观点的差异。对于严复来说，他做的是学问，其阅读对象是熟读古书之人，而非学童；梁启超的写作，则是出于“传播文明思想”的宣传目的，其对象是“非多读古书之人”，即普通的民众。严复的治学，是专业的学问，是以学问为学问；梁启超的治学，不是为学问而学问，而是在于经世致用，所以“学者以觉天下为任”[②]，应有“思易天下之心”[③]。

明白了梁启超散文著述的这一政治宣传目的，就不难理解为什么梁启超要提倡“觉世之文”“应时之文”，反对“传世之文”“藏山之文”了。梁启超认为，“传世之文，或务渊懿古茂，或务沉博绝丽，或务瑰奇奥诡，无之不可”，“觉世之文，则辞达而已矣”，“当以条理细备，词笔锐达为上，不必求工也”。梁启超显然提倡觉世之文，说“温公曰：‘一自命为文人，无足观矣’”，“苟学无心得而欲以文传，亦足羞也”[④]，所以“吾辈之为文，岂其欲藏之名山，俟诸百世之后也”，而是要“应于时势，发其胸中所欲言”。[⑤] 梁启超公开宣称，他不会像扬雄那样，为求藏山传世之作而“悔其少作”，他自己“无藏山传世之作”，只是“行吾心之所安”，所以“固靡所云悔”。[⑥] 梁启超讲的传世之文、藏山之文，是指纯审美性的文学或纯学术性的学问文章；觉世之文、应时之文，则指向当时解决社会、国家问题的应用性文体，简单说就

---

① 严复：《与梁启超书》，《严复集》（第三册），中华书局，1986，第516～517页。（此信原载于1902年5月《新民丛报》第7号，题为《与〈新民丛报〉论所译〈原富〉书》）

② 梁启超：《湖南时务学堂学约》，《梁启超全集》（第一册），北京出版社，1999，第109页。

③ 梁启超：《〈清议报〉一百册祝辞并论报馆之责任及本馆之经历》，《梁启超全集》（第一册），北京出版社，1999，第478页。

④ 梁启超：《湖南时务学堂学约》，《梁启超全集》（第一册），北京出版社，1999，第109页。

⑤ 梁启超：《〈饮冰室文集〉自序》，《饮冰室文集》（影印本），中华书局，1989，第3页。

⑥ 梁启超：《〈饮冰室文集〉自序》，《饮冰室文集》（影印本），中华书局，1989，第3页。

是他自己所写的政论文这一文体。夏晓虹指出，梁启超“新文体”的最大贡献“即在输入新名词”，“现代思想才得以在中国广泛传播”[①]，这抓住了梁启超新文体的真正写作目的，即政治启蒙与政治宣传，这也恰恰是梁启超区别于严复、黄遵宪等人的写作目的。

梁启超早期三界革命论的文艺美学，具有强烈的政治目的性，那他后期的趣味美学，是不是就彻底抛弃了早期的政治功利性，走向了纯粹的无功利美学了呢？有学者持这种观点，如蒋广学认为，“‘五四’运动以后，梁启超完全退出政治舞台，潜心于学术思想研究。职业上的变化，也促成他审美观的变化，由文艺上的功利论者变为超功利者论”，“这是他对早期的文艺服务于新民的主张的全面修正，也使他前后的理论变化表现出一种截然的反向”。[②] 事实真的如此吗？

答案是否定的。如果仔细研究梁启超前后期思想转化的过程，以及梁启超趣味美学的建构目的，就会发现其有着更耐人寻味的宗旨。辛亥革命后，梁启超抱着极大的自负与自信返回国内，直接从事中国政治制度的“顶层设计”，将其平生所学付之于政治实践。但是，共和党国会竞选的失败，司法总长与币制局总裁的参政失败经历，让梁启超思想发生了重大转变。他认为，仅有政治的制度设计，并不能真正改变中国社会；没有新人的国民性参与，一方面再好的制度也不会得到有效的执行，另一方面大家都蝇营狗苟于自己私利，无论如何也不可能建设一个良好的社会。早在1913年，他就对中国革命后的政治再造实践非常失望，说革命后一年来“所见者惟个人行动”，“未尝见有国家机关之行动，未尝见有团体之行动”，“而今之尸国家机关及为各团体员者，皆借团体机关为达私目的之手段也”[③]。其原因，他在《吾今后所以报国者》中分析道：“则中国社会之堕落窳败，晦盲否塞，实使人不寒而栗。以智识才技之晦陋若彼，势必劣败于此物竞至

① 夏晓虹：《觉世与传世——梁启超的文学道路》，上海人民出版社，1991，第278页。

② 蒋广学、张中秋：《华夏审美风尚史·凤凰涅槃》，河南人民出版社，2000，第331页。

③ 梁启超：《一年来之政象与国民程度之映射》，《梁启超全集》（第五册），北京出版社，1999，第2587页。

剧之世，举全国而为饿殍，以人心风俗之偷窳若彼，势必尽丧吾祖若宗遗传之善性，举全国而为禽兽。”[①] 所以，梁启超认为，中国要真正建立起现代民主国家，不是光靠上层政治制度设计能够解决，而必须实行道德启蒙，即提升国民道德素质。这是促使他思想变化的根本原因，也是他后期社会教育工作的直接目的。

梁启超的趣味美学必须放在这个目的与研究宗旨中考察。这一目的，梁启超在《吾今后所以报国者》中也表达得非常清楚：“吾自今以往，吾何以报国者？吾思之，吾重思之，吾犹有一莫大之天职焉。夫吾固人也，吾将讲求人之所以为人者，而与吾人商榷之；吾固中国国民也，吾将讲求国民之所以为国民者，而与吾国民商榷之。”[②]《国体战争躬历谈》中他说得更清楚：“且吾以为中国今后之大患在学问不昌，道德沦坏，非从社会教育痛下工夫，国势将不可救。故吾愿献身于此，觉其关系视政治为尤重大也。”[③]

当梁启超后期脱离政界，从事社会教育，企图通过提升民德来间接实现政治目的时，趣味同样贯穿在他的美学理论建构之中。梁启超后期将趣味作为人格的核心，提倡趣味主义，认为趣味不仅是个人，也是整个人类活动的源泉，“我虽不敢说趣味便是生活，然而敢说没趣便不成生活”[④]。那如何养成趣味的生活、趣味的人格呢？那就是艺术的人生、艺术的人格。梁启超解释自己编写《〈晚清两大家诗钞〉题辞》目的时说，“文学是人生最高尚的嗜好”，“稍有点子的文化的国民，就有这种嗜好”，“文化越高，这种嗜好便越重”，“但是若没有人往高尚的一路提倡，他就会委靡堕落，变成社会上一种毒苦”；文学的本质和作用，“最主要的就是‘趣味’”，他编写《〈晚清两大家诗钞〉题辞》，

① 梁启超：《吾今后所以报国者》，《梁启超全集》（第五册），北京出版社，1999，第2806页。

② 梁启超：《吾今后所以报国者》，《梁启超全集》（第五册），北京出版社，1999，第2806页。

③ 梁启超：《国体战争躬历谈》，《梁启超全集》（第五册），北京出版社，1999，第2930页。

④ 梁启超：《美术与生活》，《梁启超全集》（第七册），北京出版社，1999，第4017页。

就是希望用高尚的诗歌，来帮助读者养成高尚的趣味。这一时期，梁启超在其政治理论建构中，审美与艺术承担了趣味的提升与培育即道德素质养成的功能，这正是他的社会教育、道德教育这一政治乌托邦观念的具体体现与实践，反映了他这一时期的政治探索与政治实践。

如果说，梁启超前期文艺美学的政治目的性是直接的，即审美直接服务于政治，是实现政治目的的工具，其基本策略与思路是：审美（文学）服务政治；那么，梁启超后期的趣味美学的政治目的性则是间接的，其基本策略与思路是：审美（艺术）提升精神从而改造政治。梁启超的前后期思想确实经历了重大的变化，经历了从政治家到在野政治家的思想转变，但是，在这变化中有一个根本点没变，就是“对于强民富国之路的不息探寻”，“这种探寻一方面构成了梁启超学术思想的价值根基，另一方面也成为其不断探索与追求的内在动力”。[①] 这一点，梁启超的学生李仁夫曾经回忆说，他与同学楚中原曾一起去拜访梁启超，其间楚中原问梁启超：“一般人都以为先生前后矛盾，同学们也有怀疑，不知先生对此有何解释？”梁启超听后“沉吟了一会儿，然后以带笑的口吻说：‘这些话不仅别人批评我，我也批评我自己。’我自己常说：‘不惜以今日之我反对昔日之我’，政治上如此，学问上也是如此。‘但我是有中心思想和一贯主张的，绝不是望风转舵，随风而靡的投机者’，‘我的中心思想是什么呢？就是爱国。我的一贯主张是什么呢？就是救国’”[②]。因此，梁启超的政治美学，政治之维始终是其目标与方向。

第三节　启蒙之维

梁启超不仅是一位政治家，更是一位政治思想家。他的政治实践，

① 金雅：《梁启超美学思想研究》，商务印书馆，2005，第 230 页。

② 李仁夫：《回忆梁启超先生》，夏晓虹编《追忆梁启超》（增订本），生活·读书·新知三联书店，第 345～346 页。

建立在他的政治理论基础之上。梁启超的政治理论，其知识范式[①]与中国传统政治理论的知识范式产生了断裂，分属两个不同时期的地质层。作为中国近现代政治家的第一人，梁启超的政治思想已从传统知识范式裂变为现代知识范式，这就要求他的政治美学必然承担着启蒙的使命。宋仁认为："梁启超是中国近代史上向西方寻求真理的代表人物之一，著名的资产阶级政治家、启蒙思想家和学者，同时也是杰出的教育家。"[②] 将启蒙思想家与政治家、政治思想家并列，才能构成完整的梁启超政治家形象，也才能使得梁启超成为中国近现代第一位政治思想家，而不是政客。梁启超对现代启蒙所做的贡献，有人指出："他的启蒙思想，在当时，甚至在辛亥革命以后，都产生过巨大的影响，包括毛泽东、郭沫若等整整一代中国青年，都曾受到过梁启超思想的影响。"[③]可以说，中国政治思想现代化的进程，第一个质变就是由梁启超完成的。他的思想启蒙活动，把解决中国历史困境的路径，从传统的托古改制扭转到学习西方，按照现代西方政治理论构建中国现代国家政体，从而重塑现代中国形象，奠定了中国现代政治知识范式的基础，也影响了整个中国历史的走向。启蒙之维，构成了梁启超政治美学的第三个维度。

康德认为，"启蒙运动就是人类脱离自己所加之于自己的不成熟状态"[④]，霍克海姆、阿道尔诺认为，"启蒙的目标就是要使人们摆脱恐惧，树立自主"[⑤]。就是指这层意思。霍克海姆、阿道尔诺说："启

① 范式是美国著名科学哲学史家库恩在《科学革命的结构》中提出的一个概念。他给范式所下的定义是："按既定的用法，范式就是一种公认的模型或模式。""我采用这个术语是想说明，在科学实际活动中某些被公认的范例——包括定律、理论、应用以及仪器设备统统在内的范例——为某种科学研究传统的出现提供了模型。"〔美〕托马斯·库恩：《科学革命的结构》，金吾伦、胡新和译，北京大学出版社，2003，第8页。库恩对于范式的定义与前者并不一致，简单地说，范式是指某一团体共同信奉的术语、理论与行为的准则与方法。这里的知识范式借用库恩概念，是指区别于其他团体的术语、范畴形成的理论体系，以及由此形成的行为准则与方法，并基于这一理论体系与行为准则、方法的共同信仰。

② 宋仁：《梁启超教育思想研究》，辽宁教育出版社，1993，第1页。

③ 方克立主编《二十世纪中国哲学》（第二卷），华夏出版社，1994，第51页。

④ 〔德〕康德：《历史理性批判文集》，何兆武译，商务印书馆，1990，第23页。

⑤ 〔德〕马克斯·霍克海姆、西奥多·阿道尔诺：《启蒙辩证法：哲学断片》，渠敬东、曹卫东译，上海世纪出版集团、上海人民出版社，2006，第1页。

蒙作为这种适应机制，作为一种单纯的建构手段，就像它的浪漫主义所责难的那样，是颇具破坏作用的。只有在它摒弃了与敌人的最后一丝连带关系并敢于扬弃错误的绝对者，即盲目统治原则的时候，启蒙才能名副其实。”[①] 也就是说，启蒙运动中的知识范式转换，不仅仅是认识论的问题，更是革命实践的问题，随着每一次启蒙运动的展开，整个社会结构包括政治、经济、制度乃至文化的习俗、理论、术语等等，都会发生革命性的变化，启蒙运动本身就包含着革命的破坏性。

作为我国近现代第一位政治思想家的梁启超，他既经历了从传统的托古改制知识范式向现代国家政治知识范式的革命性转换，也经历了从卢梭的民约革命论知识结构向伯伦知理的国家本位知识结构、从政治救国到道德救国的知识结构的内部调整。无论知识结构的革命性转换，还是知识结构的内部调整，都必然伴随着思想启蒙。

梁启超初步登上政治舞台，是作为其师康有为的助手，形成的是维新派的托古改制的知识范式。梁启超维新变法时期的新学之诗，以及《变法通议》为代表的政论文，就是宣传他这一托古改制思想的载体与工具。这种知识范式，还没有脱离传统的政治知识范式的模型，但已经明显呈现出与传统政治知识范式的裂痕。康梁维新派的知识范式首先与守旧派知识范式存着明显的差异，这主要表现在以下两个方面：

一是天国与中国观的对立与冲突。守旧派固守中国中心论，认为中华帝国为地球中心，是天国，其他国家都是落后之民族；作为天国的中国富裕充实，其他民族都落后贫穷，那些记载了西方现代科技的游记都是神话。19 世纪初，距离利玛窦来华已经 200 多年，博学多闻、编撰《四库全书》的纪昀还认为，艾儒略的《职方外纪》“所述多奇异，不可究诘”，“录而存之，亦足广异闻也”，还怀疑南怀仁的《坤舆图说》为“疑其东来以后，得见中国古书，因依仿而变幻其说，

---

① 〔德〕马克斯·霍克海姆、西奥多·阿道尔诺：《启蒙辩证法：哲学断片》，渠敬东、曹卫东译，上海世纪出版集团、上海人民出版社，2006，第 33～34 页。

不必皆有实迹"。[①] 朱一新至戊戌变法之前还认为"西人之说至谬，其国必不能久存"[②]。康梁的托古改制的知识范式已明显不同，他们已经认识到，中国并不是地球的中心，只不过是地球上众多国家中的一员，而且地球上还存在着比我们具有更先进的物质文明、更先进的思想文化的民族与国家；为此，康有为自己购置了近三千本的西方翻译著作，在强学会中购置了地球仪。天国观无疑是守旧派知识范式中的中国国家想象，而中国观无疑是康派维新派的知识范式的国家认识。在当时，天国观无疑占据着主导的地位，中国观则遭到了猛烈的批评；从今天看，客观的中国认识，无疑是启蒙运动的重要一环，只有正确地认识到中国在世界中的位置与地位、中国与西方的差异，才能真正客观地认识自己、认识西方，才能学习西方，并且通过学习以西方的知识范式替代传统的知识范式。

二是变与不变观的对立与冲突。在守旧派的知识范式中，他们死守"祖宗之法不可变"，反对变法变革，认为任何变法变革都违背了祖宗的成法，都大逆不道；康梁维新派则认为，祖宗之法要根据时代发展做出变化，只有对制度做出根本性的调整，才能救中国于危难之际。梁启超在《变法通议・自序》中说："法何以必变？凡在天地之间者，莫不变。……故夫变者，古今之公理也。"[③] 变乃社会公理，变亦变，不变亦得变，只不过前者变之权操之于己手，后者操之于他人之手。变之权在己手，"可以保国，可以保种，可以保教"，变之权让诸他人，则"束缚之，驰骤之"[④]，面临着亡国灭种的危机。

康梁维新派知识范式的裂变，在认识论上表现为知识范式的重构，在实践上则表现为与守旧派的对立与冲突。由于维新派的知识范式已经严重动摇了传统知识范式的理论根基，引起了守旧派的极大恐慌和

① 《四库全书简明目录》。

② 朱一新：《朱蓉生侍御答康有为第一书》，苏舆编《翼教丛编》，上海书店出版社，2002，第2页。

③ 梁启超：《变法通议・自序》，《梁启超全集》（第一册），北京出版社，1999，第10页。

④ 梁启超：《变法通议・论不变法之害》，《梁启超全集》（第一册），北京出版社，1999，第14页。

仇恨。文悌认为，梁启超等人伸民权、改制度无异于卖国。他说："若全不讲为学、为政本末，如迩来《时务》《知新》等报所论尊侠力，伸民权，兴党会，改制度，甚则欲去跪拜之礼仪，废满汉之文字，平君臣之尊卑，改男女之外内，直似止须中国一变而为外洋政教风俗，即可立致富强，而不知其势，小则群起斗争，召乱无已，大则各便私利，卖国何难。"[①] 梁启超主持湖南时务学堂后，守旧派的《湘省学约》曰："乃自新会梁启超来湘，为学堂总教习，大张其师康有为之邪说，蛊惑湘人，无识之徒翕然从之。其始随声附和，意在趁时，其后迷惑既深，心肠顿易。考其为说，或推尊摩西，主张民权；或效耶稣纪年，言素王改制；甚谓合种以保种，中国非中国，且有君民平等、君统太长等语，见于学堂评语、学会讲义，及《湘报》《湘学报》者，不胜偻指。似此背叛君父，诬及经传，化日光天之下，魑魅横行，非吾学中之大患哉!"[②]。可以说，维新派知识范式与守旧派知识范式的根本差异，导致他们处于水火不容的状态。

康梁维新派的知识范式与洋务派的知识范式也存在着明显的裂痕。这主要表现在：技变与道变。在中国的体认与法变还是不变这两个问题上，洋务派的知识范式与康梁维新派的观点是一致的：中国不再是地球的中心，不再是天朝，只是世界中的一个国家，他们都已经体认到西方的真实存在。它不仅真实存在，而且比我们强大，有比我们更高明的技术、器物。正是体认到中西方的差异性与西方的强大性，洋务派也主张变法。但是，康梁维新派的托古改制的知识范式与洋务派的知识范式在变什么的问题上存在着巨大的差异：洋务派的知识范式是技变。正是认识到西方现代科技的先进性，洋务派主张"师夷长技以制夷"。在洋务派的知识范式中，西方虽然比我们强大，但强大在物质技术，即技的层面；而在思想文化、政治制度等根本方面，西方并不如我们，所以他们只是主张技变。这主要表现为：办同文馆即外

① 文悌：《文仲恭侍御严劾康有为折》，苏舆编《翼教丛编》，上海书店出版社，2002，第30～31页。

② 《湘省学约》，苏舆编《翼教丛编》，上海书店出版社，2002，第150页。

语学校，培养外交急需的翻译人才；办天文算术馆，学习天文、数学等近代自然科学知识；他们采用西方先进的生产技术，创办了一批近代军事工业，如江南制造局、金陵制造局、福州船政局、天津机器局等，开办了天津北洋水师学堂、广州鱼雷学堂、威海水师学堂、南洋水师学堂、旅顺鱼雷学堂、江南陆军学堂、上海操炮学堂等一批军事学校；他们还兴办了一批民用工业，如轮船招商局，中国近代矿业、电报业、邮政、铁路等，轻工业也在洋务运动期间得到大力发展。康梁维新派不同，在他们的知识范式中，西方的强大不仅在于物质与科技，更在于他们有先进的制度、文化与思想；在中西方的差异上，他们认识到，中西方的差距从表面看是物质与科技的差距，其实质上则是制度与思想的差异。在这一知识范式中，与洋务派的技变不同，他们提出“本变”，即制度变革、思想变革。梁启超在《变法通议》中说道：“变法之本，在育人才；人才之兴，在开学校；学校之立，在变科举；而一切要其大成，在变官制。”[①] 变官制，即对政治制度做出根本性的调整，这一语道出维新派知识范式与洋务派知识范式变革的根本差异。

维新派知识范式与洋务知识范式的差异，也导致维新派的变法主张遭到洋务派的反对。张之洞见到《孔子改制考》后十分恼怒，在《劝学篇》中予以反驳，说君臣之义“与天无极”，而《孔子改制考》却完全抛弃三纲五常，鼓吹民权，完全是“忘亲”“忘圣”，“欲举世放恣黩乱而后快”。[②] 即使原与维新派关系较为密切的帝党官僚也对康有为颇有微词。翁同龢在日记中这样写道：“（四月）初十日，……上命臣索康有为所进书，令再写一份递进。臣对：‘与康不往来。’上问：‘何也’？对以：‘此人居心叵测。’曰：‘前此何以不说？’对：‘臣近见《孔子改制考》知之。’”[③] 本与维新派关系密切的湖南巡抚陈宝箴

① 梁启超：《变法通议·论变法不知本原之害》，《梁启超全集》（第一册），北京出版社，1999，第15页。

② 张之洞：《劝学篇》，苑书义等主编《张之洞全集》（第12册），河北人民出版社，1998，第9716页。

③ 陈义杰整理《翁同龢日记》（第5册），中华书局，1986，第2696页。

也上书说“其徒松之，持之愈坚，失之愈远，嚣然自命，号为康学，而民权平等之说炽矣。甚或呈其横议，几若不知有君臣父子之大防”，请求光绪帝“饬下康有为将所著孔子改制考一书板本，自行销毁”，这样既可“以正误息事”，又能使其“平日从游之徒不致昧昧然守成说误宇于歧趋”。[①]

虽然梁启超与其师康有为同属维新派的托古改制知识范式，但在晚清地质结构中，如果我们仔细甄别，就会发现师徒知识范式也隐约存在着差异。这具体表现为：

其一，梁启超弱化了孔子的权威影响，强化了达尔文式三世进化论。在康有为那里，据乱世—升平世—太平世据公羊学说而来，其理论根源是孔子的《春秋》。在他看来，孔子的《春秋》并非是一部历史著作，而是一部社会演变史的政治著作。这说明，康有为一方面无法摆脱孔子权威性的影响，无法斩断封建君主专制的理论根基，另一方面也无法摆脱社会变革的托古改制的老思路。梁启超将关注点转到受达尔文影响的三世演变论上来，虽然其根据还是孔子的《春秋》，孔子的神圣性也没有改变，但是其演变历程已经明确了多君制——一君制—民主制。其中有两点值得关注：一是当前的一君制的封建君主专制虽然依然是神圣的，但它是由多君制的乱世发展而来，而且要走向将来的民主制，显然君主神圣已经受到了很大的限制，而且其合法性本身就受到了很大的质疑，它不仅有前身，而且有来世，它的合法性只能局限在一定的历史时期之内，而非不可质疑；第二点是将来的民主制的引向，已经消融掉了封建君主专制的理论根基，有了这个民主制的指向，君主专制制度随时都可能被拔根而起，一个以民为立国之本的现代民主国家理论已经呼之欲出。

其二，虽然民权与君权相对而非与国家相对，但梁启超弱化了君权言说，更重要的是改变了民权的言说方式，已经为民—国对立的现代国家理论做了有效的铺垫。康有为从西方吸收了民权学说，但只是

① 陈宝箴：《请厘正学术造就人才折》，《陈宝箴集》（上），中华书局，2003，第778页。

为加强民权对君权的限制，而不是要废君，不是要对君权本身做出反思性的思考，而恰恰是对圣君的呼唤。其民权的强化，当然会对君权构成限制，但是限制的是作为个人的君主，是对昏君的批判，而不是对君主专制本身提问，恰恰强化了君权。与康有为相比，梁启超言民权，其言说方式区别至少有二：一是改变了康有为的抽象民权言说，而是落实为具体可操作的模式。康有为言说民权，是与君权相对的概念，属哲学或政治哲学的范畴；梁启超将民权开始引向政治学即政治实践的方向，即要挽救国家困危，非得依靠二万万中国老百姓，只有他们获得智识，成为一个个独立强大的个体，这个国家才有希望。这显然已经隐含卢梭的积民成国的民权国家学说的雏形。更为重要的是第二点，他还为落实民的智识而开启了废科举兴学校的具体措施。梁启超认为，中国要摆脱危机，走向繁荣富强，必须让每个民众有智识、有能力，显然，这只能通过现代学校教育才能实现。所以，他的《变法通议》虽然说以变官制为核心，但变官制的目标是“广民智”。如果说“变官制”是变革的制度核心，那么“变学制”背后隐含的“开民智”才是变革的内容核心。梁启超提倡学校教育，其本人倒不是要推翻君主政权，但是，他打开了一个自己也没有想到的潘多拉盒子：学校本身是一个追求知识、培养智识阶层的场所，随着一个个有知识、有反省意识的“魔鬼”从这个盒子里走出来，学校就培养出了真正的君主政权的掘墓人。历史已经证实了这一点。

其三，梁启超强化了变革的西方引进方向，进一步为西方政治理论的全面引进和替换传统的君国政治理论打开了通道。康有为的变革思想，显然受到了西方学说的影响，其三世理论本身就是达尔文进化理论与中国传统公羊三世学说的杂交。到梁启超那里，关于变革的西方理论与历史撷取更为浓重。其在《论不变法之害》中列举印度、土耳其等其他殖民地国家被瓜分的事实，也列举了日本从被瓜分到通过变法而自强的历史，在《变法通议》中，学校制度、学会制度、幼学、女学等学说，其理论都直接源于西方，这不仅为我们提供了西方的视野，更关键的是，当我们对西方的理论撷取，经过从林则徐、严复、康有为再到梁启超这样一个一个链条之后，完成了中国彻底摆脱传统、拥抱西方的现代化进程。虽然这个现代化进程可能存在这样或那样的问题，但毕竟挣脱了厚重的历史传统。在这个现代化进程中，梁启超这个人物作为过渡环节非常关键。在康有为之前，都是站在传统的视野中撷取西方；梁启超则彻底睁开了眼睛，逐步摆脱中国传统的视角，力图以西方的学说理论全面替代中国传统。

其四，梁启超的知识范式中，已隐有革命破坏之意。早在万木草堂学习期间，梁启超已经对康有为的托古改制思想产生怀疑，他在《清代学术概论》中说道："启超治《伪经考》，时复不慊于其师之武断，后遂置不复道。其师好引纬书，以神秘性说孔子，启超亦不谓然。启超谓孔门之学，后衍为孟子、荀卿两派，荀传小康，孟传大同。汉代经师，不问为今文家古文家，皆出荀卿。二千年间，宗派屡变，一皆盘旋荀学肘下，孟学绝而孔学亦衰。于是专以绌荀申孟为标帜，引《孟子》中诛责'民贼''独夫''善战服上刑''授田制产'诸义，谓为大同精义所寄，日倡导之。又好《墨子》，诵说其'兼爱''非攻'诸论。"① 在进湖南主持时务学堂之前，梁启超就持激烈之革命破坏说。狄葆贤《任公先生事略》有记载："任公于丁酉冬月将往湖南任时务学堂，时与同人等商进行之宗旨：一渐进法；二急进法；三以立宪为本位；四以彻底改革，洞开民智，以种族革命为本位。当时任公极力主张第二第四两种宗旨。"② 其结果也是，梁启超在湖南时务学堂讲学期间，提倡的就是破坏的革命主义，他自己说道："所言皆当时一派之民权论，又多言清代故实，胪举失政，盛倡革命。其论学术，则自荀卿以下汉、唐、宋、明、清学者，掊击无完肤。时学生皆住舍，不与外通，堂内空气日日激变，外间莫或知之。及年假，诸生归省，出札记示亲友，全湘大哗。先是嗣同、才常等，设"南学会"聚讲，又设《湘报》（日刊）《湘学报》（旬刊），所言虽不如学堂中激烈，

① 梁启超：《清代学术概论》，《梁启超全集》（第五册），北京出版社，1999，第3099页。

② 狄葆贤：《任公先生事略》，丁文江、赵丰田编，欧阳哲生整理《梁任公先生年谱长编》（初稿），中华书局，2010，第43页。

实阴相策应。又窃印《明夷待访录》《扬州十日记》等书，加以案语，秘密分布，传播革命思想，信奉者日众，于是湖南新旧派大共。”[①]

戊戌变法失败以后，康梁逃亡日本。到日本后的两三年，是梁启超接受西方学说最为全面、全为系统的一段时期，也是他迅速完成政治思想蜕变的时期。《夏威夷游记》中，他自己曾经回忆过这段心路历程：“又自居东以来，广搜日本书而读之，若行山阴道上，应接不暇。脑质为之改易，思想言论与前者若出两人。”[②] 以 1902 年发表《论保教非所以尊孔论》为标志，梁启超迅速完成从传统政治家到现代政治家的蜕变。他在《保教非所以尊孔论》中说：“此篇与著者数年前之论相反对，所谓我操我矛以伐我者也。今是昨非，不敢自默，其为思想之进步乎？抑退步乎？吾欲以读者思想之进退决之。”[③] “我操我矛以伐我”，觉“今是昨非”，正是梁启超知识范式重大断裂的表现。在晚清地壳层中，我们可以看到明显的断层，就是他所说的“康、梁学派遂分”[④]。康有为仍然停留在晚清今文经学派的托古改制的知识范式地壳中；而在其断层之上，梁启超则主动接受了假道日本的西方现代政治学说，构筑了现代国家政治的知识范式。这种断裂具体表现在以下四方面。

其一，他开始把孔子及其学说当作纯粹的对象展开学术性研究，而不是研究迷信与服从的对象。孔子及其学说理论只是我们研究的对象，它有它的理论贡献，也有它的片面性与历史局限性，它不再是不可质疑、不可批评的宗教式权威。梁启超说：“故奉其教者莫要于起信，莫急于伏魔。起信者，禁人之怀疑，室人思想自由也；伏魔者，持门户以排外也。”[⑤] 康有为提倡孔教，就是维持孔子的素王神圣地位，也就无法否定封建君主专制的理论根基，也就无法否定封建君主专制本

① 梁启超：《清代学术概论》，《梁启超全集》（第五册），北京出版社，1999，第 3100 页。

② 梁启超：《夏威夷游记》，《梁启超全集》（第二册），北京出版社，1999，第 1217 页。

③ 梁启超：《保教非所以尊孔论》，《梁启超全集》（第二册），北京出版社，1999，第 765 页。

④ 梁启超：《清代学术概论》，《梁启超全集》（第五册），北京出版社，1999，第 3100 页。

⑤ 梁启超：《保教非所以尊孔论》，《梁启超全集》（第二册），北京出版社，1999，第 766 页。

身；梁启超反对孔教尊孔，就是反对这种无反思、纯宗教式的情感信仰。因此，梁启超反对保教、反对孔子，不是针对孔子本人，而是反对将孔子宗教式神圣化，他主张将其人、其学说做学术性的反思与研究，做出客观的学术史思想史评价。这样，梁启超就将孔子还原成伟大的政治理论家、教育家，而不再是康有为那里的“素王”，不再具有神圣不可怀疑的教主式的权威。这样，他就彻底否定了封建君主专制的理论基础。与此相应，梁启超言说人物则转移到卢梭、伯伦知理、赫胥黎、霍布斯、斯宾诺莎、边沁、康德、孟德斯鸠等西方政治理论家与哲学家，而不再是孔子；言说理论则是民主、民权学说，不再是春秋三世理论。

其二，由第一点自然得出，建立在孔子学说基础之上的君主神圣性也随之坍塌。君主不再是我们服从与盲从的对象，而且其合法性本身就要受到学理性的质疑。君主制度只是国家政治制度具体化的表现形式之一，而不是圣人制定的一成不变、不可怀疑、不可否定的制度。这样，梁启超就彻底否定了君主的权威性与神圣性，一个国家实行什么样的制度，要按照自己的国情去做正确的选择。因此，这一阶段，梁启超大量谈论的是国家，是民权，是自由，是权利与义务，而不再是皇帝、君主，皇帝与君主，也隶属于国家，不存在凌驾于国家之上的特权，他们也要在国家之下享受权利承担义务。

其三，将中国传统的家国政治理论转换成现代国家政治理论。这一时期，梁启超开始将君主制度放在国家层面作学理性的反思与研究，在中国首次将国权作为民权的对立范畴，形成国权—民权的对立模式，以取代传统的君权—民权对立模式。中国君主专制制度关于国家的基本设计思路是：君王是代表天来治理国家的，故称为“天子”，“天”是一个抽象的设定，“天子”才是世间实实在在的统治主人；国土、国民的主人本是“天”，因“天子”是代表天来治国治民从而依附于“天子”。这样，君与国就合二为一了，“溥天之下，莫非王土；率土之滨，莫非王臣”[①]，这就是传统的君国即家国理论，国家与君主这个

① 《诗经·小雅·大田》。

家并无区别，故称“家天下”。中国传统的这种政治学说可称为“君主”本体理论，即君主为本体，国家只是君主的一个家。当君主专制制度的理论根基不再，当君主的神圣性祛魅以后，梁启超找到了国家本身，国家本身才是真正的存在，国家构成要素是民，民与国才是一个对立的范畴，君主专制制度只是国家治理的一种模式。这种制度是否具有合法性，只能以是否促进国家的发展为标准。这样，梁启超就把中国传统的“君主”本体的政治理论，替换为现代的“国家”本体理论，即国家才是本体，君主也是国家的一个成员而已，他与普通民众的不同只在于职位与功能、权利与义务。他在《保教非所以尊孔论》中明确说道，教不必保，也不可保，“自今以往，所当努力者，惟保国而已”①，这就是建立在国家本体的政治理论基础之上。梁启超首先接受的是卢梭的民约论国家学说。梁启超此时这样定义国家：“夫国也者，何物也？有土地，有人民，以居于其土地之人民，而治其所居之土地之事，自制法律而自守之；有主权，有服从，人人皆主权者，人人皆服从者。”② 很显然，这样的国家已经不再是天朝，不是君王个人的家，不是君王凌驾于国家之上，而是土地与人民的结合体，是积民而成的空间区域。君主也好，民也好，都要在国家之下享受权利、受到约束，“无一人可以肆意焉者”，“民也如是，君也如是”。③正因为康有为从未走出传统家国政治理论的窠臼，因此无论他走得有多远，也只能是中国传统政治理论的终结者；也正因为梁启超走出了这一步，他也就走进了中国近现代政治家的行列。梁启超的这一小步，既是他政治思想发展的一大步，也是中国政治理论发展的一大步。

其四，既然走出了孔子神圣、君主神圣的中国传统政治理论，并将国家作为本体来研究中国的现实出路问题，梁启超也就走出了传统的托古改制的老路。梁启超在《论保教之说束缚国民思想》一文中批

---

① 梁启超：《保教非所以尊孔论》，《梁启超全集》（第二册），北京出版社，1999，第765页。

② 梁启超：《少年中国说》，《梁启超全集》（第一册），北京出版社，1999，第410页。

③ 梁启超：《论政府与人民之权限》，《梁启超全集》（第二册），北京出版社，1999，第883页。

评了这种托古改制的思路："我国学界之光明，人物之伟大，莫盛于战国，盖思想自由之明效也。及秦始皇焚百家之语，而思想一窒；汉武帝表章六艺、罢黜百家，而思想又一窒。自汉以来，号称行孔子教二千余年于兹矣，而皆持所谓表章某某、罢黜某某者，为一贯之精神，故正学异端有争，今学古学有争。言考据则争师法，言性理则争道统，各自以为孔教，而排斥他人以为非孔教。……浸假而孔子变为董江都、何邵公矣，浸假而孔子变为马季长、郑康成矣，浸假而孔子变为韩昌黎、欧阳永叔矣，浸假而孔子变为程伊川、朱晦庵矣，浸假而孔子变为陆象山、王阳明矣，浸假而孔子变为纪晓岚、阮芸台矣。皆由思想束缚于一点，不能自开生面，如群猿得一果，跳掷以相攫，如群妪得一钱，诟骂以相夺，其情状抑何可怜哉！……此二千年来保教党所成就之结果也。"[①] 梁启超认为，要解决中国现实政治问题，社会变革应根据现实需要进行中西理论撷取，不必缘西学附中学，他说："故吾最恶乎舞文贱儒，动以西学缘附中学者，以其名为开新，实则保守，煽思想界之奴性而滋益之也。我有耳目，我有心思，生今日文明灿烂之世界，罗列中外古今之学术，坐于堂上而判其曲直，可者取之，否者弃之，斯宁非丈夫第一快意事耶！必以古人为虾，而自为其水母，而公等果胡为者?"[②] 这样，梁启超在社会变革的研究思路上，就以解决实际问题为导向，以自我思考撷取为主体，形成了学术性的研究思路。在当时，国家政治理论主要源于西方，所以梁启超大力提倡输入"欧洲精神"。他在给其师康有为的信中说："弟子以为欲救今日之中国，莫急于以新学说变其思想（欧洲之兴全在此）……"[③] 他在《夏威夷游记》中说，"吾虽不能诗，惟将竭力输入欧洲之精神思想"[④]，

---

① 梁启超：《保教非所以尊孔论》，《梁启超全集》（第二册），北京出版社，1999，第767～768页。

② 梁启超：《保教非所以尊孔论》，《梁启超全集》（第二册），北京出版社，1999，第768页。

③ 梁启超：《与夫子大人书》，丁文江、赵丰田编，欧阳哲生整理《梁任公先生年谱长编》（初稿），中华书局，2010，第140页。

④ 梁启超：《夏威夷游记》，《梁启超全集》（第二册），北京出版社，1999，第1219页。

他这里所讲的欧洲之精神思想，就是西方现代政治学说与理论。

正因为这一阶段梁启超的政治理论发生了质变，从而与其师康有为产生了重大冲突。他在《清代学术概论》中说："启超自三十以后，已绝口不谈"伪经"，亦不甚谈"改制"。而其师康有为大倡设孔教会定国教祀天配孔诸议，国中附和不乏。启超不谓然，屡起而驳之。"[①] 这一阶段，梁启超屡次致信其师，解释反对保教的理由和自己的立场。他说："至于保教一事，弟子亦实见保之之无谓。先生谓巴拏马、星加坡各埠今方兴起，而弟子摧其萌蘖。……弟子以为欲救今日之中国，莫急于以新学说变其思想（欧洲之兴全在此），然初时不可不有所破坏。孔学之不适于新世界者多矣，而更提倡保之，是北行南辕也。"[②]

很快，梁启超政治知识范式的结构又发生了调整，从卢梭的民约论、革命论转向伯伦知理的国家论、开明专制论。梁启超这一知识范式结构的调整具体表现为以下两点。

第一，从卢梭的民约论，走向伯伦知理的国家论。梁启超刚到日本，对其影响最大的西方现代政治学说是卢梭的民约论。他在《破坏主义》中极力鼓吹卢梭的民权学说，认为"欧洲近世医国之国手不下数十家"，但"惟卢梭先生之《民约论》""最适于今日之中国者"，说它"当前世纪今世纪之上半，施之于欧洲全洲而效"，"当明治六、七年至十五、六年之间，施之于日本而效说"，他反复呼唤"《民约论》，尚其来东"，"大同大同兮，时汝之功"。[③] 1902 年，在写作《论政府与人民之权限》时，梁启超还是卢梭民约论的积极提倡者。但作于同年的《近世第一女杰罗兰夫人传》中，梁启超已经开始对卢梭的民约论产生了怀疑。他比较了英国人与法国人的政治自治能力，认为英国人能自治，法国人不具备自治能力，所以英国与法国同样采用革命的手段，但前者导致了民主，后者恰恰导致了无政府现实并最终形

① 梁启超：《清代学术概论》，《梁启超全集》（第五册），北京出版社，1999，第 3100 页。

② 梁启超：《与夫子大人书》，丁文江、赵丰田编，欧阳哲生整理《梁任公先生年谱长编》（初稿），中华书局，2010，第 139～140 页。

③ 梁启超：《破坏主义》，《梁启超全集》（第一册），北京出版社，1999，第 350 页。

成专制。到 1903 年写作《政治学大家伯伦知理之学说》时，梁启超已经完全放弃卢梭民约论，转而提倡国家论。他认为，“卢梭学说，于百年前政界变动，最有力者也。而伯伦知理学说，则卢梭学说之反动也”，“若谓卢梭为十九世纪之母，则伯伦知理其亦二十世纪之母”。[①] 他还打了个比方，说卢梭的民约说是药，而伯伦知理的国家说则是粟；当病很严重时“固非恃粟之所得疗”，这就需要药；但是，“药能已病，亦能生病”，且如果“使药证相反，则旧病未得豁，而新病且滋生”，所以“用药不可不慎也”。[②] 梁启超引伯伦知理理论，认为卢梭的民约说要成立，其国民必须具备三种性质：一是其国民皆可各自离析，随其所欲，以进退生息于此中国；二是其国民必悉立于平等之地位；三是其国民必须全数画诺。伯伦知理正是从这些方面摧毁了卢梭民约国家理论的逻辑起点。伯伦知理指出，卢梭民约国家学说的逻辑起点就是错误的，他混淆了国家与社会之区别，将国家等同于社会。在卢梭的民约论阶段，梁启超谈的是民约，是自由，国家积民而成；到了伯伦知理的国家论阶段，梁启超谈的是国家之下的国民，是国民的责任与义务。这一阶段，梁启超认为，“中国今日所最缺者而最急需者”，“在有机之统一与有力之秩序”，“而自由平等直其次耳”，因为“必先铸部民使成国民，然后国民之幸福乃可得言也”。有机之统一与有力之秩序，就是强大的国家，自由平等则是民约自由，梁启超认为，“民约论者适于社会而不适于国家”，“苟弗善用之，则将散国民复为部民，而非能铸部民使成国民也”[③]。这表明，梁启超已经放弃卢梭的民约政治论，转向了国家政治论。

第二，从突变的革命论，走向渐进的开明专制再至君主立宪制。早在《近世第一女杰罗兰夫人传》中，梁启超比较了英国人与法国人

---

① 梁启超：《政治学大家伯伦知理之学说》，《梁启超全集》（第二册），北京出版社，1999，第 1065～1066 页。

② 梁启超：《政治学大家伯伦知理之学说》，《梁启超全集》（第二册），北京出版社，1999，第 1065 页。

③ 梁启超：《政治学大家伯伦知理之学说》，《梁启超全集》（第二册），北京出版社，1999，第 1066 页。

区别，认为“英国人能自治，而法国人不能”，“能自治之民”平和可以破坏亦可，平和时代“则渐进”，破坏时代“则骤进”；“不能自治之民”“固不可享平和，亦不可以言破坏”，平和时代“民气惰而国以敝”，破坏时代“其民气嚣而国以危”。[①] 也就是，国家能否发展，采用何种政体形式，以及采取何种变革形式，与国民的政治自理能力有关：有自治能力之民族，和平年代可以渐进，革命年代可以突进，都可以推动社会进步，适合采用民主共和政体；无自治能力之民族，和平年代懒惰，革命年代会暴动破坏，都难以推动社会进步，不能采用民主共和政体。国民倘无自治能力，则不能采取革命形式，因为“苟无所以养之于平日”，“当民气之既动而难静”，“民德之易涣而难结”，“一旦为时势所迫，悍然投其身投其国于孤注一掷”，“则必有如法国当日互相屠杀，今日同志，明日仇敌，争趋私利”，最终导致“无政府之现象”。[②]

1903 年，游历美洲返回日本后梁启超观点大变，完全放弃“破坏主义”“革命排满”及两党合作主张，而积极提倡开明专制论。《论俄罗斯之虚无党》《答飞生》《答和事人》三文，可以看作这一转变的标志，1905 年的《开明专制论》则是开明专制论的系统阐释。《答飞生》中，梁启超反驳了飞生革命论的破坏主义。飞生认为，必先有新政府然后有新民，现政府不能承担其责任，自然要以革命易之；梁启超认为，只有新民并且民自新才有新政府，因为从理论上说，有新民自然有新政府，只有新民，才有能力监督政府。在《答和事人》中他清晰地表达了自己转变的态度与立场，说自己原先提倡“破坏主义”，现在反对“破坏主义”，既不是“与异己者敌”，也不是“好名”，而是“其心中之所怀抱，而不能一毫有所自隐蔽（非直不欲，实不能也）”，所以，“自今以往，有以主义相辩难者，苟持之有故，言之成

① 梁启超：《近世第一女杰罗兰夫人传》，《梁启超全集》（第二册），北京出版社，1999，第 864 页。

② 梁启超：《近世第一女杰罗兰夫人传》，《梁启超全集》（第二册），北京出版社，1999，第 864 页。

理，吾乐相与赏之析之”，“若夫轧轹嫚骂之言，吾固断不以加诸人，其有加诸我者，亦直受之而已”。[①]

梁启超指出，中国长期处于专制制度之下，国民并不具备这种自治能力，所以不能采用破坏的革命手段，直接实行民主共和。他认为，中国“今日所最缺者而最急需者”恰恰是“有机之统一与有力之秩序”，“而自由平等直其次耳”，这是因为，“必先铸部民使成国民”，“然后国民之幸福乃可得言也”。[②] 对照当时国民素质的现实，梁启超认为中国最适合采用开明专制论。他认为，一方面中国今日万不能行共和立宪制度，其原因是，长期生活于专制政体下的人民“既乏自治之习惯”，“又不识团体之公益”，只知道“持各人主义以各营其私”，这样的国家极易破坏。但是破坏之后，“而欲人民以自力调和平复之，必不可得之数也”，导致“社会险象，层见叠出，民无宁岁”，“终不得不举其政治上之自由，更委诸一人之手，而自贴耳复为其奴隶”，最终导致“民主专制政体”。另一方面，中国今日也不能行君主立宪制度，其原因有二：一是人民程度未及格，二是施政机关未整备。[③] 在这种情况下，唯有实施过渡状态的开明专制，再进入君主立宪时代，才是中国政治变革的走向。

梁启超放弃民主共和论、革命破坏论，提供开明专制论，提倡国家论，其原因有以下三点。首先，从理论渊源上来说，是受到伯伦知理国家政治学说影响。梁启超逃亡日本后大量阅读了日本翻译介绍的西方政治学说，但其接受有个过程。最先对他影响最大的是卢梭，这显然不是康有为的公羊三世学说可以同日而语的，这打开了梁启超政治思想的一扇大门，让他大为服膺；但是，随着阅读的深入，伯伦知理对卢梭的批评，又打开了梁启超政治思想的另一扇大门。伯伦知理认为，卢梭的民约论，其指向的基础是社会，而非国家，且对于国民

---

① 梁启超：《答和事人》，《梁启超全集》（第二册），北京出版社，1999，第 975 ~976 页。

② 梁启超：《政治学大家伯伦知理之学说》，《梁启超全集》（第二册），北京出版社，1999，第 1066 页。

③ 梁启超：《开明专制论》，《梁启超全集》（第三册），北京出版社，1999，第 1470、1484 页。

的道德素质要求非常高，梁启超对此都深为服膺，并且照单接受。

其次，与他对国民素质的体认密切相关。梁启超美洲游历的经历，让他认识到中国国民自治能力与道德水平都比较差。他评价旧金山之团体说，“诸团体轧轹无已时，互相仇雠，若不共戴天者然。忽焉数团体相合为一联邦，忽焉一团体分裂为数敌国，日日以短枪匕首相从事，每岁以是死者十数人乃至数十人，真天地间绝无仅有之现象也”①；各地会馆规条“大率皆仿西人党会之例，甚文明，甚缜密”，但其行为“无一不与规条相反悖”，如中华会馆“每次议事，其所谓各会馆之主席及董事，到者不及十之一，百事废弛，莫之或问，或以小小意见而各会馆抗不纳中华会馆之经费，中华无如何也”，至其议事则更为可笑，要么“一二上流社会之有力者，言莫予违，众人唯诺而已”，“名为会议，实则布告也，命令也”，这实质是“寡人专制政体”，要么“上流社会之人”“无一有力者”，“遇事间不敢有决断”，“各无赖少年，环立于其旁，一议出则群起而噪之，而事终不得决”，这实质是“暴民专制政体”。②

最后，更重要的是，伯伦知理的国家学说，在批判卢梭民约论的基础之上，试图建立一个现代的强有力的国家，更符合梁启超救亡图存的政治目的。英法等西方社会的现代转型，只是摆脱传统而迈向现代社会；与西方现代社会的自变不同，中国社会的转型不仅是从传统向现代迈进的过程，更有摆脱西方列强的侵略而走向独立与富强过程，即既有纵向的自变，更有横向的外变。对于梁启超等近现代学人来说，横向的外变即摆脱西方列强的侵略，建立富强的现代国家，比纵向的内变更为迫切，或者换句话说，他们的纵向内变是放在横向的外变这一框架之中设计的。卢梭的民约论，是在纵向的自变之中发展而来，也更适合纵向的自变。德国情形与英国不同，也面临着国家的统一的问题，可以说，伯伦知理的国家学说，为建立强有力的德意志帝国提供了理论基础。显然，中国当时的社会现实，更需要强大的国家与西

① 梁启超：《新大陆游记》，《梁启超全集》（第二册），北京出版社，1999，第1185页。
② 梁启超：《新大陆游记》，《梁启超全集》（第二册），北京出版社，1999，第1187页。

方列强抗衡，所以，梁启超一旦接近了伯伦知理的国家理论就迅速皈依，并立即忍痛抛弃他原先深爱卢梭的民约论，也就不足为怪了。

辛亥革命归国后参政的失败经历，使得梁启超对其政治知识范式就行了第二次调整：从先前的政治制度救国论转向道德救国论。这种调整具体表现为三个方面。

一是从谈政治、谈制度，转向谈社会教育、谈道德。他在《吾今后所以报国者》中说，自己曾“两度加入公开之政治团体”，但都“不能自有所大造于其团体”，“更不能使其团体有所大造于国家”，所以“吾之败绩失据又明甚”；自己的失败，其原因是“吾国现在之政治社会，决无容政治团体活动之余地”，因为“今日之中国人而组织政治团体，其于为团体分子之资格所缺实多”；如果“不备此资格”，则永无良善政治之可能；所以，“吾于是日憬然有所感”，“以谓吾国欲组织健全之政治团体”，“则于组织之前更当有事焉，曰：务养成较多数可以为团体中健全分子之人物”。[①] 他认为，“政治之基础恒在社会，欲应用健全之政论，则于论政以前更当有事焉”，这件事就是国人道德水平与政治能力问题。他说：“吾自今以往，吾何以报国者？吾思之，吾重思之，吾犹有一莫大之天职焉。夫吾固人也，吾将讲求人之所以为人者而与吾人商榷之。吾固中国国民也，吾将讲求国民之所以为国民者而与吾国民商榷之。”[②] 他在《国体战争躬历谈》中说得更清楚：“且吾以为中国今后之大患在学问不昌，道德沦坏，非从社会教育痛下工夫，国势将不可救。故吾愿献身于此，觉其关系视政治为尤重大也。”[③]

二是从开明专制转向国民运动。什么是国民运动？国民运动不是“政客式的运动”、不是“土豪式的运动”、不是“会匪式的运动”，

---

① 梁启超：《吾今后所以报国者》，《梁启超全集》（第五册），北京出版社，1999，第 2805～2806 页。

② 梁启超：《吾今后所以报国者》，《梁启超全集》（第五册），北京出版社，1999，第 2805～2806 页。

③ 梁启超：《国体战争躬历谈》，《梁启超全集》（第五册），北京出版社，1999，第 2930 页。

而是“全国真正良善人民的全体运动”。要做到真正的国民运动，“第一件，只要你把你现在的精神维持到底，别要像过去的青年，一眨眼便堕落”；“第二件，只要你把你的精力设法流布到你的同辈中，叫多数人和你一样”；“第三件，更要你把你的思想着实解放，意志着实磨炼，学问着实培养，抱定尽性主义，求个彻底的自我实现”。[①] 国民运动，“质而言之，从国民全体下工夫，不从一部分可以供我利用的下工夫，才是真爱国，才是救国的不二法门。把从前做的一部分人的政治醒转过来，那全民政治才有机会发生哩”。[②] 梁启超所谓的国民运动，就是对普通民众进行政治启蒙与道德启蒙，提高他们的政治水平与道德素质，知识上能够具备参政执政的能力，道德上能够真正超越个人的、党团的私利，真正把国家、民族利益作为从事政治活动的根本目的，这样才能真正改变中国政界的黑暗与腐败，真正培育出良好的政界环境，这样也才能真正从根本上解决中国的政治问题。

国民运动的目标是什么？梁启超提出尽性主义。他说，“国民树立的根本义，在发展个性”，这就是他所说的“尽性主义”，也就是“把各人的天赋良能，发挥到十分圆满”。尽性主义包括私人与社会两个方面：一方面，“就私人而论”，“人人可以自立，不必累人，也不必仰人鼻息”，“不至成为天地间一赘疣”；另一方面，“就社会国家而论”，“人人各用其所长，自动的创造进化，合起来便成强固的国家、进步的社会”。他认为，一战德国之所以失败，就是因为德国“国家主义发达得过于偏畸，人民个性，差不多被国家吞灭了”，就是只重后者不重前者；英、法、美则是“个性最发展的国民”，但国家主义则不甚发达。所以，尽性主义就是“将自己的天才（不论大小人人总有些）尽量发挥，不必存一毫瞻顾，更不可带一分矫揉”，“这便是个人自立的第一义，也是国家生存的第一义”。[③]

如何做到“尽性主义”？那就要发展个性，“必须从思想解放入

① 梁启超：《欧游心影录》，《梁启超全集》（第五册），北京出版社，1999，第2985页。
② 梁启超：《欧游心影录》，《梁启超全集》（第五册），北京出版社，1999，第2979页。
③ 梁启超：《欧游心影录》，《梁启超全集》（第五册），北京出版社，1999，第2980页。

手”。什么是思想解放？就是养成独立的人格与自我批评的意识。所谓独立的人格，是指不人云亦云，有自己的独立见解，“无论什么人向我说什么道理，我总要穷原竟委想过一番，求出个真知灼见”；所谓自我批评的意识，是指“当运用思想时，绝不许有丝毫先入为主的意见束缚自己，空洞洞如明镜照物”，“经此一想，觉得对我便信从，觉得不对我便反抗”，也就是要摆脱自我局限。梁启超指出，欧洲现代文化，无论是物质文明还是精神文明，“都是从‘自由批评’产生出来”，“对于在社会上有力量的学说，不管出自何人，或今或古”，“总许人凭自己见地所及，痛下批评”。当然，批评也未必尽当，一方面，批评时“必经过一番审择，才能有这批评”，如此这“便是开了自己思想解放的路”；另一方面，“因这批评，又引起别人的审择，便是开了社会思想解放的路”；两者“互相浚发，互相匡正，真理自然日明，世运自然日进”。①

三是从否定中国传统文化，转向肯定中国文化、积极挖掘中国传统文化的价值。目睹欧洲战争的危害，以及受到西方学者对于自身唯理性、唯科技思维反省的影响，对道德的重视让梁启超开始重新审视中国传统道德文化，让他重新树立起中国传统道德文化的自信心。梁启超在《欧游心影录》中记载了西方学者对于道德文明破产的悲观态度以及对于中国传统道德文明的赞赏：

> 我们自到欧洲以来，这种悲观的论调，着实听得洋洋盈耳。记得一位美国有名的新闻记者赛蒙氏和我闲谈（他做的战史公认是第一部好的），他问我：“你回到中国干什么事，是否要把西洋文明带些回去。”我说“这个自然”。他叹一口气说：“唉！可怜！西洋文明已经破产了。”我问他：“你回到美国却干什么。”他说：“我回去就关起大门老等，等你们把中国文明输进来救拔我们。”我初初听见这种话，还当他是有心奚落我。后来到处听惯了，才

---

① 梁启超：《欧游心影录》，《梁启超全集》（第五册），北京出版社，1999，第2980～2981页。

知道他们许多先觉之士，着实怀抱无限忧危，总觉得他们那些物质文明，是制造社会险象的种子，倒不如这世外桃源的中国，还有办法。这就是欧洲多数人心理的一斑了。[①]

梁启超试图引进西方科学补中国道德、输出中国传统道德到西方补西方科学，以形成新的解决中国与世界窘境的思路。他赞同西方学者关于西方唯物主义（科学）哲学导致了精神的匮乏的观点，也一直认为中国唯心哲学导致了经济与科技发展的落后，以致出现了近代空前的社会危机。他希望能将两者结合起来以实现互补。他说，“近来西洋学者，许多都想输入些东方文明，令他们得些调剂”，“我仔细想来，我们实在有这个资格”，这是因为，“从前西洋文明，总不免将理想实际分为两橛，唯心唯物，各走极端”，“宗教家偏重来生，唯心派哲学高谈玄妙，离人生问题，都是很远”；“科学一个反动，唯物派席卷天下，把高尚的理想又丢掉了”，“所以最近提倡的实用哲学、创化哲学，都是要把理想纳到实际里头，图个心物调和”。梁启超认为，我国先秦学术“正是从这条路上发展出来”，孔子、老子、墨子“虽然学派各殊”，但“‘求理想与实用一致’，却是他们共同的归着点”，“我们若是跟着三圣所走的路，求‘现代的理想与实用一致’，我想不知有多少境界可以辟得出来哩”。[②] 对于中国传统哲学补西方哲学的困境，梁启超提出了四步走的计划与策略：第一步，“要人人存一个尊重爱护本国文化的诚意”；第二步，“要用那西洋人研究学问的方法去研究他，得他的真相”；第三步，“把自己的文化综合起来，还拿别人的补助他，叫他起一种化合作用，成了一个新文化系统”；第四步，“把这新系统往外扩充，叫人类全体都得着他好处”。[③]

中国传统哲学与西方科学哲学如何结合，梁启超在《先秦政治思想史》的结论部分提出两者相调和的观点。首先是精神生活与物质生

---

① 梁启超：《欧游心影录》，《梁启超全集》（第五册），北京出版社，1999，第2975页。

② 梁启超：《欧游心影录》，《梁启超全集》（第五册），北京出版社，1999，第2986页。

③ 梁启超：《欧游心影录》，《梁启超全集》（第五册），北京出版社，1999，第2987页。

活的调和。梁启超指出，一方面，“人之所以异于禽兽者，在其有精神生活”；另一方面，人类的精神生活又“不能离却物质生活而独自存在”。他指出，“物质生活不过为维持精神生活之一种手段”，因而“决不能以之占人生问题之主位”；“物质生活应以不妨害精神生活之发展为限度”，“太丰妨焉，太觳亦妨焉”，因此“应使人人皆为不丰不觳的平均享用，以助成精神生活之自由而向上”。梁启超指出，近代欧美最流行的功利主义、唯物史观等学说，都是极力发展物质，而忽略精神，所以其“根柢极浅薄”，“决不足以应今后时代之新要求”。梁启超认为，“儒家解答本问题正以此为根本精神，于人生最为合理”，即，“在现代科学昌明的物质状态之下”，“用儒家之均安主义”，“使人人能在当时此地之环境中，得不丰不觳的物质生活，实现而普及”，这样，就可以“使吾中国人免蹈近百余年来欧美生计组织之覆辙”，“不至以物质生活问题之纠纷；妨害精神生活之向上”。梁启超重视精神生活，但并不是唯精神论者。他说，如果我们“置现代物质情状于不顾，而高谈古代之精神”，那么“所谓精神者”“终久必被物质压迫”，“全丧失其效力”，“否亦流为形式以奖虚伪已耳”。[①]

二是个性与社会性的调和。梁启超指出，人既有个性，又有社会性，“宇宙间曾无不受社会性之影响束缚而能超然存在的个人”，“亦曾无不藉个性之缫演推荡而能块然具存的社会”，这两者共同构成了完整的人性。两者的关系构成了两个派别：一种认为个人力大，社会为个人而存在；一种认为社会力大，个人为社会而存在。相对来说，梁启超更重视个性，认为“宇宙进化之轨则，全由各个人常出其活的心力，欲达达人能尽其性则能尽人之性”，“墨法两家之主张以机械的整齐个人使同冶一炉同铸造一型，结果至个性尽被社会性吞灭。此吾侪所断不能赞同者也”。梁启超指出，“如何而能使此日扩日复之社会”，“不变为机械的，使个性中心之仁的社会”，“能与时势骈进而时时实

① 梁启超：《先秦政治思想史》，《梁启超全集》（第六册），北京出版社，1999，第3693～3695页。

现”，“此又吾侪对于本国乃至全人类之一大责任也”。[①]

但是，梁启超的这两次转变，都只是知识范式的调整，而非知识范式的革命，原因有两点。其一，梁启超的政治观念仍然是西方现代政治学说，这并没有变，调整的只是派别。卢梭的民约论与伯伦知理的国家论，都是西方现代政治理论学说，只是两者派别不同，理论出发点不同。卢梭的民约论是英国自由主义的传统，更侧重于民权，限制政府权力；伯伦知理的国家论，则是德国干涉主义的派别，更侧重于政府，强调在法制前提下中央权力的集中，但这两者并不构成政治理论的革命性变化。

其二，梁启超调整只是实现理论的手段与步骤，而非理论本身。从理论本身来看，梁启超提倡开明专制论，但没有否定君主立宪与民主共和的进步性，而是强调目前应该采取什么样的过渡策略，换句话来说，梁启超提倡开明专制论，并非否定君主立宪或民主共和政治理论本身的先进性，这与革命论只存在方法、手段的不同，不存在理论本身的冲突。这一点，梁启超讲得非常清楚，“吾之自初与排满共和论宣战也”，是“以事实论，非以法理论也”。[②] 所谓法理论，是指最终的政治状态，最终还是要实现君主立宪或民主共和制度；所谓“事实”，是指就目前中国国民道德的事实看，我们应该采取开明专制的途径。梁启超说，“谓吾国民在远的将来有能为共和国民之资格者，以其心理之能变迁也”，“吾所以谓吾国民在今日或近的将来未有能为共和国民之资格者，以其心理变迁之不能速也”。[③] 梁启超认为，君主立宪与民主共和制度不是不好，但只能用于将来，而且将来也必然实施民主共和制度，因为我国国民心理能够发展到那个水平；但是，民主共和制度不能立即在中国实行，因为国民道德能力的培养需要一个过程，欲速则不达。

① 梁启超：《先秦政治思想史》，《梁启超全集》（第六册），北京出版社，1999，第3693～3695页。

② 梁启超：《答某报第四号对于〈新民丛报〉之驳论》（第三册），北京出版社，1999，第1617页。

③ 梁启超：《答某报第四号对于〈新民丛报〉之驳论》（第三册），北京出版社，1999，第1615页。

第四节 梁启超政治美学三元素的配置变化

政治美学家不同于纯粹的政治家，他们同时兼备政治与美学的双重视野，他们构建的政治美学，是政治与美学的交叉学科，也必然具有政治与审美的双重视角和双重元素；同时，作为政治美学家，他们构筑的政治美学，必然有知识范式的革命或调整，这也必然使他们的政治美学内含了启蒙的视角与元素。但是，这并不意味着这三种元素在政治美学中的配置三分秋色。不同的政治美学家，因其视野与倾向不同，三者配置会各有侧重，从而形成不同品质的政治美学。作为政治美学家的梁启超，随着他的活动重心转移与政治思想变迁，政治、启蒙与审美三者在其政治美学中的配置也不断发生着变化。

在维新变法与辛亥参政时期，梁启超主要以政治家的身份活跃于中国社会，三者在其政治美学中的配置比依次是政治—启蒙—审美。这两个阶段，梁启超主要从事政治的实践与理论的建构工作，政治处于最突出、最重要的位置，配置比最高；而审美处于依附甚至被忽略的地位，配置比最低；并且，与传统政治思想相比，梁启超政治思想的知识范式虽有显著的调整，但尚未有革命性的突破，所以其启蒙配置在政治之后。

1894 年至 1895 年，梁启超与夏曾佑、谭嗣同等人提倡并从事的“新学之诗”的创作；1897 年，借鉴康有为对于小说的认识，梁启超认为小说对于儿童启蒙教育具有重要的意义；1915 年，梁启超发表《告小说家》，认为小说“恒浅易而为尽人所能解”，“虽富于学力者，亦常贪其不费脑力也而借以消遣”，“故其霏袭之数，既有以加于他书矣”，“其熏染感化力之伟大，举凡一切圣经贤传诗古文辞皆莫能拟之”[①]。但是，很明显，梁启超这两个阶段的文学与美学活动并不多，也缺少学理的建构。即使自己亲身参与的“新学之诗”创作，也还是

① 梁启超：《告小说家》，《梁启超全集》（第五册），北京出版社，1999，第 2747 页。

到后来诗界革命写作诗话时所回忆与阐释的。

梁启超这两个阶段文学与美学活动不多，并非是他缺少文学天赋。梁启超未必是第一流诗人，但也肯定不是与文学隔阂之士。早在六七岁时，塾师以“东篱客赏陶潜菊”命对，梁启超立即对曰“南国人思召伯棠”。[①] 10 岁初次参加童子试，途中船上一人指盘中咸鱼为题，命梁启超吟诗，他应声答曰：“太公垂钓后，胶鬲举盐初。”满座动容，从而被誉之神童。[②] 12 岁时，“王父、父、母时授以唐人诗”，“嗜之过于八股”。[③] 他在《夏威夷游记》中说道：“数日来偃卧无一事，乃作诗以自遣。”“二十七日，……诗兴既发，每日辄思为之，至此日共成三十余首。”[④] 他自称“吾虽不能诗”，但又非常自信地说：“故今日不作诗则已，若作诗，必为诗界之哥仑布玛赛郎然后可。”[⑤] 1913 年 4 月，他“忙中忽起逸兴”，“召集一时名士于万生园续禊赋诗”，并作长诗一首“颇得意”，自诩为“吾此诗殆压卷矣”。[⑥]

可以说，梁启超一生是不断写诗又不断戒诗，而且是屡戒屡破，屡破屡戒。如 1898 年自云“持绮语戒三年矣”[⑦]，1899 年底“发愿戒诗”[⑧]，1911 年称“三年不填词，今又破戒矣”，并称“玩物丧志”[⑨]，1919 年说自己“我本来就不能诗，多年不做，越发生涩”[⑩]，1927 年

① 《梁任公先生大事记》，丁文江、赵丰田编，欧阳哲生整理《梁任公先生年谱长编》（初稿），中华书局，2010，第 8 页。

② 《曼殊室戊辰笔记》，丁文江、赵丰田编，欧阳哲生整理《梁任公先生年谱长编》（初稿），中华书局，2010，第 9 页。

③ 梁启超：《三十自述》，《梁启超全集》（第二册），北京出版社，1999，第 957 页。

④ 梁启超：《夏威夷游记》，《梁启超全集》（第二册），北京出版社，1999，第 1219 页。

⑤ 梁启超：《夏威夷游记》，《梁启超全集》（第二册），北京出版社，1999，第 1219 页。

⑥ 梁启超：《与娴儿书》，丁文江、赵丰田编，欧阳哲生整理《梁任公先生年谱长编》（初稿），中华书局，2010，第 347 页。

⑦ 梁启超：《〈念奴娇·寿何梅夏〉跋》，《梁启超全集》（第九册），北京出版社，1999，第 5481 页。

⑧ 梁启超：《夏威夷游记》，《梁启超全集》（第二册），北京出版社，1999，第 1217 页。

⑨ 梁启超：《游台第六信》，丁文江、赵丰田编，欧阳哲生整理《梁任公先生年谱长编》（初稿），中华书局，2010，第 280 页。

⑩ 梁启超：《欧游心影录·欧行途中》，《梁启超全集》（第五册），北京出版社，1999，第 2990 页。

又说“余不作诗且两年矣”[①]。

这说明，梁启超不写诗、不专门从事文学创作，并不是他不好之、缺少天赋，而是他不有意为之。他说诗歌创作对于他来说只是“本以陶写吾心”[②]，即只是自己闲时消遣的工具，即古人所说的“馀事”。将诗歌即文学的价值建构为“馀事”，梁启超走的是中国传统政治家的文学价值观。

梁启超早期政治美学的建构，对文学的态度主要是采取忽略类型为主、工具类型为辅的策略。所谓忽略，指只重视政治，而把文学活动作为不务正业的“馀事”；所谓工具，指把文学活动作为实现政治目的的手段或途径，而非独立的价值与意义。梁启超这两个阶段并不太重视诗歌、小说等文学创作，认为其是“馀事”，是不务正业，只有政治之途才是正事。正因为他将诗歌视为“馀事”，所以对其抱有很大的戒心，批评自己“数日来忽醉梦于其中，废百事以为之”，“吾于今乃始知鹦鹉名士之兴趣，不及今悬崖勒马，恐遂堕入彼群中矣”，并“发愿戒诗”，“并录其数日来所作者为息壤焉”。[③]

从“废百事而为之”“鹦鹉名士之兴趣”“悬崖勒马”等词语可以看出，梁启超对于自己喜爱的诗歌等文学活动持漠视与否定态度。同样，梁启超提倡“觉世之文”“应时之文”，反对“传世之文”“藏山之文”，认为一自命为文人就不足为观，也正是出于对纯文学的忽视，将其作为不登大雅之堂的休闲余事。在这种文学“馀事”论视域中，审美处于被忽略的地位也就不足为奇了。

文学为“馀事”，何为“正事”？当然是政治活动。梁启超一开始就把谋求政治实践的经世致用作为己任。他一出道就协助其师康有为发起公车上书，组织强学会，创办《时务报》，写作《变法通议》，主持时务学堂；辛亥革命胜利前后组建政党，归国后入阁担任司法总长、

① 梁启超：《题越园画〈双松〉》，《梁启超全集》（第九册），北京出版社，1999，第5289页。

② 梁启超：《饮冰室诗话·六六》，《梁启超全集》（第二册），北京出版社，1999，第1217页。

③ 梁启超：《夏威夷游记》，《梁启超全集》（第二册），北京出版社，1999，第1220页。

币制局总裁改革司法、整顿币制，袁世凯复辟后与蔡锷共同主持讨袁再造民国，张勋复辟后又反对张勋复辟，段祺瑞组阁后出任财政总长改革币制，这些政治活动才是梁启超所追求的“大事”“正事”。

还需要指出，与政客相比，梁启超政治活动的价值与意义在于，他的政治活动同时也是他对中国政治问题的思考与理论建构，他完成了中国政治思想知识范式的现代转换。维新变法阶段，他著述《变法通议》，提出中国必须变法，而不能死守祖宗之法不可变；中国的变法，其核心必须是变官制，即政治制度改革，而不是技变，即具体的科学技术的引进。与传统的守旧派、洋务派的知识范式相比，他的政治思想的知识范式有了巨大的突破。这样，梁启超就将他作为政治家的具体的政治实践活动，与作为政治理论家的政治理论的建构统一了起来，将政治活动与启蒙活动统一了起来。但是，因为他还未能彻底冲破传统政治思想的知识范式，依然在托古改制的旧思路中变法，其启蒙无法超过政治。

在文学“馀事”论视域中，是不是文学一直无意义呢？那倒也不是。但是，文学要有意义，那需要条件，即它必须与作为“大事”“正事”的政治关联起来，承担起实现“大事”“正事”的功能。梁启超提倡将小说作为童子启蒙的教材，必须附加一个条件，即要对小说进行彻底的改造，要将其内容从先前的通俗性内容与情感转化成政治的内容与情感，即将其从普通的小说改造成政治小说；梁启超从事“新学之诗”的写作，也要将其改造成表达他们当时政治思考的政治诗歌，要“挦新名词”，表达新思想；直到1915年再次写作《告小说家》，他依然走的是政治小说的路数。这样，文学的价值必须依附于政治的价值，审美之维必须纳入政治之维，文学与审美是实现政治目的的工具。

总之，在梁启超主要从事政治实践活动的维新变法阶段与辛亥革命归国后入阁参政阶段，在他的政治美学中，政治要素配置最高，启蒙次之，审美最低，形成的是依附性工具论政治美学。

戊戌变法失败逃亡日本后，梁启超主要以政治思想家的身份活跃于中国思想界，其前期主要接受的是卢梭的民约政治论，其政治美学中，三者的配置依次是启蒙—政治—审美；1903 年前后，梁启超又经历了从卢梭的民约论到伯伦知理国家论知识范式的结构调整，三者配置又发生了变化，变为政治—启蒙—审美。

逃亡日本至辛亥革命后归国，这一阶段是梁启超文学活动的第一个高峰，其表现就是三界革命论。与维新变法、与辛亥革命后归国参政相比，这一阶段梁启超政治美学中审美要素的配置明显提高。他明确提出诗界革命的口号，并指出，“今日不作诗则已，若作诗，必为诗界之哥仑布玛赛郎然后可”，“非有诗界革命，则诗运殆将绝”①；他建构了现代诗歌的三长理论。他主持的《清议报》和《新民丛报》都专门开设了“诗文辞随录”“诗界潮音集”专门的诗歌专栏，而且这两个栏目发表的诗歌非常多，总计达一千多首。他的文界革命，提倡平实通俗的文风，强调“我手写我口”，并以自己的政论文这种“新文体”的写作实践，开创了我国现代政论文写作的范例。梁启超对小说更为重视，在《清议报》中开设“政治小说”栏目，后又专门创办《新小说》杂志；他自己亲自翻译了日本著名政治小说家柴四郎的政治小说《佳人奇遇》，刊登了周宏业翻译的日本另一著名政治小说《经国美谈》；他还亲自创作政治小说《新中国未来记》。他提出“小说界革命”的口号，并且把小说提高到无以复加的地位，认为“小说学之在中国，殆可增七略而为八，蔚四部而为五者矣”②；“欲新一国之民，不可不先新一国之小说”，“故欲新道德，必新小说”，“欲新宗教，必新小说”，“欲新政治，必新小说”，“欲新风俗，必新小说”，“欲新学艺，必新小说”，“乃至欲新人心，欲新人格，必新小说”，当然，“今日欲改良群治，必自小说界革命始”。③

但是，我们同样也应该指出，梁启超的三界革命论，都是放在政

① 梁启超：《夏威夷游记》，《梁启超全集》（第二册），北京出版社，1999，第 1219 页。

② 梁启超：《佳人奇遇・序》，《梁启超全集》（第十册），北京出版社，1999，第 5495 页。

③ 梁启超：《论小说与群治之关系》，《梁启超全集》（第二册），北京出版社，1999，第 884 页。

治之维中去考察诗歌、散文与小说的。他重视诗歌、散文、小说，并不是从纯文学的角度来建构文学的本体价值，而是注重它们的政治宣传价值，看到它们对于政治思想传达与影响的效果，具有强烈的政治目的性。其实，梁启超极力夸大文学尤其是小说的价值，并不是说小说真有这么高的价值，而是出于政治启蒙宣传的目的，即他极力夸大小说的价值，是想让别人在文学的领域从事政治启蒙的宣传工作，形成政治领域与文学领域双线作战的局面，并且通过文学场的宣传，形成思想战线的阵地战，在文学场的领域积累政治的资本，从而为影响并进入政治场做准备。其实，只要考察梁启超自己的工作重心就可以发现这一点。如果文学尤其小说真的像他自己所说的那样重要，那么他为什么不放弃其他的工作而直接从事政治小说的翻译与创作工作呢？为什么《新中国未来记》只写了五回就不了了之？这是因为，有比文学更重要的活动与工作等着他，包括勤王、暗杀等直接的政治活动，有办《清议报》《新民丛报》等间接的政治活动，有《新民说》《新民议》等政治理论的书写工作。梁启超将工作的重心放在直接的政治活动与间接的办报与著述活动上，这本身就说明了他将文学视作“馀事”；他重视文学的价值，依然是从文学作为实现政治目的的工具这一价值维度来考察的。因此，这一阶段，梁启超对文学所持态度依然是工具的价值。只不过，当他有余时从事文学活动时，才会兼顾它；当他有更为迫切的政治实践活动与政治著述任务时，就会立即放弃。

梁启超在这一阶段花费了大量的时间从事直接的政治活动，那就是为勤王筹措资金，为勤王安排各项事务，为暗杀出谋划策；清廷下诏预备立宪后，他花费了大量的精力从事政党组建工作，并且指挥政闻社社员回国发起君主立宪请愿。但是，这一时期，真正让梁启超享誉国内外的，并且在中国政治思想史上留下地位的，不是这些具体的政治实践活动，而是他创办的《清议报》与《新民丛报》，是他手中带有魔力的那支笔，是他的政治著述。正是在这一时期，梁启超突破了中国传统政治思想的知识范式，接受了西方现代民权国家学说，第一次构建了中国现代国家政治理论。这使得他政治思想的知识范式发

生了革命性的变化；并且，他把他的这一政治思想范式，通过自己的著述，通过自己创办的《清议报》《新民丛报》等报刊与《清议报》中的“政治小说”和“诗文辞随录”栏目、《新民丛报》中的“诗界潮音集”栏目与《新小说》等文学刊物，从政治与文学两个领域吹响了中国现代政治启蒙运动的号角。梁启超对于中国现代史最大的影响就在这个阶段，最大的影响力与贡献也在于此。中国以后的思想启蒙运动，都是在梁启超这个基础之上发展与推进的。因此，这个阶段，梁启超最大的政治就是中国新的政治思想的知识范式重构，最重要、最有影响力的政治活动就是政治启蒙。因此，逃亡日本初期，梁启超政治美学的资源配置，其中最重要的是启蒙，政治次之，审美最后。

但是，随着从卢梭的民约论走向伯伦知理的国家论、从民主革命论走向开明专制论，梁启超政治美学的资源配置又发生了变化。审美这一因素，并没有什么改变，甚至开始退化，梁启超对它的态度依然是将其作为实现政治目的的工具。其实，这一表现非常明显，随着他与革命派的争论、清廷下诏预备立宪后组织政党活动与运动立宪请愿，他早期的三界革命论热情在逐步消退，他在诗论、政治小说方面的翻译创作已经消失。

梁启超将卢梭的民约论政治思想调整为伯伦知理的国家论思想，从民主革命论走向开明专制论，其政治启蒙的力度也在消减。从知识范式的革新来看，这只是西方民主政治的两种类型或两种模式，很难说得清孰优孰劣，这一转变只是梁启超政治思想知识范式的调整，而没有新的理论冲破。更重要的是，梁启超的这一调整，是从政治理论的建构转向政治活动的实践，即从政治思想家向政治实践家的转身。他的调整，是为了应对中国当时的社会状态，采取什么样的手段、选择什么样的道路问题，只是方式与手段的探索，而不是政治理论本身的探索。但他从政治理论探索走向政治方式与道路探索，其启蒙精神则在明显消退，政治因素明显上升。因此，随着梁启超的这一转向，他的政治美学的资源配置也就转化为政治最高、启蒙次之、审美最后。

梁启超正式退出政坛，并以“在野政治家”的身份从事社会教育工作以后，他的政治知识范式再次发生了变化，并随着这一变化，他的政治美学的资源配置重心调整为：审美—启蒙—政治。

梁启超后期的趣味美学，确实有他的政治目的性。他在《吾今后所以报国者》中说，“吾自今以往，吾何以报国者”，“吾思之，吾重思之，吾犹有一莫大之天职焉”，即“夫吾固人也，吾将讲求人之所以为人者，而与吾人商榷之。吾固中国国民也，吾将讲求国民之所以为国民者而与吾国民商榷之”。[①]《国体战争躬历谈》中他表达更清楚，“吾以为中国今后之大患在学问不昌，道德沦坏，非从社会教育痛下工夫，国势将不可救”，“故吾愿献身于此，觉其关系视政治为尤重大也”。[②] 但是，如何通过社会教育达到改造中国之目的，其途径则是艺术教育的道德提升。也就是说，梁启超真正实施这一目的，其途径则是办学、艺术教育等，并且教育的内容也不再是直接的政治，而是趣味、是道德。所以，政治目的与社会教育本身的过程已经拉开了很大距离，政治是隐藏在社会教育背后或隐或显的灯塔。因此，当梁启超退出政坛，以在野政治家身份重构趣味美学时，政治已经急剧消退为最次要的因素。

那么，启蒙呢？梁启超这一时期的启蒙思想也发生了变化，从先前的政治启蒙开始向思想启蒙调整。这一时期，梁启超启蒙思想的重点，不再是政治的知识结构，而是思想道德的知识结构，他更关注人的道德与精神水平。这一调整，显然不会在政治知识范式方面有所推进。那么，在思想启蒙方面是否有所推进呢？答案也是没有。我国的思想启蒙运动主要在五四时期完成，梁启超的启蒙活动主要是政治启蒙。思想启蒙的两个口号是民主与科学，民主的精神是自由，科学的精神是理性。因此，这一时期，从政治启蒙领域谈，梁启超政治思想的知识范式，已经为革命以后的民主共和知识范式与其后的无产阶级

① 梁启超：《吾今后所以报国者》，《梁启超全集》（第五册），北京出版社，1999，第2805～2806页。

② 梁启超：《国体战争躬历谈》，《梁启超全集》（第五册），北京出版社，1999，第2930页。

知识范式所取代；从思想启蒙领域谈，梁启超的思想道德的知识范式，已经为五四新文化的民主与科学知识范式所取代。因此，这一阶段，梁启超的政治思想与道德文化思想的启蒙性也已经急剧消退。

但是，梁启超这一时期的政治美学，审美因素在急剧提升。梁启超通过道德提升实现民族重塑的政治路径，艺术与审美在其中至关重要。他所说的趣味人生，其实就是艺术化的人生，也就是他所说的人生艺术化。他提倡知不可而为主义、为而不有主义，其实就是超越性的审美人生境界，这是其一。其二，他所提倡的趣味人生哲学，只有通过艺术的途径才能实现。梁启超要“拿趣味当目的”①，其目的的实现途径，就是艺术教育，文学、音乐与美术则是艺术教育的三大利器。显然，文学艺术成为他趣味美学的核心因素，艺术教育成为实现趣味美学的核心环节。其三，再从梁启超趣味美学阶段的实际著述来看，他大力提倡艺术教育，这时的大力提倡，不再是先前三界革命时期的宣传策略，而是真正作为实践的基础。他写作了《情圣杜甫》《陶渊明》《中国韵文里头所表现的情感》等一系列论文，并且作了《美术与生活》《屈原研究》《学问与趣味》等一系列有关艺术的讲座。因此，趣味美学阶段，审美上升为他政治美学的最主要的要素。

梁启超是一位文人政治家，他所创构的政治美学，蕴含着政治、启蒙与审美的三维视野、三种元素。第一，梁启超的政治实践或政治思想的建构，同时包含了审美的思维与视角，将政治审美化了，形成了审美化的政治；第二，梁启超首先是位政治家，他的美学著述与建构具有强烈的政治目的性，他又将审美政治化了，形成了政治化的审美；第三，梁启超不仅是位政治家，更是一位政治思想家，他的政治美学，其背后发生着政治思想知识范式从传统向现代的过渡与转型，这又决定了他的政治美学必然内在地包含着启蒙的视角。

同时，我们还要看到，梁启超的政治思想发生了几次明显的变化，

---

① 梁启超：《趣味教育与教育趣味》，《梁启超全集》（第七册），北京出版社，1999，第3963页。

随着他的政治思想发生变化，这三种元素在他政治美学中的配置也一直发生着变化。维新变法时期，梁启超以一位从传统向现代过渡的政治思想家身份从事政治实践活动与政治思想的理论建构，在他的政治美学中，政治要素最高，启蒙次之，审美最低；戊戌变法失败逃亡日本后，他迅速接受了西方现代政治理论，在他的政治美学中，启蒙要素最高，政治次之，审美最低；随着他从卢梭的民约论与革命论向伯伦知理的国家论与开明专制论转变，他的启蒙因素在消退，在他的政治美学中，政治又上升为最高，启蒙次之，审美最低；辛亥革命后他归国参政，主要忙于参政与讨袁等，基本上以政治家的身份活动，其时的政治因素最高、启蒙次之，审美基本阙如；随着他正式退出政坛，以在野政治家的身份从事社会教育工作，其政治因素消退最多，启蒙因素也在退化，审美迅速上升至第一位。

第四章

梁启超政治美学的情感中介

政治美学是政治与美学的交叉学科，找到政治与美学的合适中介，是建构政治美学的逻辑起点。因此，探求政治与美学的勾连中介非常重要，“由中介参与推导出来的文学与政治关系是相互生成”，“由文学来看，是产生了文学的政治性”，“由政治来看，是产生了政治的文学性”；只有找到这个中介，才“意味着我们找到连接文学与政治的真正关联性”，“产生超越单一的文学与单一的政治的文学与政治的联合体”。[①] 缺少中介的政治美学，一方面，往往容易形成审美依附于政治的工具论美学；另一方面，政治的审美表现形式往往也不完善，很容易把审美当作政治的传声筒。因此，寻找到勾连政治与美学的中介，是政治美学的首要任务；梁启超政治美学建构的得失，也必须放在中介论中去认识与评价。

何谓中介？中介是指“处于两个事物之间的某个中间物，是第三者”，这个第三者的中介“能够联系对立的双方”，“成为对立双方都能接受的东西”；并且，“这个联系应当建立在性质的相关性之上，才能够产生过渡的作用”；经过中介的勾连作用，“形成双方的相互征服与对立统一，从而在原有的两个事物之间产生关联物或指向第三物”。因此，中介的作用“就是将两个不相同的事物连接起来，使它们成为一体”，“这是对两种性质的连接与融汇，所产生的极有可能是第三种

① 刘锋杰等：《文学政治学的创构——百年来文学与政治关系论争研究》，复旦大学出版社，2013，第 606 页。

性质”。[①] 因此，这里所说的中介，不仅仅是指连接两种事物的桥梁，更是指由这个中介勾连起的两种不同性质事物的交叉地带，这个交叉地带同时兼备两种事物的共同属性。这种交叉地带因具有共同的属性，就形成了相对独立性，因而可以构成独立的新事物。这个新事物，也因同时兼备两种事物的属性而具有了跨学科的性质。换句话说，中介是形成具有跨学科性质的独立学科的逻辑原点。

梁启超的政治美学，当然是政治与美学的交叉学科。政治与美学的融合，梁启超提出的是情感中介论，即将情感作为政治与美学的融合中介，形成了以情感中介论为核心的政治美学。

第一节　梁启超政治美学的情感中介

梁启超十分重视情感的作用，或者说，他正是通过情感沟通了政治与美学，构筑了情感中介论的政治美学。他早期的艺术美学认为，情感对于读者的影响非常大，因此他早期的情感中介主要是情感影响中介，即重视文学作品对于读者的情感影响作用，形成的是情感影响中介论的政治美学；他后期的趣味美学则更重视情感对于人格的培育与生成作用，其情感中介则转化为情感生成中介，形成的是情感生成中介论的政治美学。

梁启超早期新学之诗的创作实践，已经潜伏着情感影响中介论的影子。1894 年至 1895 年间，与夏曾佑、谭嗣同等人提倡与从事“挦扯新名词以自表异”的“新学之诗”的创作[②]，其实质是用诗歌的形式来表达他们的“宇宙观人生观”[③]，也就是用诗歌来表达他们的变法政治思想。诗界革命论中，梁启超将新意境置于三长之首，并且说他

① 刘锋杰等：《文学政治学的创构——百年来文学与政治关系论争研究》，复旦大学出版社，2013，第 606 页。

② 梁启超：《诗话》，《梁启超全集》（第九册），北京出版社，1999，第 5326 页。

③ 梁启超：《亡友夏穗卿先生》，《饮冰室合集·文集》（第 44 卷上卷），中华书局，1989，第 2122 页。

将“竭力输入欧洲之精神思想”，也同样是革新诗歌内容，用诗歌这种形式来宣传他的政治思想，以达到政治启蒙之目的。梁启超将政治思想装入诗歌的文学形式之中，其实已经暗含着通过诗歌的内容转换，从而用诗歌这种文学形式来影响读者的情感，以达到政治宣传的目的。

不仅如此，梁启超还重视诗歌、音乐的精神提升作用。在《饮冰室诗话》中，梁启超用大量篇幅提倡军歌、刊登军歌，推崇尚武精神。他说，“中国人无尚武精神，其原因甚多，而音乐靡曼亦其一端”，但是，“此非徒祖国文学之缺点，抑亦国运升沉所关注也”。他认为，音乐对于人的精神鼓舞与提升作用非常大，“昔斯巴达人被围，迄援于雅典，雅典人以一眇止跛足之学校教师应之”，“及临阵，此教师为作军歌，斯巴达人诵之，勇气百倍，遂以获胜”，这就是“声音之道感人深”的具体表现。他挖掘出杜工部之前后《出塞》与岳飞的《满堂红》等，以及黄公度《出军歌》四章，评论说“其精神之雄壮活泼沉浑深远不必论，即文藻亦二千年所未有也，诗界革命之能事至斯而极矣”，“读此诗而不起舞者必非男子”。[①] 梁启超提倡军歌，提倡音乐，正是看到军歌与音乐对于人们的精神鼓舞与提升功能，注重的是其情感影响作用。

在文界革命论中，梁启超反对桐城派古文，求文体“自解放”，将散文引向通俗化的道路，提倡我手写我口，用“务为平易畅达”之语言写作，其实就是要用普通民众看得懂的语言写作，让他们易于阅读、乐于接受，从而能够接受这种文体所表达的政治思想。也就是说，梁启超散文通俗化的道路，提倡“觉世之文”与“应时之文”，反对“传世之文”与“藏山之文”，这正是从读者情感接受的角度而言的。

梁启超通过小说理论，系统地阐释了情感影响中介论。早在1897年，梁启超提出的童子小说启蒙论已经初步涉及情感影响中介问题。梁启超在《〈蒙学报〉〈演义报〉合叙》中提出，要将小说作为教材启蒙童子，为什么如此，他进行了两步推理。第一步推理是童子救国

① 梁启超：《诗话》，《梁启超全集》（第九册），北京出版社，1999，第5321页。

论：国强必变法—变法必求人才—人才培养必兴学校，但现在的士大夫本根已坏，很难教成；二三十岁之人见识陋寡，且为衣食所忧，无法安心学习，因此，求人才只能从十五岁以下的童子抓起，所以教小学教愚民，为救中国第一义；第二步推理是小说启蒙：童子如何教？用什么教？梁启超认为，得借用小说作为启蒙童子的教材。也就是说，救国变革是目的，童子培养是本，而小说（文学）是工具，这样，政治与文学之间就关联起来了。那这个关联又是如何实现的呢？那就是“悦”。请注意“以悦童子”中的这个“悦”，就是愉悦。因为童子喜欢小说与游戏，这是孩子的天性，喜欢这种情感就是两者沟通的桥梁。因为“悦”读，他们就可以在阅读中吸收小说中的政治思想。有了情感这个因素的加入，梁启超实现了政治目的与文学手段的沟通，将政治目的直接实现的政治转化为政治美学。

人们为什么会“悦”读小说，即小说对读者的情感影响功能是如何产生，又是如何作用的呢？梁启超在《译印政治小说序》《告小说家》与《论小说与群治之关系》中展开了详细的论述。《译印政治小说序》中，梁启超用“谐谑论”来解释这种情感影响。

> 凡人之情，莫不惮庄严而喜谐谑，故听古乐，则惟恐卧，听郑卫之音，则靡靡而忘倦焉。此实有生之大例，虽圣人无可如何者也。善为教者，则因人之情而利导之。故或出之以滑稽，或托之于寓言。孟子有好货好色之喻，屈平有美人芳草之辞。寓谲谏于诙谐，发忠爱于馨艳，其移人之深，视庄言危论，往往有过。殆未可以劝百讽一而轻薄之也。①

梁启超认为，人们喜欢读小说，是因为“凡人之情都不喜庄严而喜谐谑”，所以“听古乐，则惟恐卧”，“听郑卫之音，则靡靡而忘倦焉”，这是“有生之大例，虽圣人无可如何者也”。也就是说，从读者

① 梁启超：《译印政治小说序》，《梁启超全集》（第一册），北京出版社，1999，第172页。

接受心理角度看，人们都不喜欢庄严严肃的东西，而喜欢谐谑有趣的事物；从文学的特性看，与正统的经文相比，小说谐谑有趣，读起来轻松，重视的是“趣味性”。

在《告小说家》中，梁启超在“谐谑论”外，又提出“浅显论”。

> 而小说也者，恒浅易而为尽人所能解，虽富于学力者，亦常贪其不费脑力也而借以消遣，故其霏袭之数，既有以加于他书矣。而其所叙述，恒必予人以一种特别之刺激，譬之则最浓之烟也，故其熏染感化力之伟大，举凡一切圣经贤传诗古文辞皆莫能拟之，然则小说在社会教育界所占之位置，略可识矣。①

与正统经文相比，小说不仅“谐谑”，而且“浅显”易懂，读起来“不费脑力”就可以“借以消遣”，所以“其熏染感化力之伟大，举凡一切圣经贤传诗古文辞皆莫能拟之”。这样，梁启超就用“谐谑”有趣论与“浅显”易懂论解释了为什么小说能够对读者产生巨大的情感影响。

情感影响中介论在《论小说与群治之关系》中得到了最为全面的阐释。从《译印政治小说序》到《论小说与群治之关系》，可以看出梁启超对情感影响中介论的思考逐步全面与深化的过程。在《论小说与群治之关系》中，梁启超又对“谐谑”有趣论与“浅显”易懂论做出了批判与反思。他说：

> 吾今且发一问：人类之普通性，何以嗜他书不如其嗜小说？答者必曰：以其浅而易解故，以其乐而多趣故。是固然；虽然，未足以尽其情也。文之浅而易者，不必小说；寻常妇孺之函札，官样之文牍，亦非有艰深难读者存也，顾谁则嗜之？不宁惟是，彼高才赡学之士，能读《坟》《典》《索》《邱》，能注虫鱼草木，彼其视渊古之文，与平易之文，应无所择，而何以独嗜小说？是第一说有所未尽也。小说之以赏心乐事为目的者固多，然此等顾

① 梁启超：《告小说家》，《梁启超全集》（第五册），北京出版社，1999，第2747页。

> 不甚为世所重；其最受欢迎者，则必其可惊、可愕、可悲、可感，读之而生出无量噩梦，抹出无量眼泪者也。夫使以欲乐故而嗜此也，而何为偏取此反比例之物而自苦也？是第二说有所未尽也。[①]

梁启超指出，“谐谑”有趣论与“浅显”易懂论“固然”重要，但这不足以解释人们真正喜欢小说的原因。因为，从浅显易懂的角度看，其一，浅显之文不仅有小说，还有“寻常妇孺之函札，官样之文牍”，但人们为什么不喜欢后者而喜欢小说呢？其二，浅显易懂可以解释识字不多之人喜欢小说的原因，因为他们读不懂深奥的经文，但是，对于“高才赡学之士”，他们“能读《坟》《典》《索》《邱》，能注虫鱼草木”，“彼其视渊古之文，与平易之文”已没有什么区别，但为什么他们也喜欢读小说呢？这是“浅显”易懂论无法解释的。从谐谑有趣的角度看，虽然“赏心乐事”的小说不少，但这些往往并不被人们所重视，人们喜欢的恰恰是那些“可惊、可愕、可悲、可感”，读了后“生出无量噩梦，抹出无量眼泪”的小说，即人们喜欢的小说，往往并不是读了后感到很快乐、很愉悦的作品，反而是让他们很悲伤的作品，即人们读小说并没有生出快乐，反而“抹出无量眼泪”。也就是说，“谐谑”有趣论与“浅显”易懂论确实是小说能够吸引读者阅读的原因，但并不是根本原因。

那么，人们喜欢小说的根本原因究竟是什么呢？梁启超认为：

> 吾冥思之，穷鞫之，殆有两因：凡人之性，常非能以现境界而自满足者也。而此蠢蠢躯壳，其所能接触能受之境界，又顽狭短局而至有限也。故常欲于其直接以触以受之外，而间接有所触有所受，所谓身外之身，世界外之世界也。此等识相，不独利根众生有之，即钝根众生亦有焉。而导其根器使日趋于钝、日趋于利者，其力量无大于小说。小说者，常导人游于他境界，而变换

① 梁启超：《论小说与群治之关系》，《梁启超全集》（第二册），北京出版社，1999，第884页。

> 其常触常受之空气者也。此其一。人之恒情，于其所怀抱之想象，所经阅之境界，往往有行之不知、习矣不察者；无论为哀、为乐、为怨、为怒、为恋、为骇、为忧、为惭，常若知其然而不知其所以然。欲摹写其情状，而心不能自喻，口不能自宣，笔不能自传。有人焉和盘托出，澈底而发露之，则拍案叫绝曰：善哉善哉，如是如是。所谓“夫子言之，于我心有戚戚焉”。感人之深，莫此为甚。此其二。此二者实文章之真谛，笔舌之能事。苟能批此窾、导此窍，则无论为何等之文，皆足以移人。而诸文之中能极其妙而神其技者，莫小说若，故曰小说为文学之最上乘也。由前之说，则理想派小说尚焉；由后之说，则写实派小说尚焉。小说种目虽多，未有能出此两派范围外者也。①

梁启超在“谐谑”有趣论与“浅显”易懂论外又提出了两个重要观点，可概括为“替代满足论”与“替代表达论”。所谓替代满足，是指通过小说阅读实现对现实境界超越的替代。梁启超认为，人们都有不满足于现实境界、企图超越现实“顽狭短局”境界，而进入“身外之身、世界外世界”即理想境界的本性。实际生活中人们没有办法摆脱现实世界的束缚，但小说恰恰可以虚构这种理想境界，可以在读者的阅读过程中“导人游于他境界”，这就是通过小说来替代满足这种理想境界。所谓替代表达，是指普通人对于其日常生活及行为因司空见惯而不知，对于各种情感因习以为常而不察，欲摹写其情状却没有能力淋漓尽致地表达出来，但小说家可将其独特的感悟力化为小说，读者在阅读过程中就可以获得“与我心有戚戚焉”的共鸣，从而实现替代表达的功能。

梁启超的“谐谑”有趣论从文本的特性角度来说指向文本的趣味性，从读者的角度来说指向愉悦性，即人们喜欢小说是由其谐谑而产生的愉悦；“浅显”易懂论从文本的特性角度来说指向语言的深浅，

① 梁启超：《论小说与群治之关系》，《梁启超全集》（第二册），北京出版社，1999，第884页。

从读者的角度来说指向接受的难易。显然，“谐谑”有趣论与“浅显”易懂论都指向读者接受情感。“替代满足论”与“替代表达论”，都指向读者接受心理，即人们在阅读小说的过程中，小说能够满足自己超越现实世界、进入他境界的替代功能，或替代自己表达了自己平时没有认识到或察觉到社会现象与情感情绪，从而获得满足与愉悦感。显然，无论是替代满足论还是替代表达论，最终都带来读者的阅读快感，依然指向读者的情感状态。其区别在于，在“谐谑”有趣论与“浅显”易懂论中，读者只是被动的吸引与接受；而在“替代满足论”与“替代表达论”中，读者则主动地参与建构，有助于精神的自我实现。

在《论小说与群治之关系》中，梁启超不仅论述了小说对于政治宣传的重要作用与原因，而且深入论述了其对于读者的作用途径，这就是现代小说理论史上著名的“四力说”。

> 抑小说之支配人道也，复有四种力：一曰熏。熏也者，如入云烟中而为其所烘，如近墨朱处而为其所染。……人之读一小说也，不知不觉之间，而眼识为之迷漾，而脑筋为之摇扬，而神经为之营注；今日变一二焉，明日变一二焉，刹那刹那，相断相续；久之而此小说之境界，遂入其灵台而据之，成为一特别之原质之种子。有此种子故，他日又更有所触有所受者，旦旦熏之，种子愈盛，而又以之熏他人，故此种子遂可以遍世界。……二曰浸。熏以空间言，故其力之大小，存其界之广狭；浸以时间言，故其力之大小，存其界之长短。浸也者，入而与之俱化者也。人之读一小说也，往往既终卷后而数日或数旬而终不能释然。读《红楼》竟者必有余恋有余悲，读《水浒》竟者必有余快有余怒。何也？浸之力使然也。等是佳作也，而其卷帙愈繁事实愈多者，则其浸人也亦愈甚。如酒焉，作十日饮，则作百日醉。……三曰刺。刺也者，刺激之义也。熏、浸之力利用渐，刺之力利用顿；熏浸之力在使感受者不觉，刺之力在使感受者骤觉。刺也者，能使人于一刹那顷忽起异感而不能自制者也。我本蔼然和也，乃读林冲雪天三限、武松飞云浦厄，何以忽然发指？我本愉然乐也，乃读

> 晴雯出大观园、黛玉死潇湘馆，何以忽然泪流？我本肃然庄也，乃读实甫之《琴心》、《酬简》，东塘之《眠香》、《访翠》，何以忽然情动？若是者，皆所谓刺激也。大抵脑筋愈敏之人，则其受刺激力也愈速且剧，而要之必以其书所含刺激力之大小为比例。禅宗之一棒一喝，皆利用此刺激力以度人者也。此力之为用也，文字不如语言。然语言力所被不能广不能久也，于是不得不乞灵于文字。在文字中，则文言不如其俗语，庄论不如其寓言。故具此力最大者，非小说末由。四曰提。前三者之力，自外而灌之使入；提之力，自内而脱之使出，实佛法之最上乘也。凡读小说者，必常若自化其身焉，入于书中，而为其书之主人翁。读《野叟曝言》者必自拟文素臣，读《石头记》者必自拟贾宝玉，读《花月痕》者必自拟韩荷生若韦痴珠，读梁山泊者必自拟黑旋风若花和尚。虽读者自辩其无是心焉，吾不信也。夫既化其身以入书中矣，则当其读此书时，此身已非我有，截然去此界以入于彼界，所谓华严楼阁，帝网重重，一毛孔中万亿莲花，一弹指顷百千浩劫，文字移人，至此而极。然则吾书中主人翁而华盛顿，则读者将化身为华盛顿；主人翁而拿破仑，则读者将化身为拿破仑；主人翁而释迦、孔子，则读者将化身为释迦、孔子，有断然也。度世之不二法门，岂有过此！此四力者，可以卢牟一世，亭毒群伦，教主之所以能立教门，政治家所以能组织政党，莫不赖是。文家能得其一，则为文豪；能兼其四，则为文圣。有此四力而用之于善，则可以福亿兆人；有此四力而用之于恶，则可以毒万千载。而此四力所最易寄者惟小说。可爱哉小说！可畏哉小说！①

四力，是指熏、浸、刺、提。“熏”是指读者处于空间之中，在不知不觉之中受到感化而引起变化，于“不知不觉之间”，“眼识为之迷漾，而脑筋为之摇扬，而神经为之营注”，并在不知不觉的熏陶之

① 梁启超：《论小说与群治之关系》，《梁启超全集》（第二册），北京出版社，1999，第884～885页。

中精神发生变化，“今日变一二焉，明日变一二焉，刹那刹那，相断相续”，“久之而此小说之境界，遂入其灵台而据之，成为一特别之原质之种子”。“浸”指长期处于这个空间之中，在长时间的浸泡之中发生变化，“入而与之俱化”。“熏”与“浸”需要长时间的作用，这是一个渐变的过程，是一个不知不觉发生的过程。而“刺”则是一种顿变，指受到突然的刺激而发生突变，“能入于一刹那顷忽起异感而不能自制”。熏、浸、刺，三者是从外作用于人的内在心理，引起读者的渐变或顿变。而提则从读者心理的变化而言，指读者通过作品的阅读，受到作品的感化，从而引发内心的自我提升变化，它是“内而脱之使出”，“实佛法之最上乘”；其表现为读小说“常若自化其身焉——入于书中，而为其书之主人翁”，“吾书中主人翁而华盛顿，则读者将化身为华盛顿”，“主人翁而拿破仑，则读者将化身为拿破仑”，“主人翁而释迦、孔子，则读者将化身为释迦、孔子”。梁启超的四力说，从心理学的角度阐释了小说对读者的情感产生作用的过程。

梁启超早期的情感影响中介论，是一种直接影响论。直接影响论是一种显性影响论，即将自己的政治理念通过小说这种文学形式传播、灌输进读者心田，让他们能够接受、改变并能有所行动。在情感影响中介论中，梁启超关心的情感，是读者阅读小说的愉悦感，是读者的接受情感。正是通过读者的接受情感，小说影响了人们，让人们在不知不觉中接受了他的政治观念。直接影响论特征有四：其一，从目的表达特征来看，直接影响论将自己的目标与目的在文学中直接表现出来，是一种显性表达；其二，从目的的纯度来看，直接影响论往往持单一目的论，即在小说中只为宣传政治目的，而不太关注其他人生目的；其三，从情感作用程序看，直接影响论只有两个环节：小说和读者，即读者通过小说的阅读，能够立即接受作者的主张，实现其目的；其四，从情感作用时效看，直接影响论持短期效应论，即认为读者阅读小说，能收到立竿见影的效果。工具论的政治美学往往都持直接影响论，梁启超早期工具论政治美学也不例外。

梁启超后期的趣味美学，其本质依然是以情感为中介的政治美学。

梁启超后期大力提倡趣味美学，他一再强调，他信仰的就是趣味主义，他的人生观拿趣味做根柢[①]；他说，“倘若用化学分析‘梁启超’这件东西，把里头含一种原素名叫‘趣味’的抽出来，只怕所剩下仅有个零了”；他认为，“凡人必常常生活于趣味之中，生活才有价值”[②]，因此，“趣味是活动的源泉，趣味干竭，活动便跟着停止”[③]。很明显，趣味是他对待生活的情感态度，是对自己工作、自己生活的一种喜爱的情感。他给趣味下的定义，也正是从情感角度出发的。我们来看他给趣味所下的定义与其功能的三段描述：

凡属趣味，我一概都承认他是好的。但什么样才算“趣味”，不能不下一个注脚。我说：“凡一件事都下去不会生出和趣味相反的结果的，这件事便可以为趣味的主体。”赌钱趣味吗？输了怎么样？吃酒趣味吗？病了怎样？做官趣味吗？没有官做的时候怎么样？……诸如此类，虽然在短时间内像有趣味，结果会闹到俗语说的“没趣一齐来”，所以我们不能承认他是趣味。凡趣味的性质，总要以趣味始以趣味终。所以能为趣味之主体者，莫如下列的几项：一，劳作；二，游戏；三，艺术；四，学问。诸君听我这段话，切勿误会以为，我用道德观念来选择趣味。我不问德不德，只问趣不趣。我并不是因为赌钱不道德才排斥赌钱，因为赌钱的本质会闹到没趣，闹到没趣便破坏了我的趣味主义，所以排斥赌钱；我并不是因为学问是道德才提倡学问，因为学问的本质能够以趣味始以趣味终，最合于我的趣味主义条件，所以提倡学问。[④]

趣味的反面是干瘪，是萧索。晋朝有位殷仲文，晚年常郁郁

① 梁启超：《趣味教育与教育趣味》，《梁启超全集》（第七册），北京出版社，1999，第3963页。

② 梁启超：《学问之趣味》，《梁启超全集》（第七册），北京出版社，1999，第4013页。

③ 梁启超：《趣味教育与教育趣味》，《梁启超全集》（第七册），北京出版社，1999，第3963页。

④ 梁启超：《学问之趣味》，《梁启超全集》（第七册），北京出版社，1999，第4010页。

不乐，指着院卫里头的大槐树叹气，说道："此树婆娑，生意尽矣。"一棵新栽的树，欣欣向荣，何等可爱！到老了之后，表面上虽然很婆娑，骨子里生意已尽，算是这一期的生活完结了。殷仲文这两句话，是用很好的文学技能，表出那种颓唐落寞的情绪。我以为这种情绪，是再坏没有的了；无论一个人或一个社会，倘若被这种情绪侵入弥漫，这个人或这个社会算是完了，再不会有长进。何止没长进？什么坏事，都要从此产育出来。总而言之，趣味是活动的源泉，趣味干竭，活动便跟着停止。好像机器房里没有燃料，发不出蒸汽来，任凭你多大的机器，总要停摆。停摆过后，机器还要生锈，产生许多毒害的物质哩！人类若到把趣味丧失掉的时候，老实说，便是生活得不耐烦，那人虽然勉强留在世间，也不过行尸走肉。倘若全个社会如此，那社会便是痨病的社会，早已被医生宣告死刑。①

问人类生活于什么？我便一点不迟疑答道"生活于趣味"。这句话虽然不敢说把生活全内容包举无遗，最少也算把生活根芽道出。人若活得无趣，恐怕不活着还好些，而且勉强活也活不下去。人怎样会活得无趣呢？第一种，我叫他做石缝的生活：挤得紧紧的没有丝毫开拓余地；又好像披枷带锁，永远走不出监牢一步。第二种，我叫他做沙漠的生活：干透了没有一毫润泽，板死了没有一毫变化；又好像蜡人一般没有一点血色，又好像一株枯树，庾子山说的"此树婆娑生意尽矣"。这种生活是否还能叫做生活，实属一个问题。所以我虽不敢说趣味便是生活，然而敢说没趣便不成生活。②

综合起来，梁启超的趣味定义有三个要点。首先，趣味是主体对事物或生活的一种喜爱的情感态度。他在《中国韵文里头所表现的情

---

① 梁启超：《趣味教育与教育趣味》，《梁启超全集》（第七册），北京出版社，1999，第3963页。

② 梁启超：《美术与生活》，《梁启超全集》（第七册），北京出版社，1999，第4017页。

感》中说道："天下最神圣的莫过于情感。用理解来引导人，顶多能叫人知道那件事应该做，那件事怎样做法，却是被引导的人到底去做不去做，没有什么关系；有时所知的越发多，所做的倒越发少。用情感来激发人，好像磁力吸铁一般，有多大分量的磁，便引多大分量的铁，丝毫容不得躲闪，所以情感这样东西，可以说是一种催眠术，是人类一切动作的原动力。"① 其次，趣味是一种持久的情感，要从趣味始，以趣味终。像赌钱、喝酒、做官，可能有一时之趣味，但不能以趣味而终，因为输钱了、生病了、没官做了就不会再有趣味。最后，趣味既是个人的一种生活态度，也是人类生存的一种价值。梁启超认为，人类生活于趣味，"虽不敢说趣味便是生活，然而敢说没趣便不成生活"。他在《中国韵文里头所表现的情感》中说得更明白："情感的性质是本能的，但他的力量，能引人到超本能的境界；情感的性质是现在的，但他的力量，能引人到超现在的境界。我们想入到生命之奥，把我的思想行为和我的生命迸合为一；把我的生命和宇宙和众生迸合为一；除却通过情感这一个关门，别无他路。所以情感是宇宙间一种大秘密。"② 因此，梁启超的以情感为核心的趣味美学，与人的终极价值思考联系了起来，这就是他所说的"我想进一步，拿趣味当目的"③ 的含义。

如何培养与提高趣味？显然是艺术。梁启超在《美术与生活》中这样评价美术的功能："审美本能，是我们人人都有的。但感觉器官不常用或不会用，久而久之麻木了。一个人麻木，那人便成没趣的人；一民族麻木，那民族便成了没趣的民族。美术的功用，在把这种麻木状态恢复过来，令没趣变为有趣。换句话说，是把那渐渐坏掉了的爱美胃口，替他复原，令他常常吸收趣味的营养，以维持增进自己的生

① 梁启超：《中国韵文里头所表现的情感》，《梁启超全集》（第七册），北京出版社，1999，第3921页。

② 梁启超：《中国韵文里头所表现的情感》，《梁启超全集》（第七册），北京出版社，1999，第3921页。

③ 梁启超：《趣味教育与教育趣味》，《梁启超全集》（第七册），北京出版社，1999，第3963页。

活康健。明白这种道理，便知美术这样东西在人类文化系统上该占何等位置了。”① 他在《中国韵文里头所表现的情感》中又说道：“情感教育最大的利器，就是艺术：音乐美术文学这三件法宝，把‘情感秘密’的钥匙都掌住了。艺术的权威，是把那霎时间便过去的情感，捉住他令他随时可以再现；是把艺术家自己‘个性’的情感，打进别人们的‘情阈’里头，在若干期间内占领了‘他心’的位置。”② 这样，通过情感这个中介，梁启超勾连起了趣味与艺术，艺术通过情感的作用，可以提升读者的生活品位与人格境界。因此，梁启超的趣味论美学，也是以情感为中介的政治美学。

不过，与前期的情感影响中介论不同，梁启超的后期趣味美学，其情感在艺术教育中不仅是一种情感影响，更是一种生活品位与人格生成。梁启超指出，艺术的创作，就是作家“把那霎时间便过去的情感，捉住他令他随时可以再现”；艺术的教育与艺术的接受则是“把艺术家自己‘个性’的情感，打进别人们的‘情阈’里头，在若干期间内占领了‘他心’的位置”。通过这种他心位置的占有，读者就提高了自己的生活品位，提升了自己的人格境界。因此，梁启超趣味美学中的情感，已经具有本体性的性质；梁启超的趣味美学，也因情感的本体性而具有了人生美学的性质。

梁启超趣味美学的人生本体性具体表现为，它以人的生存状态为指向、以趣味为目的、以情感为核心、以艺术为手段，将趣味与生活、情感与人生直接联系，形成了“人生艺术化”美学观。他的“人生艺术化”美学观有以下两个重要支点。一是“知不可而为”主义。何为“知不可而为”主义？“‘知不可而为’主义是我们做一件事明白知道他不能得着预料的效果，甚至于一无效果，但认为应该做的便热心做去。换一句话说，就是做事时候把成功与失败的念头都撇开一边，一

① 梁启超：《美术与生活》，《梁启超全集》（第七册），北京出版社，1999，第4018页。

② 梁启超：《中国韵文里头所表现的情感》，《梁启超全集》（第七册），北京出版社，1999，第3922页。

味埋头埋脑的去做。”[①] 知不可而为主义，就是要摆脱功利主义的成败功利打算，不以成败而计算是否行事，不以是否有效果而去算计，应该做的就热心去做。一是“为而不有”主义。何为“为而不有”主义？“‘为而不有’的意思是不以所有观念作标准，不因为所有观念始劳动。简单一句话，便是为劳动而劳动。这话与佛教说的‘无我我所’相通。”[②] 为而不有主义，不是以抛弃功利主义的利益为标准，而是为劳动而劳动。“知不可而为”主义与“为而不有”主义合起来，就是老子所说“无所为而为”主义，即“为劳动而劳动，为生活而生活”，“都是要把人类无聊的计较一扫而空，喜欢做便做，不必瞻前顾后”，“把人类计较利害的观念，变为艺术的情感的”，这就是“生活的艺术化”。[③]

梁启超的情感本体，与西方的情本体既有共通之处，也有质的差异。从共性上来说，两者都重视情感的作用，重视人的感性思维；两者都将情感与人的终极价值思考联系起来，将人的生存价值奠定在感性情感的基础之上；两者都将感性艺术作为人类超越的手段与途径，强调艺术的提升功能，试图通过艺术来提升人格境界，并在艺术中实现人生价值。

但是，由于两者建构的视角不同，其差异更是明显。首先，西方的情感本体，是对理性知识范式的反拨，即批评了由理性知识范式建构起来的物质价值观，而将人的终极价值与人的主观体验沟通起来。它的对立面是理性认识论基础之上的物质价值观，通过艺术超越的是人的物质欲望，形成的是理性—感性的二元对立模式。梁启超的情感本体则不同，它是对中国当时道德沦落的焦虑与反思，企图通过艺术来提升人的道德。梁启超后期的思想转向，正是建立在对国民道德沦丧的体验基础之上。他说，“中国社会之堕落窳败，晦盲否塞，实使

① 梁启超：《“知不可而为”主义与“为而不有”主义》，《梁启超全集》（第六册），北京出版社，1999，第3411页。

② 梁启超：《“知不可而为”主义与“为而不有”主义》，《梁启超全集》（第六册），北京出版社，1999，第3411页。

③ 梁启超：《“知不可而为”主义与“为而不有”主义》，《梁启超全集》（第六册），北京出版社，1999，第3414页。

人不寒而栗"[①]，"吾以为中国今后之大患在学问不昌，道德沦坏"，他觉得"非从社会教育痛下工夫，国势将不可救"，这才是他趣味美学构建的目的。因此，梁启超趣味美学中的情本体，是对中国道德沦丧的反拨，形成的是道德—审美二元对立模式。当然，这里的审美是一种道德审美，即通过审美超越，形成高尚的情感。他在《〈晚清两大家诗钞〉题辞》中解释编写此书的目的时清楚地表明了这点："我为什么忽然编起这部书来呢？我想，文学是人生最高尚的嗜好，无论何时，总要积极提倡的。即使没有人提倡他，他也不会绝灭。不惟如此，你就想禁遏他，也禁遏不来。因为稍有点子的文化的国民，就有这种嗜好。文化越高，这种嗜好便越重。但是若没有人往高尚的一路提倡，他就会委靡堕落，变成社会上一种毒苦。"[②] 也就是说，他要通过文学、艺术，"务养成较多数可以为团体中健全分子之人物"[③]。因此，梁启超的情感本体，是道德—审美的二元对立模式，他想通过审美来实现道德的超越与人格的提升。

这样，梁启超就从前期的批评中国传统道德，提倡西方物质经济实用的理性主义、科学主义，回归到传统的道德救国的思路上来。不过，我们要认识到，西方要引进中国的道德，与梁启超提倡道德，两者目的不同，带来的影响与结果也迥异。这一点非常重要。对于西方而言，他们已经历了理性的发达与物质的高度发展，引进中国传统道德与艺术超越，可以矫正唯理性、唯物质主义，实现理性与感性、物质与精神的平衡。但是，中国还未经历过理性主义的启蒙，也未发展出高度发达的物质科技，这时提倡道德，很容易又回到唯道德主义的老路上，其结果是可能扼杀刚刚兴起的理性启蒙与物质科技。对于这一点，胡适有过清醒的体认。他说："我们正当这个时候，正苦科学的提倡不

① 梁启超：《吾今后所以报国者》，《梁启超全集》（第五册），北京出版社，1999，第2805～2806页。

② 梁启超：《〈晚清两大家诗钞〉题辞》，《梁启超全集》（第九册），北京出版社，1999，第4927页。

③ 梁启超：《吾今后所以报国者》，《梁启超全集》（第五册），北京出版社，1999，第2805～2806页。

够，正苦科学的教育不发达，正苦科学的势力还不能扫除那迷漫全国的乌烟瘴气——不料还有名流学者出来高唱‘欧洲科学破产’的喊声，出来把欧洲文化破产的罪名归到科学身上，出来菲薄科学，历数科学家的人生观的罪状，不要科学在人生观上发生影响，信仰科学的人看了这种现状能不发愁吗？能不大声疾呼出来替科学辩护吗？”①

其次，西方的物质价值观，其思维模式是人与自然的对立；他们转换理性知识范式的同时，也逆转了人与自然的对立观，形成的是人与自然和谐的生态观。也就是说，西方的情感本体，同时伴随着人与自然的关系认识的颠倒。这在梁启超的情感本体中没有得到体现。梁启超的情感本体，逆转的是道德，即他认为中国人的道德水平很低，他要通过艺术、通过趣味来提升中国人的道德境界，这同人与自然的关系无关，他建构的是艺术与道德的关系。因此，梁启超的情感本体，虽与现代的在艺术中求解放有共同之处，但并不具备现代生态批评中的反人类中心主义视角。

梁启超情感中介论政治美学，其基本思路与策略是：通过文学的情感影响或提升，实现人的思想情感的改变或人格境界的提升，从而达到政治的目的。但是，这里存在一个问题：如何保证文学或审美能够必然走向政治的目的？因为，文学并不必然地表达政治内容，它的言说内容非常广泛。因此，梁启超这里预设了一个前提，这个前提就是情感内容的政治转换，即只有将文学的内容转换成政治的思想与情感，即将文学情感与政治情感、文学内容与政治内容直接等同起来，才能保证通过情感的影响与熏陶，把读者塑造成自己想要成为的政治人，从而实现自己的政治目的。因此，梁启超政治美学的情感影响中介论的前提是情感内容的革新，只有把表达个人情感内容的文学改造成表达政治情感内容的政治文学，才能保证情感影响的政治方向性。这才是梁启超政治美学中政治与美学情感影响中介的真正内核，即情感内容中介。梁启超提出诗界革命、文界革命、小说界革命，情感影

① 胡适：《〈科学与人生观〉序》，《胡适文存》（第二卷），上海亚东图书馆，1924，第11页。

响中介的核心则是情感内容问题。因此，梁启超的情感中介论，他自己阐释了文学通过情感影响或精神提升读者这个环节，其实更完整的环节有两个：文学通过情感内容革命建构政治文学，再通过情感影响或精神提升塑造政治人。前者是显性的，梁启超也做出了显性的表达；后者是隐性的，梁启超并没有做出清楚的表达。因此，梁启超的政治美学，存在着情感内容与情感影响的双重中介。其中，情感内容中介是前提、是基础，它决定了文学的政治化方向；而情感影响中介是方式、是途径，决定了文学政治化的力度。在这两个环节中，起决定作用的是第一个环节，即情感内容革命。梁启超将文学政治化，主要是通过情感内容的政治化而不是情感影响的政治化来实现的。

第二节　梁启超政治美学情感中介的心理依据与内在危机

梁启超通过情感中介，实现政治与审美的内在勾连，将审美政治化，有人类内在的情感心理需求依据。

马斯洛的需求层次理论可提供资证。马斯洛将人的需求层次划分为五个等级，即生理需要、安全需要、社交需要、尊重需要与自我实现需要，这是一个逐步从低级自然生理需求向高级精神需求递升的框架结构。人的社会性的政治情感，则源于安全需要与社交需要。人是自然的人，更是社会中的人。马斯洛认为，人是一种社会性的动物，人们生活和工作都非独立进行，而是与他人接触与交往，从而形成社会关系，人们需要良好的社会关系，并希望得到社会或组织的接纳与认可。正是从社会人角度出发，马克思对人的本质判断是："人的本质不是单个人所固有的抽象物，在其现实性上，它是一切社会关系的总和。"[①] 马克思讲的"一切社会关系的总和"中最重要、最根本的是

① 《马克思恩格斯选集》（第1卷），人民出版社，1995，第56页。

生产关系（经济关系），生产关系中最重要的、最根本的则是所有制，政治等上层建筑就建立在经济基础之上，它反映并维护经济关系。从这个角度看，社会人从根本属性上说是经济人，从外在表现形态上说则主要是政治人，经济与政治关系在社会关系中至关重要。从自然人变为社会人，无论是从内在契约精神还是外在强力解说，其基本价值一致：自然人无法独立生存于自然与社会之中，只有通过人与人结合成社会关系才能生存；在社会化的过程中，自然人诸多欲望与本能被剥夺或限制而让位于社会人，在这个转化过程中就形成了权力政治。因此，政治关系指向人们社会性需求，来源于自身生存需求与种类生存需求，政治情感通过自然本能的让步而构成社会性的超越或压制。说超越，是指政治与社会正义一致时，个人与社会价值能够保持一致；说压制，是指政治与社会正义并不一致，只是维护特权阶层时，政治通过压制被统治阶层以保持其特权。当政治与社会正义保持一致时，这种政治情感则为人们所接受；但我们日常生活中看到更多是后者，即压制性的政治情感，这也正是为何政治情感往往被人们所憎恶的原因。

因此，梁启超在其政治美学的建构中，通过文学内容的革新，通过情感内容这个中介来沟通审美与政治，让文学承担起政治启蒙与宣传的使命，其本身有人的社会情感的内在需求的依据，具有其内在的合理性。但是，梁启超的这一改造，又使他的政治美学面临内在的危机与悖论。梁启超有意地遮蔽了一个问题：政治情感是情感的全部吗？答案当然是否定的。人的情感，既有政治性的社会情感，也有个性化的自然情感。这两种情感有一致的一面，但在现实社会中，更容易表现为对立的状态，即政治的社会情感正是通过对个性化的自然情感的压抑或升华而获得，个性化的自然情感也是在与政治的社会情感的疏离与斗争中体现。

出于政治的需要，梁启超故意将这两者等同起来。这一等同，从他的政治目的性来看，似乎文学能够完成他的政治使命。但是，正是这一大前提的混同，导致了他的政治美学的内在危机：文学在承担起政治使命的同时，又不得不与文学内部的非个性化自然情感做斗争。我们可以看到，在梁启超的政治美学中，他一方面极力夸大文学的情感影响作用，这一情感是他所提倡的政治情感；另一方面又不断地对情感做出界定与调整，这一情感则是与政治情感相对立的个性化自然情感。这一矛盾与冲突，正是梁启超情感论的内在冲突与矛盾的具体表现。

在诗界革命论中，梁启超一方面说“欧洲之意境语句，甚繁富而玮异，得之可以陵轹千古，涵盖一切”，所以他“惟将竭力输入欧洲之精神思想，以借来者诗料”，这是就政治情感而言的；但是另一方面他又说，“诗之境界，被千余年来鹦鹉名士占尽矣”，这是就个体情感而言，他其实真正反对的并不是“似在某集中曾相见”[①]，恰恰是这样的诗歌情感并不是他所需要政治情感，而是个体情感。在小说界革命中，他一方面说，“在昔欧洲各国变革之始，其魁儒硕学，仁人志士，往往以其身之所经历，及胸中所怀政治之议论，一寄之于小说，于是彼中缀学之子，黉塾之暇，手之口之，下而兵丁、而市侩、而农氓、而工匠、而车夫马卒、而妇女、而童孺，靡不手之口之。往往每一书出，而全国之议论为之一变。彼美、英、德、法、奥、意、日本各国政界之日进，则政治小说，为功最高焉”[②]，这也是就政治情感而言。但另一方面他又说小说的不良影响亦非常大，认为“中土小说，虽列之于九流，然自虞初以来，佳制盖鲜，述英雄则规画《水浒》，道男女则步武《红楼》，综其大较，不出诲盗诲淫两端。陈陈相因，涂涂递附，故大方之家，每不屑道焉”[③]；他认为当时中国群治腐败的总根源也是由小说的不良影响造成的，“吾中国人状元宰相之思想何自来乎？小说也；吾中国人佳人才子之思想何自来乎？小说也；吾中国人江湖盗贼之思想何自来乎？小说也；吾中国人妖巫狐鬼之思想何自来乎？小说也”；中国现代社会的所有不良问题也是小说造成的，

① 梁启超：《夏威夷游记》，《梁启超全集》（第二册），北京出版社，1999，第1219页。

② 梁启超：《译印政治小说序》，《梁启超全集》（第一册），北京出版社，1999，第172页。

③ 梁启超：《译印政治小说序》，《梁启超全集》（第一册），北京出版社，1999，第172页。

“今我国民惑堪舆，惑相命，惑卜筮，惑祈禳，因风水而阻止铁路、阻止开矿，争坟墓而阖族械斗、杀人如草，因迎神赛会而岁耗百万金钱、废时生事、消耗国力者，曰惟小说之故。今我国民慕科第若膻，趋爵禄若鹜，奴颜婢膝，寡廉鲜耻，惟思以十年萤雪、暮夜苞苴，易其归骄妻妾、武断乡曲一日之快，遂至名节大防，扫地以尽者，曰惟小说之故。今我国民轻弃信义，权谋诡诈，云翻雨覆，苛刻凉薄，驯至尽人皆机心，举国皆荆棘者，曰惟小说之故。今我国民轻薄无行，沉溺声色，绻恋床第，缠绵歌泣于春花秋月，销磨其少壮活泼之气，青年子弟，自十五岁至三十岁，惟以多情多感、多愁多病为一大事业，儿女情多，风云气少，甚者为伤风败俗之行，毒遍社会，曰惟小说之故。今我国民绿林豪杰，遍地皆是，日日有桃园之拜，处处为梁山之盟，所谓‘大碗酒，大块肉，分秤称金银，论套穿衣服’等思想，充塞于下等社会之脑中，遂成为哥老、大刀等会，卒至有如义和拳者起，沦陷京国，启召外戎，曰惟小说之故”。[①] 在趣味美学中，他一方面说“凡属趣味，我一概都承认它是好的”；另一方面，他又给趣味下了一个注脚，说“凡一件事做下去不会生出和趣味相反的结果的，这件事便可以为趣味的主体”[②]，这其实是对趣味所做的持久性限制。通过这个持久性的限制，他就将个体情感的欲望排除出了他的趣味，比如赌钱、喝酒、做官等，赌钱输钱、喝酒生病、做官丢官，往往是虽以趣味始但以无趣终，这些就不是他所说的趣味。其实，这不是趣味持久不持久的问题。按梁启超的逻辑，他所提倡劳作、游戏、艺术与学问，劳作累了、没有游戏打了、没有艺术与学问做了，又何尝不是没有趣味呢？也就是说，他的目的是通过趣味的持久性，来排除个体的自然情感。他在《〈晚清两大家诗钞〉题辞》中，将这种冲突表达得更清楚。他认为，文学是人生最高尚的嗜好，文化越高，这种嗜好便越重，但是，“若没有人往高尚的一路提倡，他就会委靡堕落，变成社会上

① 梁启超：《论小说与群治之关系》，《梁启超全集》（第二册），北京出版社，1999，第885～886页。

② 梁启超：《学问之趣味》，《梁启超全集》（第七册），北京出版社，1999，第4010页。

一种毒苦”。[①] 既然文学都是美好的，都是趣味的，又何来不好的影响，又何来让人萎靡堕落，又何来需要人往高尚一路上领呢？梁启超提倡高尚的文学，其实就是与表达个性化自然情感的文学相对立，就是将政治情感与个性化自然情感相对立，就是要在文学中删除个性的自然情感。

既然梁启超知道他的情感中介论的内在矛盾与危机，他又如何来解决呢？梁启超主要采用了混同、夸大、忽略与贬抑四种策略。

一是混同。所谓混同，是指梁启超已经意识到小说与政治小说并不是同一概念，政治小说只是小说的一个类别之后，还有意将政治小说与小说这个上下位的概念混同起来，将政治小说直接等同于小说。他在《佳人奇遇·序》中明确指出，《佳人奇遇》是一部政治小说，《佳人奇遇·序》与《译印政治小说序》中指出“政治小说之体，自泰西人始”，即政治小说起源于西方，这表明梁启超很清楚，政治小说并不等同于小说。《新小说》的栏目划分更能反映这一点。《中国唯一之文学报〈新小说〉》广告分条列出各文学栏目：图画、论说、历史小说、政治小说、哲理科学小说、军事小说、冒险小说、探侦小说、写情小说、语怪小说、札记体小说、传奇体小说、世界名人逸事、新乐府、粤讴及广东戏本，很显然，将政治小说与历史小说、哲理科学小学、军事小说、冒险小说、探侦小说、写情小说、语怪小说、札记体小说、传奇体小说并列，小说与政治小说之间的关系，梁启超是非常清楚的。

但是，在梁启超的论述中，他或有意或无意地将小说与政治小说混用，似乎政治小说是小说的全部，两者可以直接等同起来。这在《译印政治小说序》中表现得特别明显。文章标题已经交代得非常清楚，是译印“政治小说”序；文章开头交代其来源也讲得非常清楚，“政治小说之体，自泰西人始”；讲西方政治小说对政治宣传的重要作用时说的也是“政治小说，为功最高焉”；但是，批评中国时却已经悄悄地将“政治小说”这一概念替换成了“小说”，“中土小说，……述英

① 梁启超：《〈晚清两大家诗钞〉题辞》，《梁启超全集》（第九册），北京出版社，1999，第4927页。

雄则规画《水浒》，道男女则步武《红楼》。综其大较，不出诲盗诲淫两端”，显然已经用政治小说的标准来评价《水浒传》《红楼梦》了；当他说“故六经不能教，当以小说教之。正史不能入，当以小说入之。语录不能喻，当以小说喻之。律例不能治，当以小说治之”，也将政治小说与小说不相区分了。早在1898年，梁启超就很清楚政治小说与小说不是同一概念，创办《小说林》时他也将政治小说与其他种类小说并置，但写出来的论文名称却是“论小说与群治之关系”，而不是“论政治小说与群治之关系”，这显然既不是他不知道这两者区别，也不是粗心疏忽而笔误的结果，其原因只能是梁启超根据自己的需要有意混同这两个概念。两者混同的结果是，将本来应该是政治小说承担的政治宣传与启蒙功能，扩大到全部小说甚至整个文学类型，要求整个文学都为政治服务。其结果是，从政治的角度来说充分扩大了自己的阵地，将整个文学纳入自己的领域，有利于政治的宣传与启蒙；但从文学的角度来说，则将文学完全政治化了，显然极大伤害了纯文学的自主性。

第二是夸大。所谓夸大，是指梁启超论述小说（政治小说）的情感作用时无限放大其政治宣传与启蒙功能。《〈蒙学报〉〈演义报〉合叙》言小说对童子启蒙的重要性时说，“盖以悦童子，以导愚氓，未有善于”小说；说“西国教科之书最盛，而出以游戏小说者尤夥”；说“日本之变法，赖俚歌与小说之力”。[①]《译印政治小说序》言政治小说在欧洲与日本革命中的作用时说：“在昔欧洲各国变革之始，其魁儒硕学，仁人志士，往往以其身之所经历，及胸中所怀政治之议论，一寄之于小说，于是彼中缀学之子，黉塾之暇，手之口之，下而兵丁、而市剑、而农氓、而工匠、而车夫马卒、而妇女、而童孺，靡不手之口之。往往每一书出，而全国之议论为之一变。彼美、英、德、法、奥、意、日本各国政界之日进，则政治小说，为功最高焉。”[②]《论小

① 梁启超：《〈蒙学报〉〈演义报〉合叙》，《梁启超全集》（第一册），北京出版社，1999，第131页。

② 梁启超：《译印政治小说序》，《梁启超全集》（第一册），北京出版社，1999，第172页。

说与群治之关系》中这样夸大小说的功能："欲新一国之民，不可不新一国之小说。故欲新道德，必新小说；欲新宗教，必新小说；欲新政治，必新小说；欲新风俗，必新小说；欲新学艺，必新小说；乃至欲新人心，欲新人格，必新小说。"[①] 又极尽其夸张本能说中国群治腐败的总根源在于小说："知此义，则吾中国群治腐败之总根源，可以识矣。吾中国人状元宰相之思想何自来乎？小说也，吾中国人佳人才子之思想何自来乎？小说也；吾中国人江湖盗贼之思想何自来乎？小说也；吾中国人妖巫狐鬼之思想何自来乎？小说也。……即有不好读小说者，而此等小说，既已渐溃社会，成为风气；其未出胎也，固已承此遗传焉；其既入世也，又复受此感染焉。……今我国民惑堪舆，惑相命，惑卜筮，惑祈禳，因风水而阻止铁路阻止开矿，争坟墓而阖族械斗、杀人如草，因迎神赛会而岁耗百万金钱，废时生事，消耗国力者，曰惟小说之故。今我国民慕科第若膻，趋爵禄若鹜，奴颜婢膝，寡廉鲜耻，惟思以十年萤雪、暮夜苞苴，易其归骄妻妾、武断乡曲一日之快，遂至名节大防，扫地以尽者，曰惟小说之故。今我国民轻弃信义，权谋诡诈，云翻雨覆，苛刻凉薄，驯至尽人皆机心，举国皆荆棘者，曰惟小说之故。今我国民轻薄无行，沉溺声色，绻恋床第，缠绵歌泣于春花秋月，销磨其少壮活泼之气，青年子弟，自十五岁至三十岁，惟以多情多感、多愁多病为一大事业，儿女情多，风云气少，甚者为伤风败俗之行，毒遍社会，曰惟小说之故。今我国民绿林豪杰，遍地皆是，日日有桃园之拜，处处为梁山之盟，所谓'大碗酒，大块肉，分秤称金银，论套穿衣服'等思想，充塞于下等社会之脑中，遂成为哥老、大刀等会，卒至有如义和拳者起，沦陷京国，启召外戎，曰惟小说之故。"[②] 夸大，无论是夸大小说（政治小说）的功能，还是夸大小说（政治小说）在西方政治变革中的重要作用，还是夸大小说

---

① 梁启超：《论小说与群治之关系》，《梁启超全集》（第二册），北京出版社，1999，第884页。

② 梁启超：《论小说与群治之关系》，《梁启超全集》（第二册），北京出版社，1999，第885～886页。

对于中国群治腐败的巨大影响，其目的都是试图利用小说（政治小说）来实现自己的政治目的。当然，对于小说来说，既沦陷局囿于政治小说这一方井中，又让其承担了不该承担的重压，同时也无法真正地让各种文学类型都得到健康发展。在趣味美学中，梁启超通过夸张的手法，把趣味直接扩充到生活的全部，把趣味生活看作人的唯一境界。[①] 在《趣味教育与教育趣味》与《学问之趣味》中，他又极尽夸张说自己的生活全部都是趣味，“假如有人问我，你信仰的甚么主义？我便答道：我信仰的是趣味主义。有人问我，你的人生观拿甚么做根柢？我便答道：拿趣味做根柢”，“我每天除了睡觉外，没有一分钟一秒钟不是积极的活动”[②]；“我是个主张趣味主义的人，倘若用化学分析‘梁启超’这件东西，把里头含一种原素名叫‘趣味’的抽出来，只怕所剩下仅有个零了”[③]；“人类若到把趣味丧失掉的时候，老实说，便是生活得不耐烦，那人虽然勉强留在世间，也不过行尸走肉。倘若全个社会如此，那社会便是痨病的社会，早已被医生宣告死刑”。[④]

三是忽略。所谓忽略，是指梁启超在大力提倡政治小说、极力夸大政治小说的政治宣传与启蒙功能时，有意忽略了其他小说、小说的其他功能。表现在以下两方面。一是文体忽略，即梁启超在明知小说有很多亚类型的情况下，有意忽略其他文体，而将小说与政治小说相混同。上文已经说过，他在《佳人奇遇·序》与《译印政治小说序》中已经明确提出“政治小说”这个概念，在《新小说》栏目中将小说分为政治小说、历史小说、哲理科学小学、军事小说、冒险小说、探侦小说、写情小说、语怪小说、札记体小说、传奇体小说等类型。但是，在言小说的功能时却有意忽略其他文体，只讲政治小说的功能。二是功能忽略。梁启超不是不知道文学有其他功能，但为了强调政治

① 梁启超：《美术与生活》，《梁启超全集》（第七册），北京出版社，1999，第 4017 页。

② 梁启超：《趣味教育与教育趣味》，《梁启超全集》（第七册），北京出版社，1999，第 3963 页。

③ 梁启超：《学问之趣味》，《梁启超全集》（第七册），北京出版社，1999，第 4010 页。

④ 梁启超：《趣味教育与教育趣味》，《梁启超全集》（第七册），北京出版社，1999，第 3963 页。

的优先地位而有意忽略文学的其他功能。时务学堂期间他区别了“传世之文”与“觉世之文”，认为传世之文“或务渊懿古茂，或务沉博绝丽，或务瑰奇奥诡”，觉世之文“当以条理细备，词笔锐达为上，不必求工也”，“辞达而已”。他提倡的是觉世之文，即把文章作为政治宣传与启蒙的工具，所以引温公“一自命为文人，无足观矣”，说“苟学无心得而欲以文传，亦足羞也”。[①] 这是他明知有传世之文而有意忽略之。1902 年 10 月，何擎一辑《饮冰室文集》，梁启超为之作序，又提到“藏山之文”与“应时之文”，并称自己并无“藏山传后之志”，只是“行吾心之所安”，“供一岁数月之遒铎”[②]，这也是有意忽略藏山之文而重视政治性的应时之文。1911 年游台湾时关于自己作诗的评价，更是他既明了诗歌具有怡情养性的审美功能而有意忽略之的证据。他在《游台湾书牍》第六信中说，这次游行途中作诗八十九首、得词十二首，但他认为这“真可谓玩物丧志”；“然数日来忽醉梦于其中，废百事以为之，自观殊觉好笑也”，“吾于今乃始知鹦鹉名士之兴趣，不及今悬崖勒马，恐遂堕入彼群中矣”，并“发愿戒诗”，说记录下这些诗后自己将“息壤”。[③] 梁启超自己本身就写作过很多诗歌，且模仿《佳人偶遇》创作政治小说《新中国未来记》，且不论其创作的成绩有多大，至少证明梁启超与文学并不隔膜，他只言小说的政治宣传功能，而只语不提小说的审美怡情功能，不是他不知道后者，而是他为政治目的而有意忽略。

四是错位贬抑。所谓错位贬抑，是指梁启超用政治的标准错位评价非政治文学，并有意贬抑其价值。他批评中国传统小说“述英雄则规画《水浒》，道男女则步武《红楼》。综其大较，不出诲盗诲淫两端”，显然已经用政治小说的标准来评价《水浒传》《红楼梦》，并从这个角度对其故意贬抑，忽略它们的其他价值。他在《译印政治小说

① 梁启超：《湖南时务学堂学约》，《梁启超全集》（第一册），北京出版社，1999，第 109 页。

② 梁启超：《饮冰室文集·序》，丁文江、赵丰田编，欧阳哲生整理《梁任公先生年谱长编》（初稿），中华书局，2010，第 148 页。

③ 梁启超：《夏威夷游记》，《梁启超全集》（第二册），北京出版社，1999，第 1220 页。

序》中抬高小说的地位，说“故六经不能教，当以小说教之。正史不能入，当以小说入之；语录不能喻，当以小说喻之。律例不能治，当以小说治之；天下通人少而愚人多，深于文学之人少，而粗识之无之人多。六经虽美，不通其义，不识其字，则如明珠夜投，按剑而怒矣。孔子失马，子贡求之不得，圉人求之求得，岂子贡之智不若圉人哉？然则小说学之在中国，殆可增七略而为八，蔚四部而为五者矣”①，他这个抬高，也是从政治价值这个角度错位褒扬小说，把本属于非文学主流的政治小说的功能，错位强加给整个小说。他认为自己作诗填词“真可谓玩物丧志”，“吾于今乃始知鹦鹉名士之兴趣，不及今悬崖勒马，恐遂堕入彼群中矣”，并“发愿戒诗”②，也是对诗歌怡情作用的忽略，并用政治的标准衡量诗歌，也是通过政治功能错位贬抑诗歌。

第三节 从情感中介走向艺象中介

通过情感影响与情感内容中介，梁启超找到了政治与美学的融合原点。但是，这个中介原点是否是最佳中介或透明中介③呢？

政治美学是政治的美学化，其特点是用文学的特性来表达政治的情感，因此，政治的表达是否符合文学的特性，是政治美学化是否成功的标志。显然，文学与政治的表达，其区别不仅在于其言说内容，即“说什么”，更在于言说方式，即“怎么说”。那文学言说方式的独特性是什么呢？丹麦文学史家勃兰兑斯在《十九世纪文学主潮》中区别了实用的、科学与审美的三种言说方式：“我们观察一切事物，有三种方式——实际的、理论的和审美的。一个人若从实际的观点来看

① 梁启超：《译印政治小说序》，《梁启超全集》（第一册），北京出版社，1999，第172页。

② 梁启超：《夏威夷游记》，《梁启超全集》（第二册），北京出版社，1999，第1220页。

③ “中介透明”是刘锋杰教授在《文学政治学的创构——百年来文学与政治关系论争研究》中提出的一个概念，这里借用这个概念创生出透明中介，意指审美与政治的融合无间的状态。

一座森林，他就要问这森林是否有益于这地区的健康，或是森林主人怎样计算薪材的价值；一个植物学者从理论的观点来看，便要进行有关植物生命的科学研究；一个人若是除了森林的外观没有别的思想，从审美的或艺术的观点来看，就要问它作为风景的一部分其效果如何。”[①]勃兰兑斯所说的审美方式，就是审美区别于实用、科学等其他学科的根本特性。别林斯基则道出了审美的言说方式的具体特性。他说，虽然说的是同一件事，但是“哲学家用三段论法，诗人则用形象和图画说话”，“诗人被生动而鲜明的现实描绘武装着，诉诸读者的想象，在真实的画面里显示社会中某一阶级的状况”。[②] 换句话说，审美与其他学科可以表达同样的内容，但文学独特的言语方式和表达方式是，它通过形象的塑造或创造，产生独特的审美效果。因此，梁启超的情感内容中介和情感影响中介，是言说内容的中介，并不是政治美学的最佳中介或透明中介。

政治美学的透明中介必须回到文学的独特性即形象上来。政治与美学，只有在形象层面高度融合，两者才能真正相契无间，形成独立形态的政治美学。政治与美学的这种形象中介，我们可以称之为艺象中介。[③] 艺象中介，才是政治美学的透明中介。政治美学的中介，也必须从情感内容与情感影响的中介论，推进到形象形式的艺象中介，政治美学才能真正成熟。换句话说，外在政治情感政治内容要进入作品，首先必须经过“艺象”中介的呈现才能实现，即作家的政治情感必须艺象化。“艺象”，既是文学的起源属性，也是审美与政治、文学与政治交叉的文本特性中介。文学是一种艺象形态，可以得到儿童心理研究、神话研究、民俗学研究、原始部落文化研究与原始艺术考古

---

① 〔丹麦〕勃兰兑斯：《十九世纪文学主潮》（第一卷），侍桁译，人民文学出版社，1958，第161页。

② 〔俄〕别林斯基：《一八四七年俄国文学一瞥》，《别林斯基选集》（第2卷），时代出版社，1952，第42页。

③ 刘锋杰教授提出文学艺象性特征是起源性特征，意识形态性特征是功能性特征，并认为起源性质决定功能性质，作者亦就文学的艺象形态性做过心理学与起源性的考察，这里借用文学的艺象形态性特征创造了“艺象中介”这一概念，意指功能特征只有充分形象化，才能真正审美化、文学化。

研究的证明。

文学的艺象形态性首先可以得到儿童心理学的支撑。儿童心理学认为，儿童创作是一种“图式”化的创作。所谓图式化，是指一种以内在心灵的主观图式补充外在事物形象的创构方式。赫尔特·里德认为，儿童绘画符号是一种把内在图式与外在视觉形象结合起来的符号。[①] 认识发生论心理学创始人皮亚杰认为，人类的认识无论多么高深复杂，都可以追溯到童年时期，甚至胚胎时期。人的智力、思维的产生与发展，都要受到这些因素的影响和制约。图式是皮亚杰的核心概念。他认为，图式就是动作的结构或组织，这些动作在相同或类似环境中由于不断重复而得到概括。主体为什么会对环境因素的刺激做出不同的反应，就是因为每个主体的图式不同，以不同的内在因素去同化这种刺激，做出不同的反应。图式最初来自先天遗传，如吮乳动作图式以及抓握、行走等，这是一些低级的动作图式，或叫作“遗传性的图式”。以后在适应环境的过程中，图式不断地得到改变、不断地丰富起来，也就是说，低级的动作图式，经过同化、顺应、平衡而逐步解构出新的图式。儿童心理的发展，实质上就是低一级水平的图式不断完善达到高一级水平的图式，从而使心理结构不断变化、创新，形成不同水平的发展阶段。[②] 在儿童心理图式中，图式的核心其实是一个个形象的累积，即以象为核心的想象创造。从儿童象性图式心理的角度来看，他们的艺术创作并不是对外界形象的机械模仿，而是将自己心灵对外在事物的想象图式通过外在事物的形象表达出来，即内在图式与外在视觉形象的结合。儿童心理研究中经常引用的就是儿童红绿灯与岗亭画，他们创作时并没有按照生活本来的红亮绿灭或绿亮红灭这一生活现实来绘画，而是按照自己的心理图式画成红绿黄灯一起亮起来；交通岗厅里本没有交警，但儿童会按照自己的心理图式画上交警。

文学的艺象形态性还可以得到审美心理学的支持。康德认为，艺

① 参见朱狄《艺术的起源》，武汉大学出版社，2007，第 70 页。

② 参见朱智贤、林崇德《儿童心理学史》，北京师范大学出版社，1988，第 254～255 页。

术是天才的产物，天才为艺术制定法则；而天才的特殊之处正在于其想象力。他说道："想象力（作为生产的认识机能）是强有力地从真的自然所提供给它的素材里创造一个像似另一自然来。当经验对我呈现得太陈腐的时候，我们同自然界相交谈。我们固然也把它来改造，但仍是按照着高高存在理性里的诸原理（这些原理也是自然的，像悟性把握经验的自然时所按照的诸原理那样）；在这里我们感觉到从联想规律解放出来的自由（这联想规律是一系于那机能在经验里的使用的）。在这场合里固然对我提供素材，但这素材却被我们改造成为完全不同的东西，即优越于自然的东西。"① 在康德看来，美感经验中的审美意象②是想象力创造出的表象，与概念、语言无涉，其实质是通过想象力以自然为素材重创的另一自然。克罗齐进一步强调了审美的直觉形象性。他将知识分为两类，一是逻辑理性的，一是直觉形象的；逻辑的知识表现为概念，直觉的知识表现为形象。直觉的思维是不通过理性反省的形象思维。他说："在一切都实在时，就没有事物是实在的；婴儿难辨真和伪，历史和寓言，这些对于他都无分别。这事实可以使我们约略明白直觉的纯朴心境。对实在事物所起的知觉和对可能事物所起的单纯形象，二者在不起分别的统一中，才是直觉。在直觉中，我们不把自己认成经验的主体，拿来和外面的实在界相对立，我们只把我们的印象化为对象（外射我们的印象），无论那印象是否是关于实在。"③ 在克罗齐那里，直觉中的意象其实是自然的形式，是"第二自然"，而这种形式和"第二自然"正是想象力创造的结果。维柯反对理性思维，他从艺术起源学的角度论述了感性的诗是一切学科的起源，感性的形象思维才是人的思维的根本。他说："原始人就像人类的儿童，他们对于事物还不会构成理智的类概念（generi intelligibili），因此他们有一种自然的需要去创造出诗意的人物。这种人物就

① 〔德〕康德：《判断力批判》（上），宗白华译，商务印书馆，1964，第160页。

② 康德这里所说的审美观念其实是指审美意象，宗白华翻译为审美观念，而蒋孔阳则翻译为审美意象。

③ 〔意大利〕克罗齐：《美学原理　美学纲要》，朱光潜译，人民文学出版社，1983，第9页。

是以形象来表示的类概念或普遍概念（generio universali fantastici）；它们仿佛就是典范或理想的图像，可以收纳一切相似的个别事物。”[①]“诗只能用狂放淋漓的兴会来解释，它只遵守感觉的判决，主动地模拟和描绘事物、习俗和情感，强烈地用形象把它们表现出来而活泼地感受它们。”[②] 在他看来，诗性思维与儿童思维一样，它们没有所谓的概念，而是通过图像来表现，这正是文学与审美的形象性特征。

文学的艺象形态性还可以得到神话研究的支持。“我们要研究‘原始的文化’，要知道人类生活史的第一页，便不得不从古代神话中搜讨采集；这便是古代神话的真正的价值了。”[③] 文学的起源性质同样可以在神话中得到证明，或者说，神话本身就是原始人对于自然、人生、社会，对于过去、当世及未来的想象，是原始人的象性思维的艺术结晶。世界各地区、各民族的开篇神话一般都是关于创世的想象。对于世界及万事万物的创造，各地区、各民族的神话惊人的相似，其基本情形是：在世界创造之前，宇宙像一个鸡蛋，处于混沌状态；后来，在形似鸡蛋的混沌中产生了一位巨人，随着巨人的成长并撑开鸡蛋，混沌的宇宙生成了天空与大地，巨人的身体器官生成了世界上万事万物，或者创造了万事万物。原始神话其实是原始人对于天地来源，对于自然、人生、社会，对于过去、当世及未来的想象，而这种想象，总是离不开具体的“象”的参与，或者说，原始神话创造是以象为核心的想象力创造，具体表现为：无论天地的创造还是诸自然神总是被赋予一定的形象。前面所说的天地是从混沌这个形象中产生的，天来源于混沌中的清者，地来源于浊者，而地球上万事万物则产生于孕育于混沌之中巨人身体的各个器官，天地万物无不由具体的事物或形象化身而来。可以说，原始神话是原始人类象性思维的记载，也是原始人类象性思维的艺术结晶，它本身就是人类艺术的光辉一笔，深刻地

① 〔意大利〕维柯：《新学问》，《外国理论家、作家论形象思维》，中国社会科学出版社，1979，第 25 页。

② 〔意大利〕维柯：《致盖拉多·德衣·安琪奥利》，《外国理论家、作家论形象思维》，中国社会科学出版社，1979，第 24 页。

③ 茅盾：《神话研究》，百花文艺出版社，1981，第 13～14 页。

影响着后人的思维模式与艺术创作。

文学的艺象形态性还可以得到民俗学研究的支持。在文化人类学者眼里，民俗仪式是了解与进入原始人类社会文化内涵的符号形态系统的途径，马尔库塞把它比喻为文化创造的、民族志作者可以系统阅读的文本。因此，把握了仪式的重要性，就把握住了“文学与人类学两大学科之间内在相关性，开启了文学人类学方法向文化深层进行开掘的一个有效途径”①。民间流传的祭祀仪式与风俗习惯都离不开具体的物与象的参与。世界很多民族都保留着动物祭仪式与风俗，鄂伦春族不将熊直呼为“牛牛库”（熊），而尊称公熊为“雅父”（即祖父），母熊为“太贴”（即祖母）。熊死后，要像送葬父母一样举行祭祀和风葬仪式。② 内蒙古呼伦贝尔市南端的狩猎部落鄂温克人主要有祖神、蛇神、保护幼儿的神、保护驯鹿的神和“熊神”，统称为“玛鲁”，他们将其供在帐篷的正后方，此处人们不能站立和随意走动。③ 阿伊努人认为，熊同时生活在熊的王国和人的王国，在熊的王国，熊以人的形象生活，在人的王国则以熊的形象出现。杀熊的祭祀行为，能够把熊的灵魂从熊的形体中解放出来，从而使其在熊的王国得到复生。④ 鄂伦春人、鄂温克人、阿伊努人的熊祭仪式，是将自己的祖先或是保护神与具体的事物（象）联系在一起，与原始神话中的自然神与祖先神相似。

文学的艺象形态性也可以得到原始部落文化研究的支持。弗雷泽的《金枝》中记载了很多部落的泛神现象。原始部落的部民普遍地将各种动物都看成是有灵魂的，谷精可以是狼、狗、公鸡、野兔、山羊、猫、牛、马、猪等动物，也可以是橡树、柳树、桂树、桃树等植物。弗雷泽将原始部落的这种泛神论的思维方式称为“巫术思维”，并指出，这种巫术思维遵循着两个原则，一是“同类相生”或果必同因，

① 叶舒宪：《神话意象》，北京大学出版社，2007，第197页。

② 叶舒宪：《神话意象》，北京大学出版社，2007，第38页。

③ 陈鹤龄：《扎兰屯民族宗教志》，文化艺术出版社，1996，第269页。

④ 〔日〕大林太良：《神话学入门》，林相泰、贾福水译，中国民间文艺出版社，1989，第92页。

二是“物体一经接触，在中断实体后还会继续远距离的互相作用”；前者可称之为“相似律”，后者可称作“接触律”或“触染律”。巫师的活动就是根据这两个原则行事，依据“相似律”，他通过模仿就能实现任何他想做的事；根据“接触律”，他能通过一个物体来对一个人施加影响，只要该物体曾被那个人接触过，不论该物体是否为该人身体之一部分。基于相似律的法术叫作“顺势巫术”或“模拟巫术”，基于接触或触染津的法术叫作“接触巫术”。[①] 列维－布留尔将原始思维称为原逻辑思维。这种原逻辑思维，既不是反逻辑的，也不是非逻辑的，而是原始人所特有的区别于我们的思维方式的一种思维，是一种神秘的综合性思维，“它们不要求那些把结果记录在确定的概念中的预先分析”，而是“表象的关联通常都是与表象本身一起提供出来的”。在原始人的原逻辑中，是不分析的或不可分析的，“它们永远是与前知觉、前表象、前关联紧密联系着，差不多也可说是与前判断紧密联系着”。[②] 列维－斯特劳斯也分析了原始人的思维方式，并将其称为“野性的思维”。他认为，这种野性思维“企图同时进行分析与综合两种活动，沿着一个或另一个方向直至达到其最远的限度，而同时仍能在两极之间进行调解”[③]。在他看来，野性的思维具有以下几个特征：其一，与现代逻辑思维遵循时空秩序不同，它是“非时间性”的，能够将不同时间获得的表象结合起来，这点与儿童创作的“图式化”思维相似；其二，野性的思维是借助“形象”来把握世界的；其三，野性思维中形象的获得是通过“模拟”世界获得的。[④] 在弗雷泽所说的巫术思维中，无论是“相似巫术”还是“接触巫术”，都没有脱离模仿对象或对象接触过的具体事物；列维－布留尔的“原

① 〔英〕J. G. 弗雷泽：《金枝》（上），徐育新、汪培基、张泽石译，新世界出版社，2006，第21页。

② 〔法〕列维－布留尔：《原始思维》，丁由译，商务印书馆，1981，第101～102页。

③ 〔法〕克洛德·列维－斯特劳斯：《野性的思维》，李幼蒸译，中国人民大学出版社，1981，第240页。

④ 〔法〕克洛德·列维－斯特劳斯：《野性的思维》，李幼蒸译，中国人民大学出版社，1981，第289页。

逻辑”始终与具体的“表象”关联在一起；列维－斯特劳斯的“野性的思维”也强调借助“形象”把握世界，只不过不遵循逻辑思维中的“时空”关联性。

文学的艺象形态性还可以得到原始艺术的直接支持。旧石器时代的阿尔塔米拉岩画色彩效果十分奇特，鹿、野猪、野牛用红色、蓝色、黄色和橙色渲染过；画面形象丰富生动，有正在奔跑的，有受了伤的，有被追赶而陷于绝境的。中国出土的新石器时代的彩陶上，也有中国原始艺术家创作的栩栩如生的各类鱼的形象。这些出土的原始艺术，改变了人们对于原始人的思想意识的看法。如古希腊的雅典娜女神以猫头鹰为标志，这不是希腊人的想象发明，而是因袭着原始的女神崇拜。早在一万多年前的旧石器时代后期的岩画中已经出现了猫头鹰的形象，进入新石器时代后，鹰与猫头鹰已经成为常见的神鸟，并出现在各种造型艺术中，阿拉斯加、西伯利亚、日本、中国都出土了这类史前艺术。再如人们一直认为中华民族以龙凤为起源图腾，而原始神话与考古挖掘则证明了熊才是最原始的图腾，而且熊崇拜在整个欧亚大陆北方与北美地区都非常广泛。这些出土的原始艺术品，无论是西班牙阿尔塔米拉洞穴岩画上的各种动物，中国新石器时代彩陶上的鱼的形象，还是世界范围内出土的大量的熊与猫头鹰的雕像、绘画，往往都来源于具体的动物、植物形象，或者在这个基础上进行想象性的加工、变形，如狮身人面像等人兽同形体。但无论是描摹的创造，还是变形的想象，都没有脱离具体形象，象是其加工创造的基础。

我们不妨比较一下鲁迅与孙中山关于辛亥革命失败原因的总结，来体会政治美学的艺象中介性。孙中山的总结是：“革命虽号成功，而革命政府所能实际表现者，仅仅为民族解放主义。曾几何时，已为情势所迫，不得已而与反革命的专制阶级谋妥协。此种妥协，实间接与帝国主义相调和，遂为革命第一次失败之根源。”[①] 而鲁迅在《阿Q正传》的“革命”与“不准革命”两章中具体描写道：“赵秀才消息

① 孙中山：《中国国民党第一次代表大会宣言》，《孙中山选集》（下册），人民出版社，1965，第521页。

灵，一知道革命党已在夜间进城，便将辫子盘在顶上，一早去拜访那历来也不相能的假洋鬼子。这是‘咸与维新’的时候了，所以他们便谈得很投机，立刻成了情投意合的同志，也相约去革命。他们想而又想，才想出静修庵里有一块‘吾皇万岁万万岁’的龙牌，是应该赶紧革掉的，于是又立刻同到庵里去革命。因为老尼姑来阻挡，说了三句话，他们便将伊当作满政府，在头上很给了不少的棍子和栗凿。尼姑待他们走后，定了神来检点，龙牌固然已经碎在地上了，而且又不见了观音娘娘前的一个宣德炉。”“未庄的人心日见其安静了。据传来的消息，知道革命党虽然进了城，倒还没有什么大异样。知县大老爷还是原官，不过改称了什么，而且举人老爷也做了什么——这些名目，未庄人都说不明白——官，带兵的也还是先前的老把总。”[①] 孙中山与鲁迅的总结观点基本相似，但孙中山是理性的直接表达，这是政治学的表达。鲁迅的《阿Q正传》不同，是隐性的形象表达，即将革命政府与革命对象如何妥协，通过具体的故事情节来自然展开，即赵秀才如何拜访假洋鬼子；他们勾结以后，又如何假借革命的名义去欺侮尼姑，并借革命之名收敛钱财，而真正的革命者阿Q们却不了解革命，并最终成为革命的牺牲品，这些都是活生生的形象与画面的演绎，而非直接的理性话语表达。鲁迅的这部小说，通过阿Q这个人物的艺象中介，成功地实现了政治的美学化，阿Q这个形象也成为政治中的经典与文学中的经典。

将梁启超的政治小说《新中国未来记》与鲁迅的《阿Q正传》对比，其优劣就非常明显了。在《新中国未来记》中，梁启超只是借黄克强与陈去病之口，将他自己的政治思想直接表达出来，小说中的情节、人物只是个木偶，他的嘴巴就是梁启超政治思想的传声筒。因此，梁著看似用小说传达了政治的情感与思想，并因情感内容中介而成政治小说；但这个情感内容中介，并没有转化为艺术的形象来演绎，而是理性的显性话语表达，当然枯燥乏味，令读者厌烦了。梁启超的政

① 鲁迅：《阿Q正传》，《鲁迅全集》（第1卷），人民出版社，2005，第103～104页。

治小说《新中国未来记》，其失败的原因并不在于是否传达政治的内容，而在于中介论的失败，即没有从情感内容中介推进到艺象中介。

其实，梁启超对这一问题也有自觉。他评价柴四郎的政治小说《佳人奇遇》说，“内容方面，《佳人奇遇》确是能够做到‘写爱国之思’及‘写政界之大势’”，这是就情感内容的统一性来说的；又评价说是否具备了小说的形式则可有商榷之处，“因为它跟一般的小说有很多不相同的地方，欠缺一般小说的情节，结构，人物描写等基本元素”，“《佳人奇遇》的情节和结构都极为简单，大部分的篇幅都用于著者与其他人的谈话上，仅以他的欧美游历做串联，另外还有的是杂志上的报道，书刊内容的复述、书信、甚至还有悼文。这都跟一般小说很不相同”。梁启超对于《佳人奇遇》的形式批评，其实就是他对这部作品未能充分形象化即艺象中介不充分的不满，如果沿着这个思路就可以深入挖掘政治小说的艺象中介问题。但很可惜，他又认为“从另一个角度看，这样的形式却便于表现政治思想”①，将本来可能探讨推进政治美学艺象中介的深刻命题给忽略了。当然，我们也不能苛求梁启超，毕竟，这一时期他主要是以更偏向于政治家的身份活跃于中国历史舞台上的，而并不是纯粹的文论家。只是从政治美学的理论建构来说，我们必须意识到，只有从情感内容中介推进到艺象中介，政治美学才能真正做到中介透明，也才能真正走向独立。

梁启超政治美学是以情感为中介的美学，他早期的艺术美学以情感内容与情感影响为中介来沟通政治与审美，后期的趣味美学以情感生成为中介沟通趣味与艺术，再通过趣味沟通政治与艺术。梁启超的情感中介论政治美学的合理性在于，政治情感是人的情感需求之一，指向人的社会安全与自我实现需求。但只关注政治情感，也使得梁启超的政治美学产生了内在危机，它压抑与阉割了人的个体情感与自然情感，抽掉了人的自然本性的根基。同时，梁启超的情感中介论美学，

① 王宏志：《“专欲发表区区政见”：梁启超和晚清政治小说的翻译及创作》，《文艺理论研究》1996年第6期。

其情感中介过多关注了文学的思想与内容，并没有深入文学的艺象表达的独特性，未能真正将思想情感艺象化，从而导致将文学视作政治的传声筒。梁启超政治美学中介构建的得失启发我们，只有从情感内容中介推进了艺象中介，政治美学才能真正成熟，也才能真正独立。

第五章

梁启超政治美学的新民功能

朱立元在其主编的“面向21世纪课程”《美学》中指出，美学要作为一门独立的学科出现，必须具备两个基本条件，“一个是应该有专门的美学著作”，“另一个是应当有独立的研究对象和范围”；“前者是美学得以立足的门户”，“后者是美学得以成立的根据”。[①] 不仅美学学科，任何学科的成立都必须具备这两个条件：奠基性理论的建构与独立研究对象的划分。不过，朱编本忽视了这两个条件背后隐藏的更重要的条件：独特的功能。正因为这门学科有其独特的功能，才会成为专门的研究对象，也才会有学者研究它，从而构建其基础理论。就像美学学科，人类自从诞生起就有了审美意识，但为什么美学学科至鲍姆嘉登才初步建立？那就是因为审美还没有发展到能够承担独立的功能。到鲍姆嘉登时代，人们开始意识到，人仅有理性意识还不能构成完整的思维，还必须研究感性思维。显然，直到这个时期感性思维在人的认知与价值世界中才开始承担独立的功能。因此，奠基性的理论著作与独立的研究对象是一门学科成立的外显条件，而功能问题才是这门学科成立的内在缘由与动力。

什么是功能？一是指“效能”，即“事物所蕴藏的有利的作用”[②]；二是指“事物或方法所发挥的有利的作用”[③]。前者主要就事物本身的内在属性而言，后者主要就事物满足主体的需求而言。因此，功能具

① 朱立元主编《美学》（第2版），高等教育出版社，2006，第17页。

② 中国社会科学院语言研究所词典编辑室编《现代汉语词典》（第5版），商务印书馆，2005，第1504页。

③ 中国社会科学院语言研究所词典编辑室编《现代汉语词典》（第5版），商务印书馆，2005，第475页。

有显示事物内在特征的客观性与满足主体需求的主观性的双重特征。功能分析首先源于有机体的生命功能分析。无论是动物还是植物，都是由一些器官构成的；这些器官的存在，都是为了维护有机体的生命。生命的存在过程，就是这些器官之间的交流、互动过程。后来社会学借用了功能这一概念，将社会看作一个大系统，而个人或个人组成的群体之间的交流、互动，就维持了社会系统的连续性。任何个人、任何社会性的行为，都与维持社会存在这个功能相关，都是维护社会存在的功能。因此，研究事物的功能，既要考察它的内在特性，又要考察它的合目的性的功能。

政治美学能否成为独立的学科，必须看其能否承担独特的功能；梁启超对政治美学价值的评判，也必须接受政治美学的功能检验。由于梁启超处于中国传统社会向现代社会过渡的转型期，且他本人就是这个转型期的第一环，且是最重要的一环，他的政治思想的知识范式已经发生了明显的裂变，因此，他的政治美学的独特功能在于“新民”，即用新的知识范式培育新的人才。这在他维新变法时期已经得到了初步的体现，在戊戌变法失败，逃亡日本并迅速转变为近现代政治家后，则表现得更为典型：他给自己取名“新民子”，给自己的刊物取名《新民丛报》。梁启超政治美学的“新民”功能主要在两个层面展开：一是知识范式的转换层面，这是启蒙的实质含义；二是知识范式的学习层面，这是启蒙的日常普通含义，即启蒙的开蒙之意。为区别这两者，本章将前者称为思想启蒙，后者称为启蒙教育。

第一节　新民对象

维新变法时期，梁启超还没有摆脱其师康有为今文经学的影响，试图采取托古改制的思路变法维新。在他这一时期的政治思想知识范式中，君主神圣不可动摇、孔学权威不容质疑，“新民”对象主要是上层的君、官、绅。

康有为《南海先生自编年谱》言创办《万国公报》（即《中外纪闻》）之目的时说，“变法本源非自京师始，非自王公大臣始不可”[①]。“非自京师始”“非自王公大臣始不可”，一语道出维新变法时期康梁新民的主要对象，即上层的君与官绅。梁启超指出，维新变革主要有三端：“一曰开民智，二曰开绅智，三曰开官智”，这三者“乃一切之根本”，“三者皆举，则于全省之事，若握裘挈领矣”。[②] 民智、绅智、官智，三者是平等的关系，还是递进或递减的关系呢？梁启超说：“欲兴民权，宜先兴绅权，欲兴绅权，……绅权固当务之急矣，然他日办一切事，舍官莫属也。即今日欲开民智开绅智，而假手于官力者，尚不知凡几也。故开官智，又为万事之起点，官贫则不能望之以爱民，官愚则不能望之以治事。”[③] 梁启超认为，民权兴起，需要绅权引导；绅权兴起，需要官权开启，因为开民智、开绅智，必须“假手于官力”，“官贫则不能望之爱民，官愚则不能望之以治事”，所以，开官智才是“万事之起点”，也就是说新民的最核心对象是官。

为什么在康梁维新变法的知识范式中，新民对象是君、官、绅，而不是普通的民呢？按理说，梁启超不是已经明确提出，“故言自强于今日，以开民智为第一义”吗？[④] 这是因为，在梁启超维新变法的知识范式中，对待君主、国家、官员的态度没有变。官员何来？君主任命，而不是民主选举。由于维新派的知识范式并没有改变君主地位的神圣性，即君主权威依然存在，由此引发出两点：其一，因官员的任命与任用是君主权力的延伸，故官员与君主一样，其权力具有神圣性，民众无法参与其中；其二，君主或朝廷与国家二而合一，民众与国家的关系，就是与君主或朝廷的关系，在君主权威神圣的前提下，

① 康有为：《南海先生自编年谱》，丁文江、赵丰田编，欧阳哲生整理《梁任公先生年谱长编》（初稿），中华书局，2010，第25页。

② 梁启超：《论湖南应办之事》，《梁启超全集》（第一册），北京出版社，1999，第180页。

③ 梁启超：《论湖南应办之事》，《梁启超全集》（第一册），北京出版社，1999，第178～179页。

④ 梁启超：《变法通议·学校总论》，《梁启超全集》（第一册），北京出版社，1999，第17页。

那就只有对君主的服从，即两者是君与臣的关系，国民就是臣民。在这一知识范式中，维新变法显然与民众关系不大，只有通过君主以及君权延伸的官权、绅权才能发动起来。因此，此时新民的对象，当然是君主、官员、乡绅，尤其是君主。只有“新君”，让君主同情、接受自己的政治主张，才有可能实现自己维新变革的政治理想。当然，君主也会受到官绅的影响，因此，新官、新绅同时也可能影响君主，实现间接的新君之目的。

梁启超的维新变法思想，已经从守旧派的祖宗之法不可变推进到必须变法，从洋务派的技变推进到道变，虽然同为托古改制之传统思想，但其知识范式的裂痕已经非常明显，这就让他们面临着新君新官新绅的思想启蒙之重任。为承担起这一新民重任，梁启超在完成新君新官新绅的同时，还必须“新同志”，即寻求与培养一批与自己一样有变法思想的同志，以切实有效地推动变法。早在1894年，梁启超在《与夏穗卿兄长书》中说，“此行本不为会试，弟颇思假此名号作汗漫游，以略求天下之人才”，“今日之事，以广求同志开倡风气为第一义”，并且询问夏曾佑说“前在都讲之已以熟，君近有所得否”，“湖江之间所见何人”，并说“弟以为今日求人才，必当往教，不能俟其来学”。[①]《与夏穗卿先生书》又说，“贵省通材谨悉，但仍欲觅后起之秀者，虽学术未成而志趣过人，亦足贵也”，“我辈阅人不可太苛，于意云何？若见有此等人尚乞相告”。《与夏穗卿兄长书》又言，“我辈以普度众生为心，多养人才是第一义”，“吾粤学子虽非大佳，然见闻稍开，骨植稍坚，四顾天地，此方人尚可用也”。他在《与穰公同年书》中说，“我辈在今日有何事可为？求人才须是第一义”，“一二素心人又复劳燕辽绝，我劳如何”；在《与穰卿足下书》中说，“我辈今日无一事可为，只有广联人才，创开风气，此事尚可半主，在都言之

① 梁启超：《与夏穗卿兄长书》，丁文江、赵丰田编，欧阳哲生整理《梁任公先生年谱长编》（初稿），中华书局，2010，第20页。

已熟，不识足下在彼所得如何耳”，“君所见之人，所闻之事，望时相告”。[①] 其实，梁启超办学会、开报馆、去湖南主持时务学堂，很重要的一个目的就是培养志同道合的同志。

戊戌变法失败后，梁启超逃亡至日本，大量阅读了经日本翻译的西方政治学哲学著作，这让梁启超迅速地蜕变为近现代政治家，他从传统的家国政治思想中走了出来，进入了西方现代的国家政治理论。随着这一知识范式的彻底转变，梁启超完成了现代国家与国民的知识建构，把国家看作积民而成的产物；与此相应，从此以后，梁启超的新民对象迅速地从君、官、绅转变为真正的“民”，即作为国家组成分子的普通民众。这一时期，梁启超将自己的笔名改为“新民子”，将所办刊物定名为“新民丛报”，就是他的新民重心由君、官、绅向普通民众转移的标志。

这一阶段，梁启超新民的对象已转变为普通民众，这可以在两个方面得到证明。一是办刊目的。如果说维新变法时期，康梁办《万国公报》和《时务报》，其目的在于新君新官新绅以及培育同志，那么这一时期办《清议报》《新民丛报》则在新普通民众了。这早在他刚逃亡至日本创办《清议报》时已见端倪。《清议报叙例》言其宗旨有四，其二曰“增长支那人之常识”[②]。梁启超要增长的国人之“常识”，主要就是现代西方国家政治思想，这主要表现在他所著的《新民议》与《新民说》中。而到创办《新民丛报》时，这一目的则得到了明确的表达。《〈新民丛报〉章程》述其宗旨，第一条就是“本报取《大学》新民之义”，“以为欲维新吾国，当先维新吾民”，“中国所以不振，由于国民公德缺乏，智慧不开，故本报专对此病而药治之，务采合中西道德以为德育之方针，广罗政学理论，以为智育之原本”。[③] 欲新吾国，必先新吾民；中国之所以不振，是由于国民公德缺乏、智慧不开。很显然，《新

---

① 梁启超：《与穰卿足下书》，丁文江、赵丰田编，欧阳哲生整理《梁任公先生年谱长编》（初稿），中华书局，2010，第 21 页。

② 梁启超：《〈清议报〉叙例》，《梁启超全集》（第一册），北京出版社，1999，第 168 页。

③ 《〈新民丛报〉章程》，丁文江、赵丰田编，欧阳哲生整理《梁任公先生年谱长编》（初稿），中华书局，2010，第 136 页。

民丛报》就是要培育新的国民。梁启超对普通民众这一新民对象后来有过回忆，他说，“辛丑之冬，别办《新民丛报》”，“稍从灌输常识入手”，并且收到了良好的社会效果。[①] 梁启超在有关报馆之职责的论述中，反复强调其对于普通民众的教育作用。他在《〈清议报〉一百册祝辞并论报馆之责任及本馆之经历》中说，“报馆者，实荟萃全国人之思想言论，或大或小，或精或粗，或庄或谐，或激或随，而一一介绍之于国民”[②]；他在《敬告我同业诸君》中言报馆之职责与性质时说，“某以为报馆有两大天职”，一是“对于政府而为其监督者”，二是“对于国民而为其向导者是也”[③]。梁启超这里所说的“国民”，显然已经是普通的民众；“对于国民而为其向导”，就是转换我国国民之政治知识范式，让他们了解并按照西方现代国家政治思想重建现代国家。

这一阶段梁启超著述的目的与内容也明确地反映了这一新民对象的变化。梁启超在《新民议》叙论中说道：“余为新民说，欲以探求我国民腐败堕落之要原，而以他国所以发达进步者比较之，使国民知受病所在，以自警厉自策进，实理论之理论中最粗浅最空衍者也。”[④] 梁启超作新民说，其目的是要探究“国民”腐败堕落的根源，从而使“国民”知病之所在，从而能够“自警厉自策进”，这当然已经将新民的对象转移到普通国民上来了。《新民说》叙论则进一步阐明了国民与国家的构造关系、新民与国家重造的关系。首先，从国民与国家的构造关系来看，“国也者，积民而成”，“国之有民，犹身之有四肢、五脏、筋脉、血轮也”，“未有四肢已断，五脏已瘵，筋脉已伤，血轮已涸，而身犹能存者”；从新民与国家重造的关系来看，“未有其民愚陋、怯弱、涣散、混浊，而国犹能立者”，“故欲其身之长生久视，则

① 梁启超：《莅报界欢迎会演说辞》，丁文江、赵丰田编，欧阳哲生整理《梁任公先生年谱长编》（初稿），中华书局，2010，第 151 页。

② 梁启超：《〈清议报〉一百册祝辞并论报馆之责任及本馆之经历》，《梁启超全集》（第一册），北京出版社，1999，第 475 页。

③ 梁启超：《敬告我同业诸君》，《梁启超全集》（第二册），北京出版社，1999，第 969 页。

④ 梁启超：《新民议 · 叙论》，《梁启超全集》（第二册），北京出版社，1999，第 620 页。

摄生之术不可不明”，所以“欲其国之安富尊荣。则新民之道不可不讲”。[①] 也就是说，国家积民而成，要想改造中国，必须改造国民。梁启超《新民议》与《新民说》的著述内容中，《论公德》《论国家思想》《论进取精神》《论权利思想》《论自由》《论自治》《论进步》《论自尊》《论合群》《论毅力》《论义务思想》《论尚武》《论私德》等，都是对国民政治素质与道德素质的阐释，其对象都是普通民众。

但是很快，梁启超政治思想的知识范式又从早期卢梭的民约论政治思想转向伯伦知理的国家论思想，从革命的突变方式转向开明专制的渐进方式。随着这一知识范式调整，梁启超的新民对象一方面当然仍以普通民众为对象，即对于普通民众强化国家、强化国民责任与职责的论述，但另一方面，他更是与以孙中山为代表的革命派为对象展开关于中国变革的道路方向的论争。

孙、梁两派的争论，形成了以《新民丛报》与《民报》为两大核心的论争团体。1905 年，梁启超在《新民丛报》上发表《自由乎死乎》《俄罗斯革命之影响》等文章反对革命论，提倡开明专制；10 月，《民报》创刊，先后发表了孙中山的《发刊词》、汪精卫的《民族的国民》、朱执信的《论中国宜改创民主政体》、汪东的《论支那立宪必先以革命》等文章，宣布与康有为、梁启超为代表的保皇派进行论战。1906 年是双方论战最为激烈的一年。梁启超在《新民丛报》发表了《开明专制论》《申论种族革命与政治革命之得失》《答某报第四号对于本报之驳论》《暴动与外国干涉》《法国革命史论》《社会革命果为今日中国所必要乎》等文章，阐明自己渐进式的开明专制论；《民报》则刊登了胡汉民的《“民报”之六大主义》，扑满的《发难篇》，汪精卫的《驳“新民丛报”最近之非革命论》《驳革命可以召瓜分说》《再驳“新民丛报”之政治革命论》《驳革命可以生内乱说》，朱执信的《论社会革命当与政治革命并行》等文章，批驳梁启超的开明专制论，提倡民主共和论与革命论。这些论争文章，后有人将其辑为《革命论与立宪论之激战》一书。

---

① 梁启超：《新民说·叙论》，《梁启超全集》（第二册），北京出版社，1999，第 655 页。

冯自由具体列出了孙、梁两派各地争论的机关报（见表1）。

表1　孙、梁两派各地争论的机关报

革命党	地点	年代	当事人
《中国报》	香港	辛丑	陈少白、黄世仲、陈思仲
《中国报》	香港	乙巳以后	冯自由、陈春生、朱执信
《民生日报》	檀香山	甲辰	程蔚南、张孺伯
《大同报》	旧金山	甲辰	唐琼昌、刘成禺
《民报》	东京	丙午	章太炎、汪精卫、胡汉民、朱执信
《中兴报》	新加坡	丁未	田桐、张绍轩、周杜鹃、汪精卫
《自由新报》	檀香山	丁未以后	卢信、温雄飞
《华英报》	云高华	戊申	周天霖、崔通约
《大汉报》	云高华	庚戌	冯自由
《少年报》	旧金山	庚戌	黄超五、黄芸苏

保皇党	地点	年代	当事人
《岭海报》	广州	辛丑	胡显鹗
《商报》	香港	乙巳以后	徐勤、伍宪子
《新中国报》	檀香山	甲辰	陈继俨、涩文卿
《文兴报》	旧金山	甲辰	梁朝杰、梁君可
《新民丛报》	横滨	丙午	梁启超
《南洋总汇报》	新加坡	丙午	徐勤、伍宪子
《新中国报》	檀香山	丁未以后	陈继严、梁文卿
《日新报》	云高华	庚戌	梁文卿
《世界报》	旧金山	庚戌	梁朝杰、梁君可

资料来源：冯自由：《中华民国开国前革命史》（上编），广西师范大学出版社，2011，第51～52页。

随着辛亥革命后归国参政失败，梁启超又调整了自己政治思想的知识范式，从政治救国走向道德救国、思想救国，他又从政治家转变为“在野政治家”。作为在野政治家的梁启超，他的新民思想从思想启蒙向启蒙教育过渡，积极从事社会教育事业。

这一时期梁启超的新民对象仍以普通民众为主。这可以从他的活动目的与活动形式两个方面得到印证。首先看他投身社会教育事业的目的。早在1913年，由于回国后目睹的现状与理想差距太大，在共和党国会竞选失败后，他一度产生“拟与政治绝缘，欲专从事于社会教育”[①]的想法。当然，这在当时只是一时气话，他并没有真正去做。1915年梁启超发表《吾今后所以报国者》一文，公开宣称“吾之政治生涯，真中止矣”。他认为自己之所长是“在言论界补助政府匡救政府”，这“较之出任政局或尤有益也”；从言论界补助政府匡救政府，就是“决当献身社会教育”。[②] 1916年，梁启超在《国体战争躬历谈》中又言，他在与蔡锷起兵前相约“今兹之役若败，则吾侪死之，决不亡命”，如若“幸而胜，则吾侪退隐，决不立朝”，因为“中国今后之大患在学问不昌，道德沦坏”，“非从社会教育痛下工夫，国势将不可救”，所以他们今后“愿献身于此”，“其关系视政治为尤重大也”。现在革命已经结束，“蔡君既以养病闲居”，“吾亦将从事于吾历年所经营之教育事业，且愿常为文字以与天下相见”。[③] 梁启超所谓的教育事业，主要是指道德教育，要培育人的纯学问精神，养成趣味的人格境界，提升人的道德素质。显然，其进行社会教育的对象是普通民众。再从他社会教育活动的形式看，这一点表现得更为清楚。梁启超从事社会教育，主要采用了讲座、办学、著述等形式。讲座也好、办学也好，都是以直接的高校学生为对象，这些都是普通的学生。他后期的著述，也主要是学问色彩更浓的《清代学术概论》《先秦政治思想史》等，这些著作往往都是他讲座或授课过程中的内容，都以普通学生作为阅读对象。

当然，由于知识范式结构的调整，其实在社会教育论述背后，还隐藏着梁启超直接的论争对象。论争对象主要有以下两种。一是直接的革命实践论者，尤其是无产阶级革命论者。梁启超早期赞成社会主

---

① 梁启超：《与娴儿书》，丁文江、赵丰田编《梁启超年谱长编》，上海人民出版社，1983，第347页。

② 梁启超：《与报馆记者谈话一》，《梁启超全集》（第五册），北京出版社，1999，第2923页。

③ 梁启超：《国体战争躬历谈》，《梁启超全集》（第五册），北京出版社，1999，第2930页。

义，只不过认为它不适合目前的中国。欧游之前，他乐观地预测，战后世界大势有两点，分别是政治思想上的“国家主义或遂熄”，与生计组织上的“社会主义行将大昌”。[①] 二是五四新文化运动者。五四新文化运动者提倡民主与科学，但梁启超提倡道德，认为科学也有解决不了的领域，那就是精神即玄学。这是他与五四新文化运动的知识范式差异。梁启超提倡道德、提倡玄学，其实正是新文化运动者的民主与科学的论争。对于这一点，胡适有过清醒的体认。他说：“我们正当这个时候，正苦科学的提倡不够，正苦科学的教育不发达，正苦科学势力还不能扫除那迷漫全国的乌烟瘴气——不料还有名流学者出来高唱‘欧洲科学破产’的喊声，出来把欧洲文化破产的罪名归到科学身上，出来菲薄科学，历数科学家的人生观的罪状，不要科学在人生观上发生影响，信仰科学的人看了这种现状能不发愁吗？能不大声疾呼出来替科学辩护吗？”[②]

因此，梁启超新民的对象，以逃亡日本后政治知识范式的转型为界发生了重大变化，前期主要是君、官、绅，以及与自己一起变法求新的同志；后期则转变为普通的国民，即民众。当然，随着他后期两次知识范式的调整，其新民的对象除了主要的普通民众外，还有其争论的对手，开明专制时期其对手是孙中山领导的革命派，从事社会教育事业后则主要是社会主义派与新文化运动者。

第二节　新民内容

随着政治知识范式的裂变与转换，梁启超就必然以新的知识范式新民，或进行思想启蒙，或从事启蒙教育。那么，梁启超每个时期的新民内容又是什么呢？

维新变法时期，梁启超新君新官新绅的核心内容就是变法，这与

① 梁启超：《欧洲战役史论》，《梁启超全集》（第五册），北京出版社，1999，第2721页。

② 胡适：《科学与人生观序》，《胡适文存》（第二卷），上海亚东图书馆，1924，第11页。

守旧派的知识范式有了明显的裂变。梁启超在《变法通议·自序》中说道："法何以必变？凡在天地之间者，莫不变。……故夫变者，古今之公理也。"[①] 法变乃社会公理，变亦变，不变亦得变。梁启超一方面用房子做比喻，认为中国就像一座时代久远的巨厦，面临着各种危机，"更历千岁，瓦墁毁坏，榱栋崩折，非不枵然大也，风雨猝集，则倾圮必矣"。面对这种危机，目前室中人有三种态度：第一种是"犹然酣嬉鼾卧，漠然无所闻见"，即漠然不问型；第二种是"睹其危险，惟知痛苦，束手待毙，不思拯救"，即束手待毙型；第三种是"其上者"，"补苴罅漏，弥缝蚁穴，苟安时日，以觊有功"，即补苴罅漏型。这三种人虽然"用心不同"，但是其结果相同："漂摇一至，同归死亡"。梁启超指出，面对这种危机，我们要做第四种人，即"善居室者"，这种人"去其废坏，廓清而更张之，鸠工庀村，以新厥构"，即彻底改造型。彻底改造虽然"图始虽艰"，但是，"及其成也，轮焉奂焉，高枕无忧也"。房子如此，国家亦然，前三种处理危机的方法"罔不亡"，而第四种彻底改造的方法"罔不强"。[②] 另一方面，梁启超又指出，中国又有得天独厚的条件，"中国户口之众，冠于大地"，"幅员式廓，亦俄英之亚也"，"矿产充溢，积数千年未经开采"，"土地沃衍，百植并宜"，"国处温带，其民材智"，"君权统一，欲有兴作，不患阻挠"，这些都是"欧洲各国之所无"，如果彻底改造，实施变法，"新政之易为功也又如此"，"不待智者可以决矣"。[③] 显然，梁启超关于法之变与不变的论述，指向的对象是守旧派的祖宗之法不可变。他采用了问答诘辩的方式，从四个方面一一批驳了守旧派的观念。

一是祖宗之法不可变论。守旧派的第一个观点就是，"今日之法，匪今伊昔，五帝三王之所递嬗，三祖八宗之所诒谋，累代率由，历有年所，必谓易道乃可为治，非所敢闻"，即祖宗之法不可变。梁启超

① 梁启超：《变法通议·自序》，《梁启超全集》（第一册），北京出版社，1999，第10页。

② 梁启超：《变法通议·论不变法之害》，《梁启超全集》（第一册），北京出版社，1999，第11页。

③ 梁启超：《变法通议·论不变法之害》，《梁启超全集》（第一册），北京出版社，1999，第12页。

批驳说，“不能创法，非圣人也”，“不能随时，非圣人也”，即圣人既有创法的一面，更有随时变法的一面。他以本朝为例，列举清朝入关至本代之前种种变法而强盛的事实，来证明本朝就是通过不断变法而走向强大。不仅如此，以前“中国自古一统，环列皆小蛮夷，但虞内忧，不患外侮”，“故防弊之意多，而兴利之意少，怀安之念重，而虑危之念轻”，这样的社会，“墨守斯法，世世仍之，稍加整顿，未尝不足以治天下”。但是，中国现在面临的危机与以往完全不同，是“与泰西诸国相遇”，“泰西诸国并立，大小以数十计，狡焉思启，互相犯忌”，“稍不自振，则灭亡随之矣”。[①]

二是西法不适中国论。守旧派的第二个观点是：“法固因时而易，亦因地而行。今子所谓新法者，西人习而安之，故能有功，苟迁其地则弗良矣。”即西法不适中国。对这一观点，梁启超批驳说，“泰西治国之道，富强之原，非振古如兹也”，而是近百年来的事情：举官新制，起于嘉庆十七年；民兵之制，起于嘉庆十七年；工艺会所，起于道光四年；农学会起于道光二十八年；国家拨款以兴学校，起于道光十三年；报纸免税之议，起于道光十六年；邮政售票，起于道光十七年；轻减刑律，起于嘉庆二十五年；汽机之制，起于乾隆三十四年；行海轮船，起于嘉庆十二年；铁路起于道光十年；电线起于道光十七年；其他一切保国之经，利民之策，相因而至，大都发生中朝嘉道之间。也就是说，这些事情是“自法皇拿破仑倡祸以后，欧洲忽生动力，因以更新”，其前旧俗“视今日之中国无以远过”，他们近来采用此法，不百年间而“勃然而兴”矣。既然东西方“情形不殊”，这些新法“皆非西人所故有”，“而实为西人所改造”“改而施之西方”，那么“改而施之东方”当然也会成功。更何况，东方已经有了一个成功的案例，“况蒸蒸然起于东土者，尚明有困变致强之日本”。[②]

① 梁启超：《变法通议·论不变法之害》，《梁启超全集》（第一册），北京出版社，1999，第12～13页。

② 梁启超：《变法通议·论不变法之害》，《梁启超全集》（第一册），北京出版社，1999，第13页。

三是夷不变夏论，即中国是正统思想，不能采用边远蛮夷之法。守旧派不同意变法的第三个观点是，你说得有道理，但是“伊川被发，君子所叹，用夷变夏，究何以取焉”，即怎么能以堂堂华夏之邦，用边远蛮夷之法呢？梁启超则指出，孔子早就指出，“天子失官，学在四夷”，“古人未尝以学于人为惭德”。他指出，中国文化的进步，就是不断学习的结果：有土地焉，测之，绘之，化之，分之，审其土宜，教民树艺，神农后稷，非西人也；度地居民，岁杪制用，夫家众寡，六畜牛羊，纤悉书之，《周礼》《王制》，非西书也；八岁入小学，十五就大学，升造爵官，皆俟学成，庠序学校，非西名也；谋及卿士，谋及庶人，国疑则询，国迁则询，议郎博士，非西官也；流宥五刑，疑狱众共，轻刑之法，陪审之员，非西律也；三老啬夫，由民自推，辟署功曹，不用他郡，乡亭之官，非西秩也；尔无我叛，我无强贾，商约之文，非西史也；交邻有道，不辱君命，绝域之使，非西政也。邦有六职，工与居一，国有九经，工在所劝，保护工艺，非西例也；当宁而立，当扆而立，礼无不答，旅揖士人，《礼经》所陈，非西制也；天子巡守，以观民风，皇王大典，非西仪也；地有四游，地动不止，日之所生为星，毖纬雅言，非西文也；腐水离木，均发均县，临鉴立景，蜕水谓气，电缘气生，墨翟、亢仓、关尹之徒，非西儒也。所以，“法者”，“天下之公器也”，“征之域外则如彼，考之前古则如此”，守旧派“犹曰夷也夷也”“而弃之”，这是“举吾所固有之物，不自有之，而甘心以让诸人”[①]，显然这是不可取的。

四是无力克任与敌不吾待论。守旧派的第三个观点是无力克任与敌不吾待论，他们认为，“子论诚当”，但是“中国当败衄之后，穷蹙之日”，“虑无余力克任此举”，即无力克任论；并且“强敌交逼，眈眈思启，亦未必能吾待也”，即敌不吾待论。梁启超以日本、法国为例反驳了这两种观点，他指出，“日本败于三国，受迫通商”，但“反以成维新之功”；“法败于普，为城下之盟，偿五千兆福兰格，害奥

① 梁启超：《变法通议·论不变法之害》，《梁启超全集》（第一册），北京出版社，1999，第13页。

斯、鹿林两省”，“此其痛创过于中国今日”，但是经过变法，“不及十年，法之盛强，转逾畴昔”。因此，“败衄非国之大患”，“患不能自强耳”。梁启超接着指出，其实这种观点的根源是“一劳永逸”论，一劳永逸论是“误人家国之言”。他以吃饭为例，一日三食是正常规律，“以饱之后历数时而必饥，饥而必更求食也”；但若有人持“一食永饱”论，“虽愚者犹知其不能也”。立法治天下也是如此，“法行十年，或数十年，或百年而必敝”，“敝而必更求变，天之道也”，所以“一食而求永饱者必死，一劳而求永逸者必亡”。其实，守旧派的不变法论者，并不是“真有见于新法之为害”，而是“夸毗成风，惮于兴作，但求免过，不求有功”；他们并没有真才实学，“相从吠声”，“听其言论，则日日痛哭”，“读其词章，则字字孤愤”，但是“叩其所以图存之道，则眙然无所为对，曰‘天心而已，国运而已，无可为而已’”，只是“委心袖手，以待覆亡”。[①]

批驳了守旧派的四种错误观点后，梁启超指出，“法者，天下之公器也”，“变者，天下之公理也”，也就是法只是一种工具，无论中西，只要有利都可以使用，这就为彻底采用西方新法打通了思想道路。变，是法的一种常态，不变反而违背了法之特性，这就直接要求具体实施西法，取法西方实施制度变革。既然法变乃“天下公理”，且“大地既通，万国蒸蒸，日趋于上，大势所迫，非可阏制”，因此，“变亦变，不变亦变”，其区别只是在于，“变而变者”，“变之权操诸己”，“可以保国，可以保种，可以保教”；而“不变而变者”，“变之权让诸人”，而被他国“束缚之，驰骤之”。[②]

梁启超变法思想的核心是道变，即“变官制”，这是本原。这一知识范式与洋务派技变知识范式产生了裂痕。梁启超在《论变法不知本原之害》中指出，洋务派虽然也谈变法，但由于“变法不知本原”

---

① 梁启超：《变法通议·论不变法之害》，《梁启超全集》（第一册），北京出版社，1999，第13～14页。

② 梁启超：《变法通议·论不变法之害》，《梁启超全集》（第一册），北京出版社，1999，第14页。

而效果不佳。他首先反驳了利用洋务变法无效而攻击变法的观点："中国之法，非不变也，中兴以后，讲求洋务，三十余年，创行新政，不一而足。然屡见败衄，莫克振救，若是乎新法之果无益于国人也。"梁启超指出，洋务派的变法，"非真能变也"，他们的变法就是对待危房的第三种方式，即"补苴罅漏"型的做法，他们"于去陈用新，改弦更张之道，未始有合也"。他拿日本来作比较，日本之游欧洲者，讨论学业，讲求官制，归而行之；中人之游欧洲者，询某厂船炮之利，某厂价值之廉，购而用之，显然，日本是学原，变法亦是原；中国是学技，是不知本原，这就是虽然学习西法，虽然都在变法，但强弱之别就在这里。[①]

梁启超认为，"今之言变法者"有两个弊端，一是"欲以震古烁今之事，责成于肉食官吏之手"，二是"以为黄种之人，无一可语，委心异族，有终焉之志"。[②] 梁启超指出，其实这只是表面现象，其背后还是个官制问题，并不是肉食者、黄种人真不堪用。他说"斯固然也"，但是"吾固不尽为斯人咎也"，因为"贴括陋劣，国家本以此取之"，"一旦而责以经国之远猷，乌可得也"？他一一列举道："捐例猥杂，国家本以此市之，一旦而责以奉公之廉耻，乌可得也？一人之身，忽焉而责以治民，忽焉而责以理财，又忽焉而责以治兵，欲其条理明澈，措置悉宜，乌可得也？在在防弊，责任不专，一事必经数人，互相牵掣，互相推诿，欲其有成，乌可得也？学校不以此教，察计不以此取，任此者弗赏，弗任者弗罚，欲其振厉黾勉图功，乌可得也？途壅俸薄，长官层累，非奔竞未由得官，非贪污无以谋食，欲其忍饥寒，蠲身家，以从事于公义，自非圣者，乌可得也？"其实，"人之智愚贤不肖，不甚相远也"，并不是"西人皆智，而华人皆愚"，"西人皆贤，而华人皆不贤"，但"西官之能任事也如彼，华官之不能任事也如

① 梁启超：《变法通议·论变法不知本原之害》，《梁启超全集》（第一册），北京出版社，1999，第14页。

② 梁启超：《变法通议·论变法不知本原之害》，《梁启超全集》（第一册），北京出版社，1999，第15页。

此”，不是人之原因，而是“法使然也”；法善“中人之性可以贤，中人之才可以智”，法不善者反是，“塞其耳目而使之愚，缚其手足而驱之为不肖，故一旦有事，而无一人可为用也”。[①]

梁启超批驳了以俾斯麦的练兵论为典型的技变论。李鸿章访问欧洲时，问治国之道于德国首相俾斯麦，答曰练兵而已。梁启超认为，“中国自数十年以来，士大夫已寡论变法，即有一二，则亦惟兵之为务”，“以谓外人之技，吾国之急图，只此而已”，“众口一词，不可胜辨”，而此论则又助长了中国的洋务论，认为西方之通人所论亦如是。梁启超认为，“亡天下者”，“必此言也”。他以春秋无义战、墨翟非攻、宋钘寝兵之义作例，说“以此孱国而陈高义以治之，是速其亡也”。国家的强盛，其本原在于“内治修，工商盛，学校昌，才智繁”，这样“虽无兵焉，犹之强也”，就像美国；如果国家“内治隳，工商窳，学校塞，才智希”，“虽举其国而兵焉，犹之亡也”，就像土耳其，因此“国之强弱在兵”，“而所以强弱者不在兵”。那西人何出此言呢？其原因是“狡焉思启封疆以减社稷”。他指出，“西人之政事，可以行于中国者，若练兵也，置械也，铁路也，轮船也，开矿也，西官之在中国者，内焉聒之于吾政府，外焉聒之于吾有司，非一日也”，“若变科举也，兴学校也，改官制也，兴工艺开机器厂也，奖农事也，拓商务也，未见西人之为一言”，这是因为，“练兵而将帅之才，必取于彼焉；置械而船舰枪炮之值，必归于彼焉；通轮船、铁路，而内地之商务，彼得流通焉；开矿而地中之蓄藏，彼得染指焉”，“且一有兴作，而一切工料，一切匠作，无不仰给之于彼”，“彼之士民，得以养焉”。所以，“铁路、开矿事务，其在中国，事得谓非急务也；然自西人言之，则其为中国谋者十之一，自为谋者十之九”；“若乃科举、学校、官制、工艺、农事、商务等，斯乃立国之元气，而致强之本原也”，“使西人而利吾智且强也，宜其披沥胆，日日言之”，“今彼之所以得操大权、占大利于中国者，以吾之强也愚也，而乌肯举彼之

---

① 梁启超：《变法通议·论变法不知本原之害》，《梁启超全集》（第一册），北京出版社，1999，第15页。

所以智所以强之道，而一以畀我也”，正如英人李提摩太所言，“西官之为中国谋者，实以保护本国之权利”，“独至语以开民智、植人才之道，则咸以款项无出，玩日愒时，而曾不肯舍此一二以就此千万也”，“吾又惑乎变通科举、工艺专利等事，不劳国家铁金寸币之费者，而亦相率依违，坐视吾民夫此生死肉骨之机会，而不肯导之也”，“吾它无敢怼焉，吾不得不归罪于彼族设计之巧，而其言惑人之深也”。[①]

因此，梁启超指出，变法，必须从本原上变。那法的本原是什么呢？他说：“吾今为一言以蔽之曰，变法之本，在育人才；人才之兴，在开学校；学校之立，在变科举；而一切要其大成，在变官制。”[②] 针对这一本原之变，梁启超反驳了保守的无才克任论。保守派认为，从本原上变法确实“探本穷原，靡有遗矣”，但是“兹事体大”，“非天下才，惧弗克任”，“恐闻者惊怖其言以为河汉，遂并向者一二西法而亦弃之而不敢道”。梁启超批驳说，这就好像“渡江者泛乎中流，暴风忽至，握舵击楫，虽极疲顿，无敢云者，以偷安一息，而死亡在其后也”；这也比如看病，“庸医疑证，用药游移”，而“精于审证者，得病源之所在，知非此方不愈此疾”。他以日本为例说，“区区三岛，外受劫盟，内逼藩镇，崎岖多难，濒于灭亡”，但是他们能够变官制，“转圜之间，化弱为强”。[③]

梁启超通过变法的目的，一步一步推导出变法的本原：变法之目的是育人才—育人才就需要创办现代学校—办学校就需要变科举—变科举制度就需要变官制。因此，梁启超变法思想的目的是育人才，其核心是变官制；而变官制的核心则是改革人才录用制度，即废除科举制度，采用新式学校教育。这样，梁启超从社会的人才核心，即学校教育，一步一步推出变法的核心，即政治变革。政治变革是原动力，

① 梁启超：《变法通议·论变法不知本原之害》，《梁启超全集》（第一册），北京出版社，1999，第16页。

② 梁启超：《变法通议·论变法不知本原之害》，《梁启超全集》（第一册），北京出版社，1999，第15页。

③ 梁启超：《变法通议·论变法不知本原之害》，《梁启超全集》（第一册），北京出版社，1999，第15页。

学校改革是本体，其间的连接点则是科举制度存废问题。正因为对于学校教育的重视，梁启超的《变法通议》分论由两个部分构成：一是人才教育论，包括论学校、论师范、论女学、论幼学等；二是人才教育方法论，包括论释书、论学会，全面阐释了他以学校教育为核心的人才培育模式。

梁启超《变法通议》中的变法思想，一方面反映了梁启超初步接触西方现代民主政治思想与社会教育模式后形成的政治理想与教育方式，具有学理性；另一方面，这些政治主张不是纯粹的学理研究，而是直接针对当时的社会现实，企图用这些主张更替直接的社会政治，具有政治实践性。尤其是废科举兴学校的社会人才本体论，与变官制改革政治的本体论，抓住了当时社会变革的两大核心，直指社会变革的命门。当然，梁启超政治变革要想真正实现，其前提是：要建立有利于这样的人才培养的政治模式，这个模式需要得到政治本体即上层统治阶层的支持才能实现。如何督促或要求统治阶层实施即这个前提的实现条件，让梁启超陷入了困境，这也使得梁启超政治乌托邦的社会实现只能等待贤能君主的良心发现这个偶然的机会才能得到落实。虽然光绪帝支持康梁而使他们等来了这个机会，但是因兹事体大，因为在家国一体的统治模式中，变法首先要取消的就是统治集团的利益，这也使得他们的社会变革思想举步维艰，其变法维新是昙花一现也就不足为怪了。

戊戌变法失败后，梁启超逃亡日本，也正是从这个时期，他系统地学习、接受了西方现代国家政治思想与哲学思想，并以现代国家政治观念从事思想启蒙与启蒙教育工作。从此以后，不管梁启超的政治知识范式如何调整，重造现代国家、重塑中国现代国民一直是其思想启蒙的核心。

梁启超指出，“国也者，积民而成”，这样的国家不再是天子君主之国，而是现代卢梭的民约之国。这样的国家，国民与国家的关系“犹身之有四肢、五脏、筋脉、血轮也”，“未有四肢已断，五脏已瘵，筋脉已伤，血轮已涸，而身犹能存者”，亦“未有其民愚陋、怯弱、涣散、混浊，而国犹能立者”，所以“欲其国之安富尊荣。则新民之道不可不讲”。[①] 很显然，中国之所以问题这么大，就在于其组成元素的国民出了问题；中国国民之所以出了这么大的问题，就是因为统治阶级家国不分的结果，是统治阶级长期愚民的结果。所以，他作《新民说》，其目的就是要“探求我国民腐败堕落之根源”，“使国民知受病所在”，“以自警厉自策进”。[②] 这样，梁启超就将中国的前途问题与国民自身的素质提升关联了起来，而不再期望于君官绅的自上而下的改革。

梁启超的“新民”，是民的自新，而不是他新。他指出，新民不能期望于“有贤君相”，而且即使有“有贤君相”，也“爱我而莫能助”，因为，“责望于贤君相者深，则自责望者必浅”。正是这“责人不责己、望人不望己之恶习”，是“中国所以不能维新之大原”，“我责人，人亦责我”，“我望人，人亦望我”，造成“四万万人”“互消于相责、相望之中”。所以，新民“非新者一人”，“而新之者又一人”，而在“吾民之各自新而已”，自新才是新民的真正内涵。[③]

梁启超指出，新民途径有二：一是“淬厉其所本有而新之”，一是“采补其所本无而新之”。对于国民独具之特质，上自道德法律，下至风俗习惯、文学美术，对于其宏大高尚完美者，我们应该保存之使其勿坠，要“濯之拭之，发其光晶；锻之炼之，成其体段；培之浚之，厚其本原；继长增高，日征月迈”，这样“国民之精神，于是乎保存，于是乎发达”，这就是所谓淬厉其本有而新之。当然，我国民也有其缺失，“皆使之有可以为一个人之资格，有可以为一家人之资格，有可以为一乡一族人之资格，有可以为天下人之资格，而独无可以为一国国民之资格”；“以今日列国并立、弱肉强食、优胜劣败之时代，苟缺此资格，则决无以自立于天壤”，“故今日不欲强吾国则已，

① 梁启超：《新民议·叙论》，《梁启超全集》（第二册），北京出版社，1999，第655页。

② 梁启超：《新民议·叙论》，《梁启超全集》（第二册），北京出版社，1999，第620~621页。

③ 梁启超：《新民议·论新民为今日中国第一急务》，《梁启超全集》（第二册），北京出版社，1999，第656页。

欲强吾国，则不可不博考各国民族所以自立之道，汇择其长者而取之，以补我之所未及”。所以，梁启超的新民，一方面要挖掘国民固有之品质，使之保存勿失，并不是完全西化者的“蔑弃吾数千年之道德、学术、风俗，以求伍于他人”；另一方面也要积极吸收世界各族优良品质，以补我国民之所缺失，而不是守旧派的“墨守故纸者流，谓仅抱此数千年之道德、学术、风俗”。[①]

梁启超新国民品质的塑造从两个纬度展开，一个纬度是以权利义务为核心的现代自由观念，一个纬度是以公德、责任为核心的现代群（国家）的观念，这两个纬度共同构筑了现代国民的品质。其中前者主要是从国家对于国民的关系而言，即国家对于国民之保护；后者主要是从国民对于国家的关系而言，即国民对于国家之责任。

先看自由纬度。梁启超早期的自由定义，主要来源于英国的消极自由概念。他说：“人人自由，而以不侵人之自由为界。”这种自由，基于法律的规定，得到法律的保障，“文明自由者，自由于法律之下，其一举一动，如机器之节腠，其一进一退，如军队之步武”。[②] 这种自由，其本质是一种权利义务关系。由于向无国家与国民观念，故中国向无权利思想，所以现在就要培养国民的权利义务观念，“为政治家者，以勿摧压权利思想为第一义”，“为教育家者，以养成权利思想为第一义”；作为个人，“无论士焉农焉工焉商焉男焉女焉”，都要“坚持权利思想为第一义”，政府侵害了国民的权利则要争之，政府见国民争取权利要让之。国民与国家之间如此，国与国之间亦如此，“使吾国之国权与他国之国权平等”，“必先使吾国中人人固有之权皆平等”，“必先使吾国民在我国所享之权利与他国民在彼国所享之权利相平等”。[③]

---

① 梁启超：《新民议·释新民之义》，《梁启超全集》（第二册），北京出版社，1999，第657～658页。

② 梁启超：《新民议·论自由》，《梁启超全集》（第二册），北京出版社，1999，第678页。

③ 梁启超：《新民议·论权利思想》，《梁启超全集》（第二册），北京出版社，1999，第675页。

自由与奴隶相对，自由就是要摆脱被奴役的状态。梁启超将自由的内容分为四类：一是政治上之自由，即人民对于政府而保其自由；二是宗教上之自由，即教徒对于教会而保其自由；三是民族上之自由，即本国对于外国而保其自由；四是生计上之自由或经济之自由，即资本家与劳力者相互而保其自由。[①] 当然，要摆脱奴役的状态，不是别人给予自己以自由，而是自己要主动追求自由，所以“若有欲求真自由者”，“其必自除心中之奴隶始”；要摆脱的心之奴隶有四：一是勿为古人之奴隶，二是勿为世俗之奴隶，三是勿为境遇之奴隶，四是勿为情欲之奴隶。[②]

梁启超建构的现代国民品质，另一个纬度就是以公德、责任为核心的合群（国家）素质。梁启超指出，中国公民最缺者之一是公德。所谓公德，就是群德，就是“人群之所以为群，国家之所以为国”的品德，群、国家“赖此德焉以成立者”。公德与私德都为道德，本为一体，因其发表内外形式不同而形成公德、私德，“人人独善其身者谓之私德”，“人人相善其群者　谓之公德”。公德与私德都是“人生所不可缺之具”，“无私德则不能立”，“合无量数卑污虚伪残忍愚懦之人，无以为国也”；“无公德则不能团”，“虽有无量数束身自好、廉谨良愿之人，仍无以为国也”。古代道德虽然很发达，而且发达很早，但其缺点则是“偏于私德”，“而公德殆阙如”。[③] 所以，现在我们要“静察吾族之所宜”，“而发明一种新道德”，“以求所以固吾群、善吾群、进吾群之道”，“知有公德，而新道德出焉矣，而新民出焉矣”。[④]

梁启超认为，缺乏公德之典型表现就是缺乏国家思想。梁启超指出，“吾中国人之无国家思想”，“其下焉者，惟一身一家之荣瘁是

① 梁启超：《新民议·论自由》，《梁启超全集》（第二册），北京出版社，1999，第675页。

② 梁启超：《新民议·论自由》，《梁启超全集》（第二册），北京出版社，1999，第679~680页。

③ 梁启超：《新民议·论公德》，《梁启超全集》（第二册），北京出版社，1999，第660页。

④ 梁启超：《新民议·论公德》，《梁启超全集》（第二册），北京出版社，1999，第662页。

问"，"其上焉者，则高谈哲理以乖实也"；"其不肖者且以他族为虎，而自为其伥"，"其贤者亦仅以尧跖为主，而自为其狗也"。"其所谓第一等人者"也不过独善其身，乡党自好者流，"是即吾所谓逋群负而不偿者也"。[①] 梁启超从四个角度来分析国家思想，一是"对于一身而知有国家"，二是"对于朝廷而知有国家"，三是"对于外族而知有国家"，四是"对于世界而知有国家"。[②]

正是由于强调公德、强调群治，梁启超在自由的权利义务关系中更强调责任与义务。他认为自由就是"人人对于他人而有当尽之责任，人人对于我而有当尽之责任"，"对人而不尽责任者，谓之间接以害群"，"对我而不尽责任，谓之直接以害群"，因为"对人而不尽责任，譬之则杀人也"，"对我而不尽责任，譬之则自杀也"；"一人自杀，则群中少一人"，"举一群之人而皆自杀，则不啻其群之自杀也"。[③] 他在《论义务思想》中指出，"中国人民对国之权利不患其轻"，"而惟欲逃应尽之义务以求自逸"。很多人以"中国人无权利思想为病"，而梁启超认为中国国民"无权利思想者，乃其恶果"，"而无义务思想者，实其恶因也"，"我国民与国家之关系日浅薄，驯至国之兴废存亡，若与己漠不相属者，皆此之由"。[④]

因此，梁启超的现代国民品质，既有个人自由主义血统，亦有国家主义的精神。黄克武指出，"梁氏虽然不是一个西方意义上的个人主义者"，"但也不是一些学者所谓的集体主义者或权威主义者"，"他对个人自由有很根本的重视"，"我们可以说他所强调的是非穆勒主义式的个人自由"，"这种个人自由仍然是以保障个人为基础"，"但同时以为个人与群体有密不可分的关系"，"因此有时强调以保障群体价值

① 梁启超：《新民议·论国家思想》，《梁启超全集》（第二册），北京出版社，1999，第664页。

② 梁启超：《新民议·论国家思想》，《梁启超全集》（第二册），北京出版社，1999，第663页。

③ 梁启超：《新民议·论权利思想》，《梁启超全集》（第二册），北京出版社，1999，第671页。

④ 梁启超：《新民议·论义务思想》，《梁启超全集》（第二册），北京出版社，1999，第708页。

作为保障个人自由的方法”。[①] 但要指出，梁启超的现代国民品质，个人自由主义与国家主义两者关系非常微妙，其表现有二：其一，梁启超早期更重视自由主义，但接受伯伦知理国家论后更偏向于国家主义；其二，当个人自由主义与国家主义产生冲突时，则以国家主义为重心，因为梁启超构建现代国民品质，不是单纯的国民思想史的理论建构，而是致力于解决中国现实的社会问题。日本学者中村哲夫认为，“在梁启超的内心，与日本的近代超克论者完全不同的是”，“为恢复人的全体性的人文精神”，“换而言之，与后现代主义共鸣的回路，已经原初地、微少地，并且是根源性地开拓出来了”。[②] 中村哲夫对于梁启超自由主义的后现代人文精神的论述，已经是过度阐释了。对于梁启超而言，解决现实的社会问题，是他理论阐释的真正动力与目的。

随着梁启超对西方政治学说的进一步接受，以及美洲游历的亲身体验，1903 到 1905 年左右，梁启超政治知识范式又从先前的卢梭民约论转向伯伦知理的国家论，在变革的途径上则从先前激进的革命论转向渐变的开明专制论。1905 年发表的《开明专制论》一文，梁启超系统地阐述了开明专制的含义，以及中国为什么现阶段只能实行开明专制制度。

文章第一章释制：“制者何？发表其权力于形式，以束缚人一部分之自由者也。以其束缚人自由，故曰裁制，曰禁制，曰压制；以其所束缚者为自由之一部分，故曰限制，曰节制；以其用权力以束缚，故曰强制；其权力之发表于形式者，曰制度，曰法制。”[③] 即，制以束缚人的一部分自由为目的，并表现为一定的形式如制度、法律等。要有制，就必须有强制的组织；而最完全强制的组织则是国家，因此，国家是制的基础与前提，“制与国家相缘”，“有国家然后能制，能制

① 黄克武：《一个被放弃的选择：梁启超调适思想之研究》，新星出版社，2006，第 32 ~ 33 页。

② 〔日〕中村哲夫：《梁启超与“近代之超克论”》，〔日〕狭间直树主编《梁启超·明治日本·西方——日本京都大学人文科学研究所共同研究报告》，社会科学文献出版社，2001，第 398 页。

③ 梁启超：《开明专制论》，《梁启超全集》（第三册），北京出版社，1999，第 1451 页。

斯谓之国家”。[1] 根据制的形式，国家可以分为两类：一曰非专制的国家，二曰专制的国家。所谓非专制的国家，指“一国中人人皆为制者，同时人人皆为被制者”，包括“君主贵族人民合体的非专制国家”“君主人民合体的非专制国家”与“人民的非专制国家”。所谓专制的国家，指“一国中有制者有被制者，而制者全立于被制者之外，为相对的地位”，包括“君主的专制国家”“贵族的专制国家”与“民主的专制国家”。[2] 根据权力发表形式的良善，专制有开明专制与野蛮专制两种形式：“发表其权力于形式，以束缚人一部分之自由，谓之制。据此定义，更进而研究其所发表之形式，则良焉者谓之开明制，不良焉者谓之野蛮制。由专断而以不良的形式发表其权力，谓之野蛮专制。由专断而以良的形式发表其权力，谓之开明专制。”[3] 因此，制的好坏并非在于专与非专，而在于开明还是野蛮。“准是以谈，则国家所最希望者，在其制之开明而非野蛮耳。诚为开明，则专与非专，固可勿问。何也？其所受之结果无差别也。但非专制的国家，其得开明制也易，既得而失之也难；专制的国家，其得开明制也难，既得失之也易。非专制之所以优于专制者，在此点而已。”[4] 开明专制制度最适合用于以下几种情形：一是国家初成立时最适用；二是国家当贵族横恣、阶级轧轹时最适用；三是国家久经不完全的专制时最适用；五是国家久经野蛮专制时最适用；六是国家新经破坏后最适用。[5] 因此，“开明专制者，实立宪之过渡也，立宪之预备也”[6]。

梁启超对照当时社会现实，认为中国目前并不适于通过革命直接实现卢梭式的民约共和国，而更适合采用开明专制论。他首先采用了排除论证法，认为一方面中国今日万不能行共和立宪制度，因为中国

---

① 梁启超：《开明专制论》，《梁启超全集》（第三册），北京出版社，1999，第 1452 ~ 1453 页。

② 梁启超：《开明专制论》，《梁启超全集》（第三册），北京出版社，1999，第 1453 ~ 1454 页。

③ 梁启超：《开明专制论》，《梁启超全集》（第三册），北京出版社，1999，第 1455 页。

④ 梁启超：《开明专制论》，《梁启超全集》（第三册），北京出版社，1999，第 1456 页。

⑤ 梁启超：《开明专制论》，《梁启超全集》（第三册），北京出版社，1999，第 1464 页。

⑥ 梁启超：《开明专制论》，《梁启超全集》（第三册），北京出版社，1999，第 1464 页。

国民长期生活于专制政体之下，“既乏自治之习惯”，“又不识团体之公益”，只知道“持各人主义以各营其私”，在这样的国家极易破坏。但是破坏之后，“而欲人民以自力调和平复之，必不可得之数也”，导致“社会险象，层见叠出，民无宁岁”，“终不得不举其政治上之自由，更委诸一人之手，而自贴耳复为其奴隶”，其最终导致“民主专制政体”。所以，“凡因习惯而得共和政体者常安，因革命而得共和政体者常危”。[①] 他在《答某报第四号对于〈新民丛报〉之驳论》中亦明确指出，“今日中国，万不能行共和立宪制”，其原因是“未有共和国民之资格”。[②] 另一方面，中国今日也不能实行君主立宪制度，其原因有二：一是人民程度未及格，二是施政机关未整备。[③] 梁启超认为，中国今日当以开明专制为立宪制之预备。他说：“故吾以为开明专制者，决非新经破坏后所能行也。惟中央政府以固有之权力，循序渐进以实行之，其庶可致。若新经破坏后，则欲专制者，势不可不假强大之武力，以拥护其未定之地位，故舍立君主以外，实无可以得之之理由，否则行武人专制政治而已。”[④] 梁启超认为，一方面，中国国民长期生活在专制体制之下，并不具备共和国民的能力与道德，所以不能实施民主共和制度；另一方面，中国政府也不具备立即实施君主立宪的机关，所以也不能立即实施君主立宪制度。在这种情况下，唯有实施过渡状态的开明专制，进而再进入君主立宪时代，这才符合中国社会的现实。

梁启超反对共和立宪，是从国民道德能力“事实”论的。他与革命党论争时说道：“吾今请明告论者，吾之自初与排满共和论宣战也，以事实论，非以法理论也。即间涉法理，亦附庸也。论者如不能于事实上解决，则即速成讲义录，全文誊出以入贵报，犹无当也。而吾亦

① 梁启超：《开明专制论》，《梁启超全集》（第三册），北京出版社，1999，第 1470 页。

② 梁启超：《答某报第四号对于〈新民丛报〉之驳论》，《梁启超全集》（第三册），北京出版社，1999，第 1607 页。

③ 梁启超：《开明专制论》，《梁启超全集》（第三册），北京出版社，1999，第 1484 页。

④ 梁启超：《开明专制论》，《梁启超全集》（第三册），北京出版社，1999，第 1481 页。

决不予反答。”[①] 他讲的“事实”，就是指国民道德能力的事实。他说：“谓吾国民在远的将来有能为共和国民之资格者，以其心理之能变迁也。吾所以谓吾国民在今日或近的将来未有能为共和国民之资格者，以其心理变迁之不能速也。”[②] 民主共和制度不是不好，但只能用于将来，而且将来也必然实施民主共和制度，因为国民心理能够发展到那个水平；但是，民主共和制度不能立即在中国实行，因为国民道德能力的培养有个过程，欲速则不达。一句话，政体形式要与国民政治道德水平与能力相适应。梁启超从美洲返回日本后，就强化了道德的言说，积极从事道德培育，并将先前所著《论公德》《论私德》合并撰写了《德育鉴》，以进行国民道德教育。《德育鉴》目次分别为：辨术第一、立志第二、知本第三、存养第四、省克第五、应用第六，从目次就可以看出，梁启超明显加强了个人道德的论说。

辛亥革命胜利归国执政失败，让梁启超对自己先前的政治生涯作了沉痛的反省，这让他终于决定退出政坛，以“在野政治家”的身份从事社会教育事业。随着这一知识范式的调整，梁启超的新民内容又发生了变化，具体表现为道德救国论、国民运动论与以中补西论。

辛亥革命归国后司法总长与币制局总裁的执政经历，让梁启超思想发生了重大转变。他认为，仅有上层的政治制度设计，并不能真正改变中国社会现实；没有新人的国民性参与，一方面再好的制度也不会得到有效的执行，另一方面大家都蝇营狗苟于自己私利，无论如何也不可能建设出一个良好的国家。他在1913年所写的《一年来之政象与国民程度之映射》中说，革命后一年来政象最显著之反映，“所见者惟个人行动”，“未尝见有国家机关之行动与团体之行动”，“而今之尸国家机关及为各团体员者，皆借团体机关以为达私目的之手段

① 梁启超：《答某报第四号对于〈新民丛报〉之驳论》，《梁启超全集》（第三册），北京出版社，1999，第1617页。

② 梁启超：《答某报第四号对于〈新民丛报〉之驳论》，《梁启超全集》（第三册），北京出版社，1999，第1615页。

也”。[1] 所以，梁启超认为，中国要真正建立起现代民主国家，不是光靠上层政治制度设计能够解决问题，而必须实行道德启蒙，即提升国民道德素质。他说：“则中国社会之堕落窳败，晦盲否塞，实使人不寒而栗。以智识才技之暗陋若彼，势必劣败于此，物竞至剧之世，举全国而为饿殍，以人心风俗之偷窳若彼，势必尽丧吾祖若宗遗传之善性，举全国而为禽兽。在此等社会上而谋政治之建设，则虽岁变更其国体，日废置其机关，法令高与山齐，庙堂日昃不食，其亦曷由致治？有蹙蹙以底于亡已耳。夫社会之敝极于今日，而欲以手援天下，夫孰不知其难？虽然，举全国聪明才智之士，悉辏集于政界，而社会方面，空无人焉，则江河日下，又何足怪？”[2] 他在《国体战争躬历谈》中明确提出，自己以后要转到社会教育、提升国民道德素质上来：“当在天津，与蔡君共谋举义时，曾相约曰：今兹之役，若败则吾侪死之，决不亡命，幸而胜则吾侪退隐，决不立朝。盖以近年来国中竞争权利之风太盛，吾侪任事者宜以身作则以矫正之，且吾以为中国今后之大患在学问不昌，道德沦坏，非从社会教育痛下工夫，国势将不可救。故吾愿献身于此，觉其关系视政治为尤重大也。今蔡君既以养病闲居，吾亦将从事于吾历年所经营之教育事业，且愿常为文字以与天下相见，若能有补国家于万一，则吾愿遂矣。”[3] 这样，梁启超就从前期政治救国论转向道德救国论，从先前认为解决中国社会问题的根本途径在于政治转变为道德理性信仰，即认为只有通过道德新民才能从根源上解决中国社会问题。

道德救国论中的救国途径则是国民运动。梁启超政治救国知识范式中潜伏着具体的执政目标，即认为只有通过自己的执政行为才能解决中国社会问题。戊戌变法之前，梁启超随其师康有为通过上书、办报、办会等政治活动影响清廷，其背后的潜在理论思路是：现在的政

---

① 梁启超：《一年来之政象与国民程度之映射》，《梁启超全集》（第五册），北京出版社，1999，第2587页。

② 梁启超：《吾今后所以报国者》，《梁启超全集》（第五册），北京出版社，1999，第2806页。

③ 梁启超：《国体战争躬历谈》，《梁启超全集》（第五册），北京出版社，1999，第2930页。

治模式导致了目前的社会危机，而我们发现或创造了新的政治模式，这种模式可以解决当前的社会危机，当然潜在的预设结果非常重要：只要你们用我们，或是只要我们执掌政权，就可以达成这样的目标。戊戌变法，康梁等人正式进入政治权力场；辛亥革命之前，梁启超自信地认为，非他担任国务大臣中国问题就不能解决，甚至迟上一年，即使他出山也解决不了，这一思路都是以潜在的执政作为目标，并自信地认为只有自己执政才能解决这一问题。

但是，当梁启超发现自己执政也不能解决中国问题，从而形成道德理性信仰知识范式时，他就将执政目标修改为国民运动，即只有全体国民道德素养提高了，全体国民都参与到中国政治事务中来时，中国政治问题才能得到彻底的解决。梁启超所说的国民运动，“不是政客式的运动”，“不是土豪式的运动”，“不是会匪式的运动”，而是“全国真正良善人民的全体运动”。怎样才能做到“全国真正良善人民的全体运动”？第一，要把“现在的精神维持到底，别要象过去的青年，一眨眼便堕落”；第二，是“你把你的理想精力设法流布到你的同辈中，叫多数人和你一样”；第三，是“你把你的思想着实解放，意志着实磨炼，学问着实培养，抱定尽性主义，求个彻底的自我实现”。[①] 国民运动并不是直接的政治运动，而是一场道德的自我提升与道德教育活动，这就是梁启超的道德理性信仰知识范式中的国民运动的真正含义。

由于受到西方“二战”后理性反思与物质价值的反思与批判的影响，梁启超的知识范式也从西方信仰调整为以中补西论。《变法通议》时期，梁启超政治知识范式的核心是其师康有为的公羊三世改制学说，但已经开始向民权、向国家这个方向上延伸。《清议报》《新民丛报》时期，他已经完全摆脱其师康有为影响，成长为国家理性的现代政治家。从西方现代政治理论的视野看中国，梁启超彻底否定了中国传统的政治、道德、文化，即使偶有对中国传统文化的肯定，比如《史记·货殖列传》，比如管子、王安石等，都是以西方的经济功能、政

---

① 梁启超：《欧游心影录》，《梁启超全集》（第五册），北京出版社，1999，第 2985 页。

治变革等价值观肯定的，这就形成了梁启超早期的西方信仰。但到道德理性信仰时期，梁启超站在批评西方唯科学、唯物质的思维基础之上，重新审视中国传统文化与道德，认为其可以补充西方的唯物质、唯理性的思维，解决西方唯物质、唯理性的价值危机。他说："近来西洋学者，许多都想输入些东方文明，令他们得些调剂。我仔细想来，我们实在有这个资格。何以故呢？从前西洋文明，总不免将理想实际分为两橛，唯心唯物，各走极端。宗教家偏重来生，唯心派哲学高谈玄妙，离人生问题，都是很远。科学一个反动，唯物派席卷天下，把高尚的理想又丢掉了。所以我从前说道：'顶时髦的社会主义，结果也不过抢面包吃。'这算得人类最高目的么？所以最近提倡的实用哲学、创化哲学，都是要把理想纳到实际里头，图个心物调和。我想我们先秦学术，正是从这条路上发展出来。孔子、老子、墨子三位大圣，虽然学派各殊，'求理想与实用一致'，却是他们共同的归着点。如孔子的'尽性赞化''自强不息'，老子的'各归其根'，墨子的'上同于天'，都是看出有个'大的自我''灵的自我'，和这'小的自我''肉的自我'同体，想要因小通大，推肉合灵。我们若是跟着三圣所走的路，求'现代的理想与实用一致'，我想不知有多少境界可以辟得出来哩。"① 这样，梁启超就从西方信仰演变为以中补西论。如何补？梁启超认为，要用中国的精神生活补西方的物质生活，达到精神生活与物质生活的调和，同时还要调节个性与社会性，做到个性与社会性相调和。②

第三节　新民手段

由于政治知识范式与传统发生了裂变，为适应新民的目标，梁启

① 梁启超：《欧游心影录》，《梁启超全集》（第五册），北京出版社，1999，第 2986 页。

② 梁启超：《先秦政治思想史》，《梁启超全集》（第六册），北京出版社，1999，第3693～3695 页。

超必然要采用与传统方式不同的新民手段，以实现新民的目标。

维新变法时期，在君主神圣、家国一体的政治知识范式中，新民的对象主要是君、官、绅，这就决定了康梁新民的主要手段是上书与请愿。康有为曾先后七次上书光绪帝请求变法，而其中大部分梁启超都参与其中。早在 1888 年 12 月 10 日，康有为到北京参加顺天应试，以布衣身份上书光绪帝，极陈列强相逼、中国危在旦夕之情状，请求变法维新以挽救危机，这就是《上清帝第一书》。1895 年甲午战争失败后，清政府与日本签订了丧权辱国的《马关条约》，作为康有为的得力弟子之一，梁启超协助其师发起著名的“公车上书”，这就是《上清帝第二书》。这次上书虽然没有让清廷拒绝《马关条约》签字，但是却打动了光绪帝，让光绪帝记住了他的名字。也正是通过不断的上书，让光绪帝看到了康有为的一腔热血，也看到了康有为的才华，这才为其后的戊戌变法埋下了伏笔。

除了直接上书君王阐述自己的变法主张外，作为布衣出身的康梁变法派，要影响君主，还必须假借王公大臣等官绅。这主要有两方面原因。

其一，封建等级制度森严，布衣出身的康梁不仅自己根本无法接触到君王本人，甚至其上书都无法递交到君王手中，只有通过特定的官员才能递交。如康有为 1888 年的第一次上书就因为军机处官员认为其言辞过于激烈而被截留，并没有递交给光绪帝；1895 年第二次上书即公车上书影响这么大，但光绪帝依然没有看到这份上书。直到康有为第三次上书，光绪帝才亲自看到；他第四次以工部主事身份上书时，又遭到保守的工部堂官的拒绝；1897 年，德国强占胶州湾后，康有为第五次上书光绪帝，称局势岌岌可危，变法维新势在必行，但同样因为言辞激烈没有立即被呈送到光绪帝手中。光绪帝想亲自召见康有为，但却受到恭亲王奕䜣阻挠，因为非四品以上官员皇帝不能接见，光绪帝只好令李鸿章、翁同龢、荣禄等几位大臣代为接见。只是到后来，光绪帝下令康有为如有奏折即日呈递不得阻搁，他的上书通道才顺畅起来。

其二，君王的思想与主张往往会受到周围王公大臣的影响。如果说上书君王被君王采用是维新变法的直接途径，那么，游说官绅从而影响帝王，让帝王采纳自己的维新变法主张则是间接途径。所以，除上书外，康梁的主要工作则是游说官绅。早在上光绪帝第一书之前，康有为就曾上书翁同龢敦促变法。此事在康有为的《自编年谱》中记载："九月游西山，时讲求中外事已久，登高极望，辄有山河人民之感。计自马江败后，国势日蹙，中国发愤，只有此数年闲暇，及时变法，犹可支持，过此不治，后欲为之，外患日逼，势无及矣。时公卿中潘文勤公祖荫，常熟翁师傅同龢，徐桐有时名，以书陈大计而责之，京师哗然。"[①] 这在《翁文恭公日记》中亦可得到证实，翁氏日记载："南海布衣康祖诒上书于我，意欲一见，拒之。"翁同龢是光绪帝的老师，时任户部尚书，并分管翰林院事务，如果他能出面推动变法，那自然是有效得多。康有为没有见到翁同龢，于是又写了《上清帝第一书》，这次上书又经他人转递给翁同龢，但翁氏并未转呈给光绪帝。康有为认为其因是由于上书中有"马江败后，不复登用人才"，而"归咎于朝廷之用人失宜者，时张佩纶获罪，无人敢言，常熟恐以此获罪，保护之，不敢上"。《翁文恭公日记》记曰："盛伯羲以康祖诒封事一件来，欲成均代递，然语太讦直，无益，只生衅耳，决许覆谢之。"

梁启超同样游说过湖南汪穰卿、陈宝箴、黄遵宪等官员，在湖南实行新法。1895 年，梁启超曾经致信汪穰卿，让他鼓动江建霞在湖南厉行新学。"十八省中，湖南人气最可用，惟其守旧之坚，亦过他省，若能幡然变之，则天下立变矣。江建霞顷督湘学，此君尚能通达中外，兄与之厚，盍以书鼓动之，令其于按试时非曾考经古者，不补弟子员，不取优等，而于经古一场，专取新学，其题目皆按时事，以此为重心，则禄利之路，三年内湖南可以丕变矣。"[②] 后来湖南时务学堂成立，梁启超担任总教习，培养了一批学生。1896 年，担任时务学堂总教

① 翦伯赞等编《戊戌变法》（第四册），上海人民出版社，1953，第 120 页。

② 梁启超：《与穰卿足下书》，丁文江、赵丰田编，欧阳哲生整理《梁任公先生年谱长编》（初稿），中华书局，2010，第 27 页。

习期间，梁启超协助陈宝箴、黄遵宪厉行新政，劝湖南自立自保：“呜呼！今日非变法万无可以图存之理，而欲以变法之事，望政府诸贤，南山可移，东海可涸，而法终不可得变。……故为今日记，必有腹地一二省可以自立，然后中国有一线之生路。今夫以今之天下，天子在上，海内为一，而贸然说疆吏以自立，岂非大逆不道，狂悖之言哉！”[①]

如果说上书与游说是传统新民手段，作为现代新民巨子的梁启超更是运用了现代文明传播手段。梁启超在《传播文明三利器》言，报纸、学校与演说是文明普及之三大利器。[②] 反观梁启超的新民活动，办报、办学与演说，也构成了他新民的三大利器。

维新变法时期，梁启超就开始通过办报手段新民。美国学者张灏指出：“继‘公车上书’之后，康梁加快改良运动的步伐，当时改良运动比 1888 年康最初单独发动的改良运动有了一个更广阔的范围。那时，康的改良运动不出上书和在朝廷高级官员中进行游说这一范围。在继续提倡自上而下改革这一基本原则的同时，康梁在策略上作了一个重大的改变：他们试图向朝廷上书，同时还努力争取赢得一般士绅的支持，‘以其于民之情形熟悉，可以通上下之气而已’。他们计划从两方面实现这一目标：在士绅中组织学会和出版杂志宣传他们的目标。学会建立在地方性和知识性两个基础之上。学会首先在北京和上海建立起来，后来在每个省、每个县、每个地区和每个城镇建立分会。同时，为了传播各种新的知识，计划在全国范围内通过学会向士绅进行新的知识教育，并通过期刊促进交流、增进知识，为学会提供教育和联合作用。”[③]

早在 1895 年公车上书失败以后，康梁有感于新政不能行，为提倡新学、开通风气，他们就决定办报、办会。梁启超在 1895 年给夏穗卿的

---

① 梁启超：《上陈中丞书》，《冀教丛编》附录，又见丁文江、赵丰田编，欧阳哲生整理《梁任公先生年谱长编》（初稿），中华书局，2010，第 45 页。

② 梁启超：《传播文明三利器》，《梁启超全集》（第一册），北京出版社，1999，第 359 页。

③ 〔美〕张灏：《梁启超与中国思想的过渡（1890—1907）》，崔志海、葛夫平译，江苏人民出版社，1997，第 44 页。

信中说道："顷拟在都设一新闻馆略有端绪，度其情形可有成也。……此间亦欲开学会，颇有应者，然其数甚微。度欲开会，非有报馆不可，报馆之议论，既浸渍于人心，则风气之成不远矣。"[①] 这第一份报纸，就是本年 8 月于京师创办的《万国公报》（即《中外纪闻》），梁启超亲自担任主笔，这也是他正式踏入报界并为他赢得巨大影响的起端。让梁启超声名鹊起的是 1896 年 8 月创办的《时务报》。汪康年的《任公事略》指出该报的新民目的："时承中日战争之后，钱塘汪穰卿进士与任公议，谓非创一杂志，广译五洲近事，详录各省新政，博搜交涉要案，俾阅者周知全球大势，熟悉本国近状，不足以开民智而雪国耻，于是有《时务报》之设。"[②] 梁启超自己在《清代学术概论》中也明确指出这一目的："其后启超等之运动，益带政治的色彩。启超创一旬刊杂志于上海，曰《时务报》。自著《变法通议》，批评秕政，而救弊之法，归于废科举、兴学校，亦时时发'民权论'……"[③]

最能代表梁启超新民高度的是《清议报》与《新民丛报》。1898 年 9 月，梁启超逃亡到日本后，在横滨创办《清议报》。《〈清议报〉叙例》言宗旨有四，一是维持国人之"清议"，"激发国民之正气"，二是增长国人之"常识"，三是联系中国与日本两国之声气，"联其情谊"，四是"发明东亚学术以保存亚粹"[④]，其一是直接的政治目的，其二就是启蒙目的。《清议报》是梁启超政治启蒙的阵地，他在《〈清议报〉一百册祝辞并论报馆之责任及本馆之经历》中系统总结了其四个特色：一是"倡民权"，并认为其是"独一无二之宗旨"，"虽说种种方法，开种种门径，百变而不离其宗，海可枯，石可烂，此义不普及于我国，吾党弗措也"；二是"衍哲理"，即对"东西诸硕学之书"，"务衍其学说，以输入于中国"；三是"明朝局"，即揭露慈禧政权之

① 梁启超：《与穗卿足下书》，丁文江、赵丰田编，欧阳哲生整理《梁任公先生年谱长编》（初稿），中华书局，2010，第 25 页。

② 汪康年：《任公事略》，丁文江、赵丰田编，欧阳哲生整理《梁任公先生年谱长编》（初稿），中华书局，2010，第 22 页。

③ 梁启超：《清代学术概论》，《梁启超全集》（第五册），北京出版社，1999，第 3100 页。

④ 梁启超：《〈清议报〉叙例》，《梁启超全集》（第一册），北京出版社，1999，第 168 页。

阴谋与黑暗，“戊戌之政变，已亥之立嗣，庚子之纵团，其中阴谋毒手，病国殃民。本报发微阐幽，得其真相，指斥权奸，一无假借”；四是“厉国耻”，“务使吾国民知我国在世界上之位置，知东西列强待我国之政策，鉴观既往，熟察现在，以图将来”。此四点，“一言以蔽之曰：广民智，振民气而已”。[①]

1901 年十一月，《清议报》出版至一百号停刊，梁启超改办《新民丛报》。《莅报界欢迎会演说辞》言其新民目的，“辛丑之冬，别办《新民丛报》”，“稍从灌输常识入手”。[②]《新民丛报》报章章程述其宗旨与内容，一是“本报取《大学》新民之义，以为欲维新吾国，当先维新吾民”，“中国所以不振，由于国民公德缺乏，智慧不开，故本报专对此病而药治之，务采合中西道德以为德育之方针，广罗政学理论，以为智育之原本”；二是“本报以教育为主脑，以政论为附从”，“惟所论务在养吾人国家思想，故于目前政府一二事之得失，不暇沾沾词费也”；三是“本报为吾国前途起见，一以国民公利益为目的”，“持论务极公平，不偏于一党派；不为灌夫骂坐之语，以败坏中国者，咎非专在一人也。不为危险激烈之言，以导中国进步当以渐也”。[③]

1904 年二月，梁启超在上海与狄楚卿、罗普等筹办《时办》。《时报缘起》言其创刊目的是，“于本国及世界所有之问题，凡关于政治学术者，必竭同人谫识之所及，以公平之论，研究其是非利害，与夫所以匡救之应付之方策，以献替于我有司，而商榷于我国民”。[④] 1910 年正月，《国风报》出版，梁启超担任总编撰。《申报》广告言其宗旨曰：“本报以忠告政策，指导国民，灌输世界之常识，造成健全之舆论为宗旨，……”梁启超撰写的《〈国风报〉叙例》言立宪时代健全

---

① 梁启超：《〈清议报〉一百册祝辞并论报馆之责任及本馆之经历》，《梁启超全集》（第一册），北京出版社，1999，第 478 页。

② 梁启超：《莅报界欢迎会演说辞》，丁文江、赵丰田编，欧阳哲生整理《梁任公先生年谱长编》（初稿），中华书局，2010，第 151 页。

③ 《〈新民丛报〉章程》，丁文江、赵丰田编，欧阳哲生整理《梁任公先生年谱长编》（初稿），中华书局，2010，第 136 页。

④ 《上海时报》缘起，《新民丛报》第四十四五号合期。

舆论源于五本：一曰常识，二曰真诚，三曰直道，四曰公心，五曰节制；前三者则其成全之要素，后二者则其保健之要素；缺前三者，则无所恃以为结合意思之具，即稍有所结合，而断不能统一，不能有力，其究也等于无有；缺后二者，则舆论未始不可以发生，而且或能一时极盛大，但是用褊心与恃客气，为道皆不可持久，其性质不能继续，不转瞬而灰飞烟灭。[①]

辛亥革命后，梁启超将主要精力投入了参政执政，作为新民利器的办报就被搁置了。不过，当他正式退出政坛，将工作重心转移到社会教育上后，办报办刊再次成为梁启超的活动重心。早在 1919 年 9 月欧游成行之前，梁启超就与张君劢、蒋百里、张东荪等发起新学会，并创办《解放与改造》杂志。新学会的宗旨是，从学术思想上谋根本的改造，以为将来新中国的基础。《〈解放与改造〉发刊词》言其两条宗旨是：一是“本刊所鼓吹，在文化运动，与政治运动相辅并行”；二是“本刊持论，务向实际的条理的方面，力求进步”。[②] 并提出十四条主张：一是“同人确信旧式的代议政治，不宜于中国，故主张国民总须在法律上取得最后之自决权”；二是“同人确信国家之组织，全以地方为基础，故主张中央权限，当减到以对外维持统一之必要点为止”；三是“同人确信地方自治，当由自动，故主张各省及至各县各市，皆宜自动的制定根本法而自守之，国家须加以承认”；四是“同人确信国民的结合，当由地方的与职业的双方骈进”，“故主张各种职业团体之改良及创设，刻不容缓”；五是“同人确信社会生计上之不平等，实为争乱衰弱之原”，“故主张对于土地及工商业机会，宜力求分配平均之法”；六是“同人确信生产事业不发达，国无以自存，故主张一面注重分配，一面仍力求不萎缩生产力且加增之”；七是“同人确信军事上消极自卫主义，为我国民特性，且适应世界新潮，故主

① 梁启超：《〈国风报〉叙例》，《梁启超全集》（第四册），北京出版社，1999，第 2211 ~ 2212 页。

② 梁启超：《〈解放与改造〉发刊词》，《梁启超全集》（第五册），北京出版社，1999，第 3049 页。

张无设立国军之必要，但采兵民合一制度以自图强立”；八是“同人确信中国财政，稍加整理，优足自给，故主张对于续借外债，无论在何种条件之下，皆绝对排斥”；九是“同人确信教育普及，为一切民治之根本，而其实行则赖自治机关”，“故主张以地方根本法规定强迫教育”；十是“同人确信劳作神圣，为世界不可磨灭之公理，故主张以征工制度代征兵制度”；十一是“同人确信思想统一，为文明停顿之征兆”，“故对于世界有力之学说，无论是否为同人所信服，皆采无限制输入主义待国人别择”；十二是“同人确信浅薄笼统的文化输入，实国民进步之障，故对于所注重之学说，当为忠实深刻的研究，以此自厉，并厉国人”；十三是“同人确信中国文明，实全人类极可宝贵之一部分遗产，故我国人对于先民，有整顿发扬之责任，对丁世界，有参加贡献之责任”；十四是“同人确信国家非人类最高团体，故无论何国人，皆当自觉为全人类一分子而负责任”，“故褊狭偏颇的旧爱国主义，不敢苟同”。①

1920 年 11 月，梁启超创办《新太平洋》杂志。从《〈新太平洋〉发刊辞》的宗旨可以见出，梁启超试图通过思想启蒙，通过民众参与来改善政治，他说，其一，“将吾国为自卫起见对于世界各民族最低限之要求——所要求为吾全国人一致主张者，尽情发挥，使各民族得觇吾意向之所存”；其二，“采国民外交之真精神，将此次会议应提之问题应采之手段细细讨论，供大多数人之参考批判，求出一准的，俾将来列席者有所秉承”；其三，“促起国民注意，使对于政局，速谋改造的新建设，免致以无政府状态见蔑于盛会”。②

梁启超第二、第四时期的办报活动，看似延续了第一时期的《万国公报》与《时务报》，实质上其目的、对象、话语方式与言说内容、发行方式等，已与第一时期分属晚清报刊地质中的不同岩层。第一时

---

① 梁启超：《〈解放与改造〉发刊词》，《梁启超全集》（第五册），北京出版社，1999，第 3049～3050 页。

② 梁启超：《〈新太平洋〉发刊词》，《梁启超全集》（第六册），北京出版社，1999，第 3378 页。

期由于君主神圣地位不可动摇，君主专制的理论基础——孔子的儒家学说不容质疑。梁启超办报的目的，是通过开官蒙、开绅蒙，以寻找、团结一批志同道合的同志，从而影响君主决策以实现变法。第二时期办报时，梁启超已经初步成长为一位近现代国家学说的政治理论家，其办报目的是系统介绍西方的现代政治学说、政党理论，已将开官蒙、开绅蒙转向开民蒙，企图通过教育启蒙养成现代国民的政治素养，从而推动现代国家的创建，这是第一、第二时期办报目的的差异。从言说对象上看，第一时期的启蒙对象主要是上层的官绅，以及知识分子；第二时期的启蒙对象，已经将目光移向普通民众。由于面对官绅，第一时期话语方式是“……很重要”，其言说内容是概括介绍各种理论或方法的重要性，比如“变法”很重要，“学校”很重要，“童子启蒙”很重要，“女学”很重要，等等，文章内容则是论述其重要性的原因、根据；第二时期是知识普及的启蒙，梁启超的话语方式已经转变为“……是……”，其言说内容则指向各术语的含义、如何做，比如“宪政是……”，“自由是……”，“精神是……”，等等，然后介绍西方各种政治学说，这种理论如何操作等等。从发行方式来看，第一时期主要是直接递送给官绅，即走的是官方路线；第二时期面对群众，开始转向民间路线。

与其说是现代报刊把梁启超推到了清末民初中国政治思想的最前沿与最巅峰，不如说是梁启超把中国现代报刊推向了发展的快车道。虽然中国古代也有报刊的雏形，但现代报刊显然源于西方。报刊的迅速发展需要三个条件：第一是现代印刷技术与条件，这是技术条件；第二是专业办报人的出现，这是人才条件；第三也是最重要的，是现代报刊消费群体的形成，这是需求条件。而报纸消费群体的形成，又需要三个条件：一是文化普及，尤其是现代学校教育基本消除社会文盲；二是现代产业城市与产业工人的大量出现；三是与产业相适应的服务业迅速发展，为报纸提供服务功能奠定基础。现代报刊传入中国后一直发展不快，其原因并不在于印刷技术与专业办报人，而是无法形成数量可观的消费群体，因为中国没有现代学校教育，智识阶层只占社会极小比例，且中国现代工业基本缺失，更不要说与之配套的现代服务业。那是什么刺激了中国现代报业的大发展？那就是梁启超的政治启蒙与政治宣传，即是政治因素刺激了中国报刊快速发展。现代中国，救亡图存的现实需要刺激了几代人为之奋斗，成为几代人孜孜追求的目标。中国现代报刊，主要是在政治因素的作用下迅速发展起来。梁启超所办报纸，从《时务报》到《清议报》，再到《新民丛报》，一期比一期发行量大，一期比一期影响力大，这种影响力恰恰是政治方面的影响力。因此，可以说，正是梁启超的政治宣传让中国现代报刊业得到了迅速发展。当然，倒过来也就顺理成章，现代报刊也让梁启超获得了现代的政治宣传手段，让他获得了民间知识分子与官僚知识分子的广泛支持，从而极大影响了中国政治的转型与转化。

梁启超新民的第二个利器是办会办学。1895 年 8 月，梁启超协助康有为于京师成立强学会。康梁成立强学会，是因为他们“感国事之危殆，非兴学不足以救亡”，“乃共谋设立学校，以输入欧美之学术于国中”。但是，“当时社会嫉新学如仇”，“一言办学，即视同叛逆，迫害无所不至”，所以他们“不能公然设立正式之学校”，而是“组织一强学会”，“备置图书仪器，邀人来观”，“冀输入世界之知识于我国民”，且“于讲学之外，谋政治之改革”。所以，强学会之性质“实兼学校与政党而一之焉”。强学会“在当时风气未开之际，有闻强学会之名者，莫不惊骇而疑有非常之举”。但也正是“此幼稚之强学会”，“遂能战胜数千年旧习惯，而一新当时耳目，具革新中国社会之功，实亦不可轻视之也”。[①] 继北京强学会后，康有为南返后在沪亦发起上海强学会，虽后来停废，但时务报馆却因它产生。同年 7 月，梁启超与汪康年、麦孟华在上海成立不缠足会，目的是：“使会中同志，可以互通婚姻，无所顾虑。庶几流风渐广，革此浇风。”[②] 1898 年 4 月，《马关条约》签

---

① 梁启超：《莅北京大学欢迎会演说辞》，《梁启超全集》（第四册），北京出版社，1999，第 2527 页。

② 梁启超：《试办不缠足会简明章程》，《梁启超全集》（第一册），北京出版社，1999，第 105 页。

订前后，康、梁又组织保国会，并召开数次会议，到会者都超过百人，京师风气一时大变。

1898 年 10 月，梁启超暂离《时务报》，至湖南任时务学堂总教习，积极倡民权、平等、大同之说，发挥保国、保种、保教之义。此时梁启超思想比较激进，《时务学堂遗编》批答学生札记已删除激烈部分，但苏舆所辑《翼教丛编》保存的几条激烈之语窥见一斑。1922 年在《时务学堂〈劄记残〉卷序》中，梁启超回忆了当时的激进思想及其反响："丁酉秋，秉三与陈右铭、江建霞、黄公度、徐研甫诸公，设时务学堂于长沙，而启超与唐君绂丞等同承乏讲席，国中学校之嚆矢，此其一也。学科视今日殊简陋，除上堂讲授外，最主要者为令诸生作劄记，师长则批劄而指导之。发还劄记时，师生相与坐论，时吾侪方醉心民权革命论，日夕以此相鼓吹，劄记及批语中，盖屡宣其微言。湘中一二老宿，睹而大哗，群起掎之，新旧之哄，起于湘而波动于京师，御史某刺录劄记全稿中触犯清廷忌讳者百余条，进呈严劾，戊戌党祸之构成，此实一重要原因也。"[①] 他的《清代学术概论》亦有记述与论述："所言皆当时一派之民权论，又多言清代故实，胪举失政，盛倡革命。其论学术，则自荀卿以下汉、唐、宋、明、清学者，掊击无完肤。时学生皆住舍，不与外通，堂内空气日日激变，外间莫或知之。及年假，诸生归省，出劄记示亲友，全湘大哗。……又窃印《明夷待访录》《扬州十日记》等书，加以案语，秘密分布，传播革命思想，信奉者日众，于是湖南新旧派大共。"[②] 冬天，梁启超还与经联珊先生倡设女学堂于上海。《上海新设女学堂章程》阐明创设女学堂的缘起与宗旨："学堂之设，悉遵吾儒圣教，堂中亦供奉至圣先师神位。办理宗旨，欲复三代妇女宏规，为大开民智张本，必使妇人各得其自有之权，然后风气可开，名实相副。"[③] 梁启超《倡设女学堂启》

---

① 梁启超：《时务学堂〈劄记残〉卷序》，《梁启超全集》（第七册），北京出版社，1999，第 3920 页

② 梁启超：《清代学术概论》，《梁启超全集》（第五册），北京出版社，1999，第 3100 页。

③ 梁启超：《上海新设女学堂章程》，丁文江、赵丰田编，欧阳哲生整理《梁任公先生年谱长编》（初稿），中华书局，2010，第 38～39 页。

指出:“甲午受创,渐知兴学,学校之议,腾于朝庑,学堂之址,踵于都会,然中朝大议,弗及庶媛,衿缨良规,靡逮由幗。非曰力有不逮,未遑暇此琐屑之事邪。无亦守旧扶阳抑阴之旧习,昧育才善种之远图耶。……夫男女平权,美国斯盛。女学布濩,日本以强,兴国智民,靡不始此,三代女学之盛,宁必逊于美日哉。遗制绵绵,流风未沫,复前代之遗规,采泰西之美制,仪先圣之明训,急保种之远谋。”①

退出政坛专门从事社会教育事业以后,梁启超更重视办学与学校教育。早在 1918 年 1 月,梁启超刚有出游欧洲计划之时,就有发起松社之计划。梁启超成立松社的目的,用张君劢给梁启超信中的话说是,“以读书、养性、敦品、励行为宗旨”,其原因是觉“政治固不可为”,而要从事“社会事业”,“苟疑吾自身亦为不可为,则吾身已失其存在,复何他事可言”,既然此事为“方今救世良药”,“而又为吾党对于社会对于自身处于无可逃之地位,故力赞其说”。松社活动办法有五,一是“既为修养团体,无取发表于外”,二是“人数极少,仅以平日能相信者为限,合军人政客于一堂”,三是一星期请梁启超作人心风俗演讲一二小时,四是“标修数事,为身心之修养”,五是“各任就智识科学问研究,如有所得,可与公众相交换”。② 1919 年 1 月 12 日,张君劢致黄溯初信中提到梁启超说欧游后所办事项,五条中有两条与学校教育有关:一是大学,二是派留德学生。③ 1919 年梁启超想接手并改造中国公学,因为他觉得欧战后“国民自觉心之发达,一日千里”,“乃共憬然于学问基础不植,在个人无以自立,在国家无以图存,莘莘学子,欲求高尚完备之学科,若饥渴之于食饮也,而环顾国中学校状况,欲求一焉能与各国最高学府程度相颉颃者,竟不可得”,“即有一二较完善者,则大抵在北方,而南方几于阙如。又多属官办,常为政治势力所牵掣,不能遂其自由发展”,将其改办成大学后,“学

① 梁启超:《倡设女学堂启》,《梁启超全集》(第一册),北京出版社,1999,第 104 页。

② 张嘉璈:《致任公先生书》,丁文江、赵丰田编,欧阳哲生整理《梁任公先生年谱长编》(初稿),中华书局,2010,第 476 页。

③ 张嘉璈:《与溯初吾兄书》,丁文江、赵丰田编,欧阳哲生整理《梁任公先生年谱长编》(初稿),中华书局,2010,第 478 页。

科讲座，不求泛备，惟务精纯，视力所届，岁图增廓，图书仪器，广为购储，藉供学生自由研究”。[①] 1919 年，梁启超等人又筹办共学社，其宗旨是“培养新人才，宣传新文化，开拓新政治”。[②]

1923 年 1 月，梁启超发起创办文化学院于天津，并自任院长。梁启超在发起倡议书中阐明其创办目的是，他相信“我国儒家之人生哲学，为陶养人格至善之鹄，全世界无论何国、无论何派之学说，未见其比，在今日有发挥光大之必要”，“先秦诸子及宋明理学，皆能在世界学术上占重要位置，亟宜爬罗其宗别，磨洗其面目”，“佛教为最崇贵最圆满之宗教，其大乘教理尤为人类最高文化之产物”，故“现代阐明传播之责任，全在我中国人”，“我国文学、美术在人类文化中有绝大价值，与泰西作品接触后当发生异彩，今日则蜕变猛进之机运渐将成熟”，“中国历史在人类文化中有绝大意义，其资料之丰，世界罕匹，实亘古未辟之无尽宝藏，今日已到不容扃镐之时代，而开采之须用极大劳费”。他认为，“欲创造新中国”，“非赋予国民以新元气不可，而新元气决非枝枝节节吸受外国物质文明所能养成，必须有内发的心力以为之主”。他认为，“我国人对于人类宜有精神的贡献，即智识方面亦宜有所持以与人交换”，“须在旧学上积有丰富精勤的修养，而于外来文化亦有相当的了解，乃能胜任”。他成立这个文化学院，其目的是“鸠集现在已有相当学力之同志，培养将来热心兹业之青年”。[③] 1925 年梁启超创办清华研究院并主持之。对于研究院的宗旨，他说，“我们研究院的宗旨”是，“我们觉得校中呆板的教育不能满足我们的要求，想参照原来书院的办法——高一点说，参照从前大师讲学的办法——更加以最新的教育精神”；“我所最希望的，是能创造一个新学风，对于学校的缺点加以改正。固然不希望全国跟了我们走，

---

① 梁启超：《吴淞中国公学改办大学募捐启》，《梁启超全集》（第五册），北京出版社，1999，第 3064 页。

② 梁启超：《致伯强、亮侪等诸兄书》，丁文江、赵丰田编，欧阳哲生整理《梁任公先生年谱长编》（初稿），中华书局，2010，第 477 页。

③ 梁启超：《为创办文化学院事求助于国中同志》，丁文江、赵丰田编《梁启超年谱长编》，上海人民出版社，1983，第 520 页。

但我们自己总想办出一点成绩让人家看看，使人知道这是值得提倡的，至少总可以说，我们的精神可以调和现在的教育界，使将来教育可得一新生命，换一新面目”。[①]

梁启超新民的第三个利器是演说。陈平原指出，晚清民国时代，“因其与现代中国学术及文章的变革生命攸关”，“介于专业著述与日常谈话之间的‘演说’，成了我们理解那个时代学人的生活与学问的最佳途径”。[②] 梁启超也是如此。梁启超的演说主要集中于两个阶段，一是辛亥革命后归国初期，二是欧游返回以后。1912 年，流亡日本十多年的梁启超终于正式归国，他回来后受到了社会各界的热烈欢迎，他自己也不无得意地说道，“上自总统府、国务院诸人，趋跄惟恐不及，下即全社会，举国若狂”，“此二十日间，吾一身实为北京之中心，各人皆环绕吾旁，如众星拱北辰”，“一言蔽之，即日本报所谓人气集于一身者，诚不诬也”。[③] 梁启超回国后，“每日必有演说”，主要有报界欢迎会、民主党欢迎会、共和党欢迎会、直隶公民公欢迎会、广东公会欢迎会、北京商会欢迎会、军警俱乐部欢迎会、广东公会欢迎会等，后来结集为《初归国演说辞》。这一时期的演说，主要偏向于政治宣传与社会动员。如报界欢迎会演说《鄙人对于言论界之过去及将来》，主要介绍了报馆对于现代文明传播以及中国革命的作用；《莅共和党欢迎会演说辞》言各国政体不一，其大原则有二：一为政治公开，二为政治统一；一党欲贯彻其主张，于党内必须注意：第一则意思之统一，第二则行为之统一。[④]《莅民主党欢迎会演说辞》言真正政党之成立必须具备六个条件：一是政党必须有公共之目的，二是政党必须有奋斗之决心，三是政党必须有整肃之号令，四是政党必须

① 梁启超：《清华研究院茶话会演说辞》，《梁启超全集》（第九册），北京出版社，1999，第 4883 页

② 陈平原：《“演说现场”的复原与阐释——“现代学者演说现场”丛书总序》，载魏泉考释《梁启超：从“承启之志”到“守待之心”》，山东文艺出版社，2006，第 1 页。

③ 梁启超：《与娴儿书》，丁文江、赵丰田《梁启超年谱长编》，上海人民出版社，1983，第 342 页。

④ 梁启超：《莅共和党欢迎会演说辞》，《梁启超全集》（第四册），北京出版社，1999，第 2512～2513 页。

有公正之手段，五是政党必须有牺牲之精神，六是政党必须有优容之气量。①

梁启超正式退出政坛后去欧洲考察，归国后迎来了他第二个演说高潮。1921 年 10 月 10 日至 12 月 21 日，梁启超应京津学校之邀，先后作七次演讲，主要有：应天津学界全体庆祝会之请，演讲《辛亥革命之意义与十年双十节之乐观》；应国立北京法政专门学校之请，演讲《无枪阶级对有枪阶级》；应南开大学之请，讲演《市民与银行》；应天津青年会之请，演讲《太平洋会议中两种外论辟谬》；应北京朝阳大学经济研究会之请，演讲《续论世民与银行》；应北京高等师范学校平民教育社之请，演讲《外交欤内政欤》；应北京哲学社之请，演讲《“知不可为”与“为而不有”》。这七篇演进稿于次年汇集单印刊行，题为《梁任公先生最近讲演集》。另有《历史上中华国民事业之成败及今后革进之机运》双十节演讲，言辛亥革命后中华民国得失，并得出今后革进之途，其结论第十条言中国文化的意义与价值：“中国文化，本最富于世界性，今后若能吸收世界的文化以自荣卫，必将益扩其本能而增丰其内容，还可贡献于世界，则二十世纪之中国国民，必在人类进化史上占重要之职役。”②

1922 年 4 月 1 日起，梁启超在北京、上海、南京、济南、武昌、长沙、南通等地作讲演 20 多次，内容涉及教育、美术、文化、宗教等多个领域，尤其以先秦政治思想史和屈原、杜甫研究、女子教育、美术与科学等题目引人注目。具体有：4 月 1 日，北京女子高等师范学校《我对于女子高等教育希望特别注意的几种学科》，其讲演特别强调与女性长相适应的几门学科：史学、会计学、图书馆管理学、新闻学；4 月 10 日，直隶教育联合研究会《趣味教育与教育趣味》；4 月 16 日，哲学社《评非宗教同盟》，针对基督教同盟在北京开会而引起

① 梁启超：《莅民主党欢迎会演说辞》，《梁启超全集》（第四册），北京出版社，1999，第 2511～2518 页。

② 梁启超：《历史上中华国民事业之成败及今后革进之机运》，《梁启超全集》（第六册），北京出版社，1999，第 3347 页。

反动发表见解；4月21日，诗学研究会《情圣杜甫》；5月，为北京法政专门学校作五四讲演四次，题目是《先秦政治思想》；6月3日，心理学会《佛教心理学浅测》（一名《从学理上解释“五蕴皆空”义》）；7月3日，济南中华教育改进社年会《教育与政治》；8月5日、6日，东南大学暑期学校学员《教育家的自家田地》与《学问之趣味》；8月13日，上海美术专门学校《美术与生活》；8月14日，上海中华职业学校《敬业与乐业》；8月18日，南京科学社生物研究所开幕《生物学在学术界之位置》；8月20日，南通科学社年会《科学精神与东西文化》，认为国人直至今日依然是“非科学的国民”，因为中国人对于科学态度有根本不对的两点：一是把科学看得太低了，二是把科学看得太呆了、太窄了；10月10日，天津青年会《市民的群众运动之意义及价值》（一名《对于双十节北京国民裁兵运动大会所感》）；11月3日，东南大学文哲学会《屈原研究》；11月6日，南京女子师范学校《人权与女权》；11月10日，东南大学史地学会《历史统计学》；11月27日，苏州学生联合会《为学与做人》；12月25日，南京学界全体公开讲演《护国之役回顾谈》。此外还有，北京大学哲学社《评胡适之〈中国哲学史大纲〉》，南京金陵大学第一中学《什么是文化》《研究文化史的几个重要问题（对于旧著《中国历史研究法》之修补及修正）。1923年1月13日，梁启超东南大学讲学结束，发表课毕告别演说一篇《东南大学课毕告别辞》，梁启超从自己的人生体验出发，论述了人生观与宇宙观的重要性，以及应该具有怎样的人生观与宇宙观。另有《治国学的两条大路》《教育应用的道德公准》等讲演；《中国韵文里头所表现的情感》为清华学校文学社讲座，论述了情感的重要作用，与中国韵文表现情感的几种方式；为北大哲学社演讲，评胡适《中国哲学史大纲》讲墨子、荀子最好，而讲孔子、庄子最不好，“凡关于知识论方面，到处发现石破天惊的伟论，凡关于宇宙观人生观方面，什有九很浅薄或谬误”。[①] 7月，主讲南开

① 丁文江、赵丰田：《梁启超年谱长编》，上海人民出版社，1983，第60页。

大学暑期学校；9月起，在清华学校讲学。1926年12月在北京学术讲演会及清华学校讲《王阳明知行合一之教》，介绍王阳明知行合一的教育思想。王国维投湖自尽后，有《清华研究院茶话话演说辞》一篇，言清华研究院发起缘由，可见他对于学校教育方式的不满。1927年3月5日，在司法储才馆作《学问的趣味与趣味的学问》讲演。

梁启超这一时期的讲演，源于他对当时学校教育模式的不满。他认为，当前的教育存在着严重的缺陷：第一是形式若军队，是“水平线”的教育，只适于群众教育，不适于天才教育；第二是其学业之相授受，若以市道交也，成为物的教育，失却人的教育，即学校教育目中无人，不是以人为本，以培养人格健全的人为目标，倒是像一个出售知识的杂货铺，故：“此种教育，虽办至极完善，然已不免以社会吞灭个性，已不免隐于机械的而消失自动力。”[①]“现在中国的学校，简直可说是贩卖知识的杂货店，文哲工商，各有经理，一般来求学的，也完全以顾客自命。”[②] 所以，他提倡一种自由讲座制度，其组织大略为：

一、以少数之同志，有专门学术，堪任教授者，组织讲师团体，但最少须五六人以上。

二、其讲座，或独立，或附设于原有之学校皆可。

三、学科不求备，以讲师确有心得自信对于此学科之教授能有特色者，乃设置之。但各科间须有相当之联络，使各科听讲毕业者，得有一系之完全知识。

四、讲授时间不必太多，使学生于听讲以外能得较多之自动的修习，常采教师学生共同研究的态度。

五、修业期限不宜太长，约两年而毕。

六、毕业不考试，但由各讲座讲师授以该科修了之证书。

---

① 梁启超：《自由讲座制之教育》，《梁启超全集》（第六册），北京出版社，1999，第3348页。

② 梁启超：《东南大学课毕告别辞》，《梁启超全集》（第七册），北京出版社，1999，第4159页。

七、学生分两种，一专修者，一自由听受者。自由听受者，不必经入学试验，亦不必修业终了。专修者，须经入学试验，以能直接读外国文之参考书为及格，授课毋得间歇。

八、设备之最要者为图书馆，既设某科讲座，则凡关于该科之重要参考书必须备。其关于自然科学之讲座，于图书之外，必须有相当之仪器以资试验。

九、讲座除筹备之基本金外，仍别营一两种小工业，教师学生同任劳作，以补助座费。[①]

梁启超所提倡的自由讲座制度，在讲座内容与组织形式上，参采前代讲学之遗意而变通之，使学校教师学生三者之间，皆为人的关系，而非物的关系。讲师之于讲座，自为主体，而非雇佣；讲师之于学生，实共学之友，不过以先辈之资格为文指导；学生得于讲师者，非在记忆其讲义以资一度之考试，乃在受取讲师之研究精神及研究方法。质言之，其获益最重要之点，则学生的人格之感化，讲师之熏陶学生，除讲堂授课之外，则可以察其性之所近，因势利导，而生活之自发的研究，乃可以日进。如此，"则天才瑰特之士，不至为课程所局，可以奔轶绝尘尽其才"，如此则教育不至为"机械化"，不至为"凡庸化"，社会上真面目之人才，或可以养成。[②] 他在全国各地所进行的讲演，正是自由讲座制度的实践。

演说与自由讲座，明显见出梁启超后期与前期的断层。梁启超后期的演说与自由讲座，与辛亥革命后刚归国时的演说不同，后者是归国后各党派、各团体出于敬重与敬仰而结交，其对象是社会各阶层的名流，其目的主要是介绍西方政治学说，以及报馆等现代政治宣传手段，同时，这种演讲也是一种交往手段。而这一时期的演讲，面对的对象是学校学生，是梁启超用自己的人生观、宇宙观感染学生，希望

---

① 梁启超：《自由讲座制之教育》，《梁启超全集》（第六册），北京出版社，1999，第3348页。

② 梁启超：《自由讲座制之教育》，《梁启超全集》（第六册），北京出版社，1999，第3349页。

能够提高他们的人格境界，从而达到建构良好政治的目的。这是切切实实的教育，但不是他所反对的纯知识的教育，见书不见人的教育。

梁启超讲的传播文明的三大利器，是就新民的形式即手段或工具而言，新民当然更要涉及其内容即思想。从传播的内容来看，当然是启蒙思想家们的理论与观念即著述。梁启超的著述主要集中于三个时期：一是维新变法的《时务报》时期，以《变法通议》为其典型；二是戊戌变法失败逃亡日本后的《清议报》与《新民丛报》时期，以《新民说》与《新民议》为其代表；三是退出政坛欧游归国以后，以《先秦政治思想史》《清代学术概论》等为代表。

《时务报》时期，梁启超的代表作是《变法通议》，包括《论不变法之害》《论变法不知本原之害》《学校总论》《学校余论》《论科举》《论学会》《论师范》《论女学》《论幼学》《论译书》《论变法必自平满汉之界始》《变法后安置守旧大臣之法》等篇，系统地论述了为什么必须变法、为什么要从本原上变法以及变法的具体措施等。

《清议报》《新民丛报》时期，梁启超最主要的著述在于政治学说方面，其代表作是《新民说》《新民议》，这也是梁启超生平最重要的著作。《新民说》包括《论新民为中国今日第一急务》《释新民之义》《就优胜劣败之理以证新民之结果而论及取法之所宜》《论公德》《论国家思想》《论进取冒险》《论权利思想》《论自由》《论自治》《论进步》《论自尊》《论合群》《论私德》《论生利分利》《论毅力》等，从公德、国家思想、进取冒险、自由、自治、进步、自尊、合群、生利分利、毅力、义务思想、尚武、私德、民气与政治能力等十六个方面论述了国民品质。但是，梁启超撰写《新民说》，并不是在统一的思想指导下的写作，而是有所变化。1903 年访美后，从论公德转向论私德，从卢梭的民约学说转向伯伦知理的国家学说，其开篇即是引起广泛争议的《论私德》。但《新民说》在中国现代思想史中的价值毋庸置疑，它致力于中国国民新人格建设，是“20 世纪中国思想史的真正起点”。[①] 当然，作

① 蒋广学：《梁启超评传》，南京大学出版社，2005，第 152 页。

为梁启超的新人格建设的巨著，它并不是一部纯伦理学的著作，而是一部政治著作，其目的是为了解决中国的现实政治问题，即通过新民实现救国的目的。狭间直树指出："梁启超之撰写《新民说》，绝不是从一个思想家或学者的角度，而是首先从政治需要出发的。"①

梁启超第三个著述高峰期的经典是《中国政治思想史》中的《先秦政治思想史》。1922 年冬，梁启超在东南大学演讲的原题为《中国政治思想史》，后来因病致汉以后的部分未能完成，此讲义后经梁启超整理成《先秦政治思想史》一书。梁启超著此书，其原因是深感中国古代哲学之博大精深，希望发扬光大以用于世界与将来。梁启超在《序论》"本问题之价值"言先秦政治思想史研究之价值说："然则中国在全人类文化史中尚能占一位置耶？曰能。中国学术，以研究人类现世生活之理法为中心，古今思想家皆集中精力于此方面之各种问题。以今语道之，即人生哲学及政治哲学所包含之诸问题也。盖无论何时代何宗派之著述，未尝不归结于此点。坐是之故，吾国人对于此方面诸问题之解答，往往有独到之处，为世界任何部分所莫能逮。吾国人参列世界文化博览会之出品恃此。"②

梁启超一生笔耕不辍，为我们留了一千五百万字左右的精神遗产。这些文字，是他关于中国政治前途的观察与思考，既是他自己政治实践的指导与引针，是引领那个时代以及以后几个时代的指路明灯，也是我们进入梁启超、进入那个时代的路径与通道。如果说，梁启超的政治实践构成了他政治界直接的政治活动，那么，他的新民宣传活动则是他思想界间接的政治活动。政治界的政治实践，与思想界的新民启蒙，共同构筑了梁启超政治活动的两个层面与两个向度。

梁启超政治美学最主要的功能是新民。从新民对象来看，维新变

---

① 〔日〕狭间直树：《〈新民说〉略论》，〔日〕狭间直树《梁启超·明治日本·西方》，社会科学文献出版社，2012，第 84～85 页。

② 梁启超：《先秦政治思想史》，《梁启超全集》（第六册），北京出版社，1999，第 3604 页。

法时期主要是君、官、绅，同时培育同志，戊戌变法失败逃亡日本后则转变为普通民众；从卢梭的民约论转向伯伦知理的国家论后，其对象除了普通民众外，更有与孙中山领导的革命派的论争与斗争；从政治家转型为在野政治家从事社会教育事业后，其对象除了普通民众外，还与政治派尤其社会主义革命派、新文化运动者的论争。从新民内容来看，维新变法时期主要是变法以及要从本原上变法；戊戌变法失败逃亡日本后，虽然有从卢梭的民约论向伯伦知理的国家论的转变，但其新民思想主要是西方现代国家政治学说；退出政坛从事社会教育事业后，其新民内容主要是道德救国论、国民运动论与以中补西论。从新民手段来看，既有维新变法时期传统的上书、游说的方式，也有现代的办报、办学、演讲、著述等手段，尤其是他的办报与著述，极大地刺激了现代中国人的神经，激起了他们的爱国热情，使后来者沿着他所开辟的道路继续前行。

余　论

余论对导论提出的“梁启超现象”即梁启超研究与接受中的“两头峰中间谷”的特殊现象做出回答。这一回答有两个角度：一是以梁启超为研究对象，检讨其政治美学思想建构的得与失，二是以梁启超美学思想研究成果为对象，检讨其美学思想研究的得与失。无论梁启超本人的政治美学创构，还是梁启超美学思想的研究，都存在着双重的认识误区。

一　梁启超政治美学建构的双重错位

梁启超与研究梁启超的学者们，在政治与美学关系的认识上都存在一定的错位。梁启超的认识错位在于，当以政治家的身份从事政治实践活动时，他往往以文人的思维解决政治问题，不理解政治家与政治思想家的区别，缺乏政治工具理性的自觉；当真正从事美学的著述与理论建构时，往往又简单地采用政治的手段与方式，这使得他的美学建构不仅简单、粗糙，而且乌托邦的想象也显得简略、单薄，缺少美学的理论与体系自觉。

文人具有浪漫主义气息，具有理想主义的情怀。文人政治家从事政治实践活动，往往会把这种浪漫主义气息、理想主义情怀带进政治实践中去。这是优点，但也有其局限性。正是这种浪漫主义与理想主义，将政治引向美好的未来，推动政治向前进步，逐步走向文明。中国的孔子、孟子、管子、王安石，以及康有为、梁启超、孙中山、毛泽东等，西方的柏拉图、卢梭、伏尔泰、罗尔斯、马克思、恩格斯等人，都是用他们的浪漫主义与理想主义重构了政治知识范式，推动着社会向文明前进。但是，如果处理不好浪漫主义、理想主义与现实政治的关系，这种浪漫主义与理想主义在当时反而会制约着政治的实现。梁启超的政治实践活动，就存在着这种局限性。这主要表现在以下三个方面：

其一，用理想直接替代现实，而不是把现实直接提升至理想。梁启超的文人浪漫主义气息与理想主义情怀，让他从事政治实践活动时不是把现实提升到理想，而是试图用理想直接替代现实。辛亥革命回国后，他担任司法总长、币制局总裁与财政部长，之所以最终都失败了，一方面由于外在因素即传统势力过于强大，另一方面其实也是更重要的，那就是他总是企图以自己的理想来设计政治现实、替代政治现实。维新变法时期，梁启超的政治理想就是“变官制”，即废除科举这一人才选拔制度，建立现代学校教育以广育人才。当有机会展布这一政治理想时，他就立即将其政治理想运用于具体的实践，从四月二十三日（公历6月21日）光绪帝下“定国是诏”，到五月初五废乡试应用八股、十二日废童生岁科试应用八股，仅仅用了十几天的时间。但是，废除科举后学校教育如何实施、人才如何选拔任用等，这些制度并没有真正建立起来。也就是说，人才选拔制度改革其实是一个人才培养、选拔、任用、考核等人才体系改造问题，而不是一纸诏书就能立竿见影。康梁直接将其理想立即运用于政治实践，而学校没有创建，新的人才培养制度、选拔制度、任用制度都没有建立，也没有安排好先前人才如何措制，也就是说他们并没有建立起能够得到社会相当认可、得到实践证明切实可行的配套制度。这当然会带来连锁的系列问题，他们的变革遭到既有利益占有者的反对、得不到利益可能者的支持，也是情理之中了。试想，如果康梁的“变官制”即科举改革是从现实到理想，不是废除科举，而是科举改革，将科举内容调整为各科科举，即设立政治、法律、经济、铁路、邮政、翻译、矿务等各个学科类别，分别选拔，逐年递升，而将现行科举选拔人数逐年递减，

最终消失，让其自然退出，这样的渐变可能更务实；并且，与此相应，政府开始独立设置教育、邮政、财政、银行、交通、能源、外资、司法等各个独立部门，通过科举制度接纳、吸收各科科举人才，就可能将科举制度软着陆为现代的公务员考试制度。这样，其制度的可行性、反对的力量可能都会小得多。梁启超的司法改革、币制改革失败，其内在原因也在于此，他是将其西方学到的现代经济学原理直接运用于中国的社会现实，而不是根据中国的社会现实设计出一套有步骤、有计划的行之有效的制度。

文人政治家的浪漫主义与理想主义能够推动政治向文明前进，但如果要将这种可能性转化为现实，文人政治家在具体的政治实践中要进行一次思维转换，即把理想替代现实的思维转化为把现实提升至理想的思维。在蓝图的描绘阶段，是从理想到现实；在蓝图的实践阶段，需要反向思维，要从现实到理想，分阶段、有计划、有步骤地落实。中国革命的挫折与最后的胜利，从正反两个方面都证明了这一点。当马克思的社会主义理论与无产阶级革命学说刚刚传到中国时，信仰者往往都是文人政治家。但是，用理想替代现实，导致革命起步阶段举步维艰，屡战屡败；当毛泽东提出农村包围城市这一新的革命思路时，就开始遵循中国的历史现实，将思维转变为从现实到理想，其后的抗日统一战线的建立、提出社会主义初级阶段、改革开放、让一部分人先富起来等，都是遵循了这一原则。这一思维的调整，让中国共产党领导的无产阶级革命取得了胜利，并且也推动着社会各个领域的进步与文明。

其二，文人理想化的情怀往往无限拔高人的道德水平，导致队伍单薄。文人的浪漫主义气息与理想主义，往往姿态很高，缺乏宽容，看不起世俗之人。维新变法时期，梁启超一再说要广求同志，并且将其作为“第一位”之事，这一方面说明旧派之人很多，另一方面恰恰又证明他们的姿态之高、缺乏宽容。其实，当时的革新派，既有洋务派，也有革命派，对于中国前途危机有深刻体认、并且想努力改变这种事实的大有人在。包括慈禧，洋务运动如果没有她的支持，也不可能得到实施；就是他们的百日戊戌维新，没有慈禧的支持至少是不反对，连机会都不会有。试想，从慈禧到光绪帝，从洋务派到革命派，都有革新与强国的愿望，难道真的就没有同志吗？这一体认背后的潜在思维是：只有他们的革新思想者是对的、最先进的，其他人的思想要么是假的，要么是无用的。维新派与革命派的斗争，更能说明这一点。孙中山多次接触维新派试图合作，甚至逃亡后日本朋友多次从间撮合，但最终都以失败而告终，一定程度上说就是维新派康有为姿态太高、排除异己、夜郎自大了，康有为甚至以帝王衣带诏之臣自居，根本看不上孙中山。梁启超考察美洲中国社会团体后认为，中国根本没有“群”观，要么是一人堂式的专制，要么就是一盘散沙，这又何尝不是维新派包括梁启超自己一定程度上的自我写照呢？

因此，文人政治家从事政治实践，就必须摒弃过度理想化带来的狭隘心态，要接纳“革命的同路人”，壮大自己的队伍。中国共产党领导的革命进程同样可以证明这一点。无产阶级革命初步阶段只接受纯粹的无产阶级，使得自己的革命队伍面非常狭窄。后来，中国共产党不断调整思路，在抗战时期提出团结一切可以团结的力量，即只要抗战，就是团结的对象。在土改运动中，其总路线与总政策则是依靠贫农、雇农，团结中农，中立富农，有步骤有分别地消灭封建剥削制度。这些政策，都团结了同志，扩大了自己的队伍。试想，如果当时洋务派、革命派与维新派，甚至旧官僚中同情变革者，都能够团结在一起，共同推动清廷的变革，实际情形可能又是另外一种情况了。

其二，缺乏政治工具理性的自觉。工具理性是法兰克福学派批判理论中的一个重要概念，其理论源头是德国社会学家马克斯·韦伯。韦伯提出“合理性”这一概念，并将其分为两种类型：一是价值的合理性即价值理性，二是工具的合理性即工具理性。价值理性强调一定行为正义的无条件的价值，即这一行为无论是动机还是实现这一动机的方式、手段都具有正义性；工具理性指行为者在功利动机的刺激下只追求结果，而不管行为、手段，即借助理性来达到自己的预期目的。所以，工具理性是一种效率原则，纯粹从效果最大化角度考虑问题。

韦伯对工具理性显然持批判与否定态度，认为工业资本主义就是一种工具理性，漠视了人的价值与情感。

不过，韦伯批判的是与价值理性相对的唯工具理性，即漠视价值理性，只追求工具理性，并不是说就要抛弃工具理性。任何行为，如果缺少了工具理性的自觉，其结果都很难得到保证，其价值理性又如何能够得以实现呢？政治实践亦当如此。政治的价值理性要得以实现，必须有政治工具理性的自觉作保障。所谓政治的价值理性，指政治追求符合正义的要求；政治的工具理性，指实现政治的价值理性时其手段与方式的效率性，即要以有效的手段与方式实现政治的价值理性。马基雅维里《君主论》中所阐释的君主统治之术就是一种政治工具理性。马基雅维里只是就工具理性谈政治工具理性，缺乏政治价值理性的共构，所以遭到了人们的普遍反对。但是，我们不应该忽视，马基雅维里的工具理性是我们获得政治价值理性的重要保障。文人政治家往往只具有浪漫主义的气息与理想主义的情怀，最缺乏这种政治工具理性。戊戌变法时期，康梁之所以失败，其中一个最重要的原因就是缺乏这种政治工具理性的自觉运用。他们在光绪帝与慈禧太后的关系处理上就存在很大问题，他们不仅没有很好地利用这种母子关系，反而激化母子矛盾，这不能不说是很大的败笔；他们在与洋务派、守旧派等关系处理上同样粗暴、简单，也缺乏政治工具理性的自觉。在政治的实践上，前面提到，他们对于科举制度变革的计划、步骤，以及相关配套的体制改革，都缺乏政治工具理性的自觉。梁启超司法改革、币制改革、经济改革等都以失败而告终，也都与缺乏政治工具理性自觉有关。而梁启超反袁之所以成功，除了因袁世凯复辟不得人心外，但时间如此之短却大获全胜，恰恰与他的政治工具理性自觉密切相关。脱身前，自己借口出国，安排蔡锷玩物丧志以迷惑袁世凯，并提前多方筹划，联系云南、四川、广东、广西、浙江等督抚联合反袁；广州海珠之变，其老友汤觉顿死于广东军阀龙济光之手，但他仍孤身前去最终说服广东独立。因此，文人政治家从事政治实践，必须有政治工具理性的自觉，才能真正将其政治理想付诸实施，推动政治向文明扎实地迈进。否则，不要说政治理想的实现，就是自己的生存都可能成为问题。

另外，梁启超首先是一位政治家，他以政治家的身份从事美学活动时，往往又简单地采用政治的手段，使得他的美学建构简单、粗暴，缺乏文学与美学的自觉。这主要表现为以下两个方面。

其一，简单的工具论文学观、美学观，其美学建构简单、粗糙，缺乏理论的体系性与周严性。梁启超早期的工具论文艺美学，通过情感内容与情感影响中介，将诗歌、小说、散文与政治启蒙、政治宣传联系在了一起，后期的趣味美学，则通过情感将趣味的人格提升与社会改造的政治目的联系在了一起，企图通过诗歌、小说、散文等文学与审美手段来实现政治启蒙与政治实践的目的。但是，这一联系又非常简单、粗暴。说简单，是指梁启超是直接的关联，并没有过多考虑审美的独特性，即将审美绑架进政治。政治可以通过审美的手段来实现，但是，审美的实现与政治的实现究竟有何区别，审美与政治又如何关联，它们的关联，是否只是内容与情感关联，除了这一关联外，还有哪些关联，又如何关联，梁启超都没有做出学理性的阐释。说粗暴是指，梁启超通过情感内容与情感影响将政治与审美关联起来的同时，很粗暴地将其他情感，尤其是个体自然的情感从情感之中剔除了出去，只保留了他所需要的政治情感。简单的结果造成了梁启超政治美学的学理性与学术性的缺失，粗暴的结果导致了他的政治美学的理论周严性与深刻性的缺失，两者共同的结果就是将美学依附于政治，用政治绑架了美学。也就是说，梁启超政治美学的创构，过多地关注政治的目的性，而美学的独立视角基本缺失，更不要说政治美学的学科自觉了。

其二，缺乏文学与美学的自觉。由于梁启超过多关注政治的目的性，而忽视美学视角的介入，这就造成他的政治美学缺乏文学与美学的自觉。文学、审美与政治的关联与融合，不仅仅是一种宣传与工具的问题。这是一种关联，但只是浅表层次的关联，是一种低级关联；其实它有更为深刻的审美思维与审美价值的关联。所谓审美思维关联，指政治必须通过文学性的思维、通过审美性的思维，将政治审美化，通过“艺象”性的话语体系来表达政治的情感与内容。文学、审美与政治可以表达同样的情感与内容，这是它们的共性；但是，这两门学科之所以相区别，在于两者有不同的思维方式，有不同的表达智慧。政治是一种理性思维，其话语表达方式是理性的语言表达；文学则是一种形象思维，它通过“形象”的塑造这种独特的话语智慧来表达。梁启超只关注两者之同，未能注意到两者之异。通过两者之同关联政治与审美，很容易形成政治绑架审美的工具论美学；通过两者之异关联政治与审美，才能真正实现政治的审美化，也才能真正创构出成熟的政治美学。所谓审美价值关联，指政治与审美在价值本原上都具有“美好生活想象”的价值功能。如果从这一本原价值上关联，就能将政治情感与审美情感真正融合起来，而不是用政治情感阉割个体情感。梁启超的政治美学，未能关注政治与审美终极价值之上的关联，很自然地在提倡政治情感的同时删除了人的自然情感，使其失去了审美本身的批判与否定功能，丧失了审美的深刻批判性功能。这一点，西方马克思主义其实已经给我们提供了有力的批评案例与建构资源。

二　梁启超美学思想研究的双重认识误区

梁启超美学思想的研究者们，在梁启超美学思想的认识与批评上，也存在双重的认识误区，具体表现在以下两个方面。

一是在政治与审美两者关系上存在认识误区。梁启超美学思想研究主要有三种类型：一是政治阶级研究，二是启蒙研究，三是纯美学研究。这三种研究类型的不同点在于，他们或者从政治，或者从启蒙，或者从纯美学的角度来研究与评价，其评价视角与标准或是政治价值，或是启蒙价值，或是纯美学的价值，他们因研究视角与标准不同而对梁启超政治美学的评价不同。在政治阶级研究者眼中，梁启超的美学思想要有价值，必须在阶级身份上取得合法性，当他们将梁启超定位为地主阶级时，他的思想就完全是反动的、落后的，他的美学思想当然也是反动的、落后的；当他们将梁启超定位为资产阶级改良派时，他只有在维新变法时期以资产阶级改良派的身份与封建地主阶级斗争时才是先进的，其后以资产阶级改良派的身份反对资产阶级革命、社会主义革命、新文化运动则是落后的、反动的。即使蔡尚思努力提高梁启超美学思想的价值，也必须通过阶级身份的拔高才能得以实现，他要先将梁启超的美学思想与政治思想剥离开来，认为他的政治思想是资产阶级改良派与封建地主阶级，但是，他的美学思想则是资产阶级的性质，这样，梁启超的美学思想就可以提高到与资产阶级革命派的同等地位，不过，其后新文化运动中的趣味美学因反对社会主义与新文化运动依然是落后或反动的。启蒙研究者将梁启超美学思想从简单的政治阶级评价的桎梏中解放出来，认为梁启超美学思想的真正价值在于思想启蒙，梁启超的美学因负载了启蒙的使命而与王国维一起成为中国现代美学的开拓者。在政治阶级研究者与启蒙研究者的眼中，梁启超的美学思想并不因为“美学”而获得价值，而是因为外在的“政治”或“启蒙”而获得价值。这两类研究者显然都是单纯的外部研究视角。纯美学的独立研究者则站在纯美学的角度研究梁启超美学思想，他们从梁启超的美学著述中寻找纯美学术语，再按照纯美学的理论框架编织梁启超美学思想体系，并通过这些术语的勾连研究梁启超前后期美学的内在关联，并编织出梁启超“纯美学”的思想体系。这种研究方式，其实是站在纯美学的角度研究梁启超的美学思想，显然是内部的研究视角。

不过，无论是外部研究视角，还是内部研究视角，都是一元性的研究视角，研究者或从政治，或从启蒙，或从审美某一个角度来研究梁启超的美学思想。这种研究方式有它的合理性。因为梁启超的美学思想，同时包含了政治、启蒙与审美的三维视野，通过任何一个切口都可以进入梁启超的美学，都可以在某一部分或某一点把握梁启超的美学思想，问题也因此而产生。梁启超美学思想同时兼备政治、启蒙与审美的三维视野，当我们从任何一个一元的视角进入，并以为从这一个视角就可以把握梁启超的美学思想时，就陷入了盲人摸象的怪圈，把自己所摸到“象腿”或者“象鼻”当成了大象本身。

梁启超美学思想的研究之所以陷入一元论的怪圈，就在于研究们在政治与审美的关系认识上陷入了二元对立的认识误区。在政治阶级研究者与启蒙研究者的眼中，并无审美的独特性；同样，纯美学研究者也否认了政治的存在价值。换句话说，政治与启蒙，是在对审美的漠视中获得价值的；纯美学则是在与政治的对立与否定中获得价值的。这样的认识误区，虽然可以从某一个角度进入梁启超的兼备政治、启蒙与审美属性的美学思想，但都没有办法真正进入梁启超的美学思想，并不能真正把握梁启超美学思想的特性。只有从政治与审美融合的视角，并同时兼备政治、审美与启蒙三维融合的视角研究梁启超美学思想，才能真正进入同时兼备政治家、政治思想家与文人政治家身份的梁启超的美学。

二是在政治的多层内涵的体认上存在着认识盲区。梁启超美学思想的研究者们之所以陷入一元视角的怪圈，其深层原因在于他们对政治多层内涵的体认上存在着认识盲区。无论是政治阶级论者、启蒙论者还是纯美学论者，他们往往关注的是政治的现实运行层面的内涵，并因此或过分重视政治的这一运行价值，或因政治运行之恶而否定了政治本身。其实，人类从来就没有停止过对美好政治生活的向往与探索，良好政治的愿望一直存活于一代又一代人的心中。对于政治运行层面之恶的深恶痛绝，恰恰从反面体现了人们对美好政治生活的向往与追求。其实，从人们从对美好政治生活的想象这一政治乌托邦具体化为现实的政治的运行过程来认识政治，政治至少有四层内涵：人们对抽象的美好政治生活的非特定化的想象；特定阶级或集团，将美好政治生活的想象具体化为有阶级指向的美好政治生活的想象；特定阶级或集团在取得政权后，将自己的政治理念具体制度化；具体执行特定阶级或集团政治制度的政策与执行过程。第一个层次是乌托邦政治，第二个层次是党派政治，第三个层次是制度政治，第四个层次是执行政治。我们所接触到的政治和所反对的政治，往往是第三、第四尤其是第四个层次的政治，我们所追求的往往是第一、第二尤其是第一个层次的政治。

政治阶级研究者往往从政治的第三、第四个层次来看美学，这样就把美学绑架进了政治，从而把审美当作政治的工作；纯美学研究者往往也从第三、第四个层次来否定政治，从而通过政治的否定来构建纯美学。梁启超的美学思想研究者正是如此。政治阶级研究论者看他的美学思想是否与政治严丝合缝，与自己的阶级属性不合，则否定他的美学思想；纯美学研究论者则看他的纯美学术语，寻找这些纯美学术语来编织梁启超的美学思想，如果这些术语与纯美学相合则对其做出肯定的价值判断，如果带有政治的功利性则否定其价值，认为这是梁启超美学思想的缺陷。

三 走向政治美学的学科自觉

梁启超美学思想构建及其研究的得失启发我们，在纯美学之外，还存在着梁启超这样的美学家所构筑的美学，它既不是单纯的政治思想，也不是纯粹的审美沉思，而是政治与审美融合的政治美学。对于这样的美学家，对于这样的美学家所建构的美学思想，采用政治、启蒙或审美的一元研究视角，可能把握其美学思想的部分属性，但并不能真正进入这样的美学家，不能真正进入他们的美学思想。对于这样的美学家及其美学思想，我们必须转换思维，采用政治与审美融合的二元研究视角。从政治与审美二元融合的视角来建构美学、研究美学，就走向了政治美学。政治美学是政治与审美通过跨学科而形成的独立学科，它兼有政治与审美的双重属性，但更有它自己独立的生产机制、运行机制，这就同时需要独立的评价机制。

在生产机制与运行机制上，政治美学要走向独立，必须解决政治与美学的关联层次问题。由于政治存在着四层内涵，在政治与审美的关联上，政治美学要解决以下两个问题。

一是政治与审美的关联层次问题。政治与审美的关联，既可以发生在较高层次即乌托邦政治与党派政治这一美好政治的想象层次，也可以发生在制度政治与执行政治这一较低的偏向于具体政治运行的层次。当政治与审美的关联发生在政治的乌托邦层次时，政治美学往往

会表现出美好政治想象的正面引导价值与现实的批判价值。比如陶渊明的《桃花源记》、康有为的《大同书》、柏拉图的《理想国》、莫尔的《乌托邦》就具有这样的正面引导价值；而西方马克思主义的资本主义批判则主要体现了现实的批判价值。但是，当政治与审美的关联发生在制度政治与执行政治时往往很容易出现问题，很容易要求审美承担起直接的政治功能。比如革命文学论争中的无产阶级文艺论、抗战期间一切为了抗战等文艺政策，列宁将文学当作“党的出版物”，都体现了这种审美政策化的倾向，梁启超早期的三界革命论也是如此。因此，如果政治与审美的关联发生在较低层次的制度政治或执行政治时，就需要注意在运用审美达到政治宣传的目的的同时，如何保证审美的相对独立性问题。新时期以来，中国共产党调整文艺政策，体现了对文学活动的尊重。也就是说，政治可以通过审美来宣传政治，但同时也要允许其他文学样式的存在，这样才能既实现政治的宣传目的，又可以保障文学场的相对独立性；如果将一切文学都政治化，并通过权力手段强势介入，则往往会形成文学的白色恐怖。梁启超小说理论将文学政治化，但由于他手中并不具备政治权力，不可能对文学场形成权力的强势介入，反而因为政治的影响力促进了晚清小说的繁荣，推动了言情小说、侦探小说包括纯小说的发展。

二是政治与审美的关联中介问题。政治美学是政治与美学的交叉学科，找到政治与审美的合适中介，是建构政治美学的逻辑起点。既然是中介，那就要同时具备政治与审美的共同性质。政治与审美，可以在情感内容上共通，这是两者的同。但是，如果以政治与审美的情感内容之同作中介来勾连政治与审美，显然是将审美视作政治的传声筒，政治美学就失去了“审美”的特性，而完全变成了政治的附属。政治与审美的关联中介，必须放在审美的独特性中来考察，也就是说，要通过审美的独特性质与言说方式来将政治审美化，用审美的方式来思维、来言说政治，这才真正将政治审美化了。审美的独特性在于象性思维，它的独特言说方式是形象，因此，只有通过“艺象”这个中介才能真正将政治审美化，形成政治美学。梁启超政治美学的中介，则是情感内容与情感影响中介，他早期的艺术美学以情感内容与情感影响为中介来沟通政治与审美，后期的趣味美学以情感生成为中介来沟通趣味与艺术，再通过趣味来沟通政治与艺术。他的政治美学之所以将审美作为政治的传声筒，其原因并不是强调了政治的功利性，而是没有找到恰当的政治与审美的中介，即没有从“艺象”中介来沟通政治与审美，将政治艺象化。梁启超政治美学中介构建的得失启发我们，只有从情感内容中介推进到艺象中介，政治美学才能真正独立，也才能真正成熟。

在政治美学的评价机制上，我们也必须转换视角，不能用纯审美的视角评价政治美学。由于政治与美学的关联，既可以在制度政治与政策政治层面形成工具论政治美学，也可以在乌托邦政治与党派政治层面形成乌托邦政治美学。对于这两种性质不同的美学，我们要建构不同的评价机制。

工具论政治美学的目的并不在于学理建构，而是希望通过审美的手段来达到政治的目的。因此，对于工具论政治美学，我们不能从理论的严密性来评价，而是要从他所宣传的政治的正当性，与其是否有效促进了文学的繁荣与发展来评价。因此，对于文学场的影响来说，梁启超政治美学的价值，不在于美学理论的建构、提升与推动，而是通过政治权力的作用迅速扩大文学场的影响力。梁启超建构的工具论小说美学，他有意忽略小说与政治小说之间的界限，把政治小说与小说故意混同，这当然遮蔽了纯小说的价值。通过这种混同与遮蔽，梁启超把原来只是小说这类文学类型中一个边缘性的政治小说的功能，放大到一切小说都具有这样的政治宣传功能；把本来只是政治小说与政治的勾连，放大到整个小说与政治的勾连。但是，因为政治与权力在社会资源支配中处于绝对的主导地位，在这一勾连中，小说就迅速成为政治关注的重心，这迅速扩大了小说场在整个社会场中的影响，提高了小说场的社会地位。梁启超构建的“政治”性的小说美学，促使了中国小说从传统向西方学习借鉴，促进了中国小说的现代化。梁启超的“小说界革命”口号提出后，在中国产生了重大影响，一大批知名作家和翻译家都接受了这一口号并纷纷转型。李伯元早年主办《游戏报》时公开声称“觉世之一道”是“游戏”，推崇个人化的情感，提倡玩世不恭游戏人生；但1902年他编印《绣像小说》，《编印〈绣像小说〉缘起》一文中言其编写目的时说，“欧美化民，多由小说，抟桑崛起，推波助澜”，“于是纠合同志，首辑此编”，其目标是“或对人群积弊而下砭，或为国家危险而立鉴”；吴趼人则检讨自己说以前“主持各小报笔政，实为我之进步大阻力，五六年光阴虚掷于此”，以后要重新开始新的创作道路；著名翻译家林纾说自己过去的译著“言情者居其半”，表示从今往后“纾其摭取壮侠之传，足以振吾国民尚武精神者”。小说界革命推动了中国尤其是上海的小说创作与文学刊物的繁荣。有评论评当时小说创作曰：“盖小说至今日，虽不能与西国之颉颃，然中国而论，界已渐放光明，为前人所不及料者也。”1902年至1910年间，全国共有25家文艺期刊问世，1902年至1919年间，全国共有文艺期刊59种。[①] 试想，如果没有政治权力的作用，小说场甚至整个文学场在社会场中始终处于边缘性的地位，中国的小说又如何能迅速转型？中国现代的纯文学观又如何成长得如此之快？因此，梁启超早期的工具论政治美学，正是将政治引入小说，通过政治权力的影响迅速促进了中国传统文学的现代转型，促成了我国现代文学场的形成。因此，梁启超早期小说理论的真正美学价值，并不在于情感影响与情感接受的理论价值，而是在于借用政治促进了小说的有效发展，促成了文学场的迅速成形。

与工具论政治美学的功能发挥途径不同，出于美好政治的想象，乌托邦政治美学往往形成的是本体性的美学形态。所谓本体性，是指乌托邦政治美学关注的是人的社会政治生活的生存状态。比如柏拉图的《理想国》，构筑的是哲人治国的政治乌托邦。《理想国》以理想的定义追求为宗旨，探讨了国家专政与独裁、正义与非正义、善与恶等一系列政治问题，其核心理念是正义与非正义的评价问题。在《理想

① http://baike.baidu.com/link? url = qoyFP22HTiSctcRO7OH2I_hIfzQ0UCKHAtQZiBfXw8UX0-s5zDCbcqFvTrSAlQL3QYbeuShWqXpJmgtZdGolayK.

国》中，柏拉图借苏格拉底与他人之口，设计了一个真、善、美和谐统一的政体，并且认为只有这种政体才是公正的理想国。柏拉图认为，现存的政治都是坏的，只有哲学家成为统治者才能拯救政治危机。柏拉图所理解的“哲学家”，是道德上最高尚、学识上最具有智慧的人，哲学家的本质就是智慧与正义的化身，也就是贤人，只有这种贤人政体才是最好的政体，贤人治理的国家才是最理想的国家。在哲人之治的政治乌托邦中，正义与善的追求构成了其理想国的主题，他认为国家、政治与法律只有与人的灵魂相关才真正具有意义。哲人柏拉图所提出的政治乌托邦，是出于人类的政治正义与政治之善的考察，指向人的本体存在，显然是本体性的美学形态。并且，这一乌托邦美学的构建有其核心的政治追求：贤人政体；有其逻辑起点：哲学家道德与学识的双重特性，从而构成了贤人政体的理论想象。

因此，乌托邦政治美学是政治思想家的政治理论的美学建构，其评价标准是政治想象的正义突破性与理论的周严性。所谓政治想象的正义突破性，是指乌托邦政治想象是否突破了原有的政治理论框架。为什么柏拉图的哲人之国的政治乌托邦具有持续的影响力，是因为柏拉图提出的政治之善、贤人政体，消解了古希腊原有的君主政体，并且正义、善政、政治智慧等成为政治发展的永恒动力。托马斯·莫尔的《乌托邦》为什么在现代发生了如此大的影响，就在于他突破了原有的封建君主政体，提出了现代政治的核心观念自由，以及现代政体的基本运行体制议会制度。所谓理论的周严性，指乌托邦政治想象，还需要理论建构的体系性与周严性。乌托邦美学，不是政治家的美学借用，而是政治思想家的天才设计，其理论的体系性与周严性，直接决定着其乌托邦政治美学的理论高度与深度。柏拉图的理想国、莫尔的乌托邦，都在一定程度上有其理论的体系性与周严性，否则其天才的政治想象也会淹没于理论的缺陷之中。同样是政治乌托邦想象的《桃花源记》，为什么无法产生“理想国”“乌托邦”这样的持续与重大影响力，就在于它仅有美好社会生活的想象，但却缺乏理论的体系性与周严性。

明晰政治美学的独特生产机制与影响机制，就能明白梁启超及其梁启超美学现象特殊性的内在原因。梁启超能够声名鹊起，是政治权力作用的结果，即梁启超的工具论政治美学，能够有力宣传新的政治理念，而这一政治理念又契合了当时中国社会变革的实际。文学借助政治权力的强势推进而迅速转型，梁启超也借助文学场积淀的文化资本而进入了政治场，他之所以又迅速消失于中国社会长空，是因为他及其政治美学受到了双重驱逐：工具论的政治美学遭到了更为“现代”的革命派与无产阶级政治美学的驱逐，本体论的政治美学遭到了以王国维为代表的纯美学的驱逐。

参考文献

林志钧编《饮冰室合集》，中华书局，1932。

张品兴主编《梁启超全集》，北京出版社，1999。

夏晓虹主编《饮冰室合集集外集》，北京大学出版社，2004。

中华书局编辑部编《梁启超未刊书信手迹》，中华书局，1994。

张品兴编《梁启超家书》，中国文联出版社，2000。

丁文江、赵丰田编，欧阳哲生整理《梁任公先生年谱长编》（初稿），中华书局，2010。

杨复礼：《梁任公先生年谱》，新河南日报社，1941。

李国俊：《梁启超著述系年》，复旦大学出版社，1986。

齐全：《梁启超著述及学术活动系年纲目》，中国社会科学出版社，2011。

孙宝瑄：《忘山庐日记》，上海古籍出版社，1983。

梁启勋：《戊戌前后康梁史料补遗》，见全国政协文史资料委员会编《中国文史资料文库》第1册，中国文史出版社，1996。

韩安荆：《梁启超研究资料汇编》（初稿），上海社会科学院，1962。

吴其昌：《梁启超传》，百花文艺出版社，2004。

牛仰山：《梁启超》，中华书局，1962。

孟祥才：《梁启超传》，北京出版社，1980。

陈占标、陈锡忠：《一代奇才》，花城出版社，1989。

吴家鸣、王行鉴：《梁启超青少年时代》，文津出版社，1991。

李喜所、元青：《梁启超传》，人民出版社，1993。

徐刚：《梁启超传》，广东人民出版社，1994。

耿云志、崔志海：《梁启超》，广东人民出版社，1994。

杨天宏：《新民之梦》，四川人民出版社，1995。

寒波：《梁启超：公车上书》，湖南文艺出版社，1996。

杨天宏：《梁启超传》，广西教育出版社，1996。

吴廷嘉、沈大德：《梁启超评传》，百花洲文艺出版社，1996。

董四礼：《晚清巨人传——梁启超》，哈尔滨出版社，1996。

李平、杨柏岭：《梁启超传》，安徽人民出版社，1997。

陈其泰：《梁启超评传》，广西教育出版社，1997。

王勋敏、申一辛：《梁启超传》，团结出版社，1998。

张永芳：《黄遵宪·梁启超》，春风文艺出版社，1999。

范明强：《烂漫天才：梁启超别传》，华厦出版社，1999。

罗检秋：《新会梁氏：梁启超家族的文化史》，中国人民大学出版社，1999。

吕演：《新民伦理与新国家：梁启超伦理思想研究》，江西教育出版社，2001。

蒋广学、何卫东：《梁启超评传》，南京大学出版社，2005。

蒋文学：《梁启超与中国古代学术的终结》，江苏教育出版社，2001。

吴泽：《吴泽文集》，华东师范大学出版社，2002。

钟珍维、万发云：《梁启超思想研究》，海南人民出版社，1986。

连燕堂：《梁启超与晚清文学革命》，漓江出版社，1991。

易新鼎：《梁启超与中国学术思想史》，中州古籍出版社，1992。

陈鹏鸣：《梁启超学术思想评传》，北京图书馆出版社 1999。

张朋园：《梁启超与清季革命》，吉林出版集团有限责任公司，2007。

张朋园：《立宪派与辛亥革命》，上海三联书店，2013。

张朋园：《梁启超与民国政治》，吉林出版集团有限责任公司，2007。

宋仁主编《梁启超政治法律思想研究》，学苑出版社，1990。

宋仁主编《梁启超教育思想研究》，辽宁教育出版社，1993。

杨晓明：《梁启超文论的现代性阐释》，四川民族出版社，2002。

李金和：《平民化自由人格——梁启超新民人格研究》，知识产权出版社，2010。
董德福：《梁启超与胡适：两代知识分子学思历程的比较研究》，吉林人民出版社，2004。
董方奎：《梁启超与立宪政治》，华中师范大学出版社，1991。
黄敏兰：《中国知识分子第一人：梁启超》，湖北教育出版社，1999。
鲍风：《梁启超改良人生》，长江文艺出版社，1996。
申松欣：《康有为、梁启超思想研究》，河南美术出版社，1996。
刘邦富：《梁启超哲学思想新论》，湖北人民出版社，1994。
李茂民：《在激进与保守之间：梁启超五四时期的新文化思想》，社会科学文献出版社，2006。
彭树欣：《多维视野下的梁启超研究》，电子科技大学出版社，2014。
郑匡民：《梁启超启蒙思想的东学背景》，上海书店出版社，2003。
陆信礼：《梁启超中国哲学史研究评述》，中国社会科学出版社，2013。
夏晓虹：《觉世与传世——梁启超的文学道路》，中华书局，2006。
方红梅：《梁启超趣味论研究》，人民出版社，2009。
金雅：《梁启超美学思想研究》，商务印书馆，2005。
黄克武：《一个被放弃的选择：梁启超调适思想之研究》，新星出版社，2006。
〔美〕约瑟夫·阿·勒文森：《梁启超与中国近代思想》，刘伟、刘丽、姜铁军译，四川人民出版社，1986。
〔美〕张灏：《梁启超与中国思想的过渡（1890—1907）》，崔志海、葛夫平译，江苏人民出版社，1997。
〔日〕狭间直树：《梁启超·明治日本·西方》，社会科学文献出版社，2012。
〔德〕康德：《判断力批判》（上册），宗白华译，商务印书馆，2000。
〔德〕康德：《历史理性批判文集》，何兆武译，商务印书馆，1990。
〔古希腊〕柏拉图：《理想国》，郭斌和等译，商务印书馆，1986。
〔法〕伏尔泰：《哲学通信》，高达观等译，上海人民出版社，2014。
〔法〕孟德斯鸠：《论法的精神》，张雁深译，商务印书馆，1976。
〔英〕托马斯·莫尔：《乌托邦》，戴镏龄译，商务印书馆，1982。

〔英〕霍布斯:《利维坦》，黎思复等译，商务印书馆，1985。

〔美〕罗尔斯:《正义论》，何怀宏等译，中国社会科学出版社，1988。

〔法〕卢梭:《社会契约论》(第2版)，何兆武译，商务印书馆，1980。

〔英〕约翰·密尔:《论自由》，许宝骙译，商务印书馆，1959。

〔德〕恩斯特·卡希尔:《人论》，甘阳译，上海译文出版社，1985。

〔意大利〕维柯:《新科学》，朱光潜译，人民文学出版社，1986。

〔德〕叔本华:《作为意志与表象的世界》，石冲白译，商务印书馆，1982。

〔法〕皮埃尔·布迪厄:《艺术的法则：文学场的生成和结构》，刘晖译，中央编译出版社，2001。

〔美〕萨义德:《东方学》，王宇根译，生活·读书·新知三联书店，1999。

〔美〕萨义德:《文化与帝国主义》，李琨译，生活·读书·新知三联书店，2003。

〔德〕曼海姆:《意识形态与乌托邦》，黎鸣译，商务印书馆，2000。

〔德〕卡西尔:《国家的神话》，张国忠译，浙江人民出版社，1988。

〔英〕弗兰克·富里迪:《恐惧的政治》，方军等译，江苏人民出版社，2007。

〔法〕罗兰·巴尔特:《符号学原理》，王东亮等译，生活·读书·新知三联书店，1999。

〔美〕王斑:《历史的崇高形象》，孟祥春译，上海三联书店，2008。

〔美〕托马斯·库恩:《科学革命的结构》，金吾伦、胡新和译，北京大学出版社，2003。

〔德〕马克斯·霍克海姆、西奥多·阿道尔诺:《启蒙辩证法：哲学断片》，渠敬东、曹卫东译，上海世纪出版集团、上海人民出版社，2006。

〔法〕福柯:《词与物：人文科学考古学》，莫伟民译，上海三联书店，2001 。

〔法〕福柯:《知识考古学》，谢强译，三联书店，1999。

〔德〕阿多诺:《美学理论》，王柯平译，四川人民出版社，1998。

〔俄〕托洛茨基:《文学与革命》，刘飞译，外国文学出版社，1992。

〔英〕伊格尔顿：《审美意识形态》，王杰等译，广西师范大学出版社，1997。
〔美〕马尔库塞：《单向度的人——发达工业社会意识形态研究》，刘继译，上海世纪出版集团，2008。
〔美〕马尔库塞：《审美之维》，李小兵译，三联书店，1989。
〔美〕拉塞尔·雅各比：《乌托邦之死：冷漠时代的政治与文化》，姚建彬译，新星出版社，2007。
〔美〕杰姆逊：《政治无意识》，王逢振等译，中国社会科学出版社，1999。
〔英〕雷蒙德·威廉斯：《政治与文学》，樊柯、王卫芬译，河南大学出版社，2010。
〔美〕本尼迪克特·安德森：《想象的共同体——民族主义的起源与散布》，吴睿人译，上海人民出版社，2003。
〔匈牙利〕卢卡契：《审美特性》，徐恒醇译，中国社会科学出版社，1986。
〔斯洛文尼亚〕齐泽克：《意识形态的崇高客体》，季广茂译，中央编译出版社，2002。
〔美〕韦勒克、沃伦：《文学理论》，刘象愚等译，江苏教育出版社，2005。
刘北成：《福柯思想肖像》，北京师范大学出版社，1995。
张之洞：《张之洞全集》，河北人民出版社，1998。
龚自珍：《龚自珍全集》，上海古籍出版社，1975。
魏源：《魏源集》，中华书局，2009。
严复：《严复集》，中华书局，1986。
康有为：《康有为全集》，上海古籍出版社，1992。
黄遵宪：《黄遵宪全集》，中华书局，2005。
苏舆：《翼教丛编》，上海书店出版社，2002。
梁漱溟：《梁漱溟全集》，山东人民出版社，1989。
姚淦铭、王燕主编《王国维文集》，中国文史出版社，2007。
孙中山：《孙中山选集》，人民出版社，1965。
鲁迅：《鲁迅全集》，人民出版社年，2005。

胡适：《胡适文存》，台湾远东图书公司，1979。

毛泽东：《毛泽东选集》，人民出版社，1991。

王惠岩：《政治学原理》，高等教育出版社，2005。

翦伯赞等编《戊戌变法》，上海人民出版社，1957。

陈崧编《五四前后东西文化论战问题文选》，中国社会科学出版社，1988。

丁守和编《中国近代启蒙思潮》，社会科学文献出版社，1999。

萧公权：《中国政治思想史》，商务印书馆，2011。

冯自由：《中华民国开国前革命史》，广西师范大学出版社，2011。

冯自由：《革命逸史》，新星出版社，2009。

张永芳：《晚清诗界革命论》，漓江出版社，1991。

阿英：《晚清小说史》，人民文学出版社，1980。

蔡尚思：《蔡尚思全集》，上海古籍出版社，2005。

马良春、张大明主编《中国现代文学思潮史》，十月文艺出版社，1995。

朱狄：《艺术的起源》，中国社会科学出版社，1982。

李泽厚：《中国思想史论》，安徽文艺出版社，1999。

朱国华：《文学与权力——文学合法性的批判性考察》，华东师范大学出版社，2006。

潘一禾：《西方文学中的政治》，浙江大学出版社，2006。

曾永成：《文艺政治学导论》，四川大学出版社，1995。

朱晓进等：《非文学的世纪——20世纪中国文学与政治文化关系史论》，南京师范大学出版社，2004。

胡志毅：《国家的仪式——中国革命戏剧的文化透视》，广西师范大学出版社，2008。

魏朝勇：《民国时期文学的政治想像》，华夏出版社，2005。

陶东风：《文学理论的公共性——重建政治批评》，福建教育出版社，2008。

刘锋杰等：《文学政治学的创构——百年来文学与政治关系论争研究》，复旦大学出版社，2013。

佘树森：《如何在文学上评价梁启超》，《光明日报》1960年9月25日。

李龙牧:《梁启超与前期新文化运动》,《文汇报》1961年6月27日。
蔡尚思:《梁启超在政治上学术上和思想上的不同地位——再论梁启超后期的思想体系问题》,《学术月刊》1961年第6期。
蔡尚思:《梁启超前后期的思想体系问题》,《文汇报》1961年3月31日。
蔡尚思:《论梁启超的旧传统思想体系》,《光明日报》1961年9月15日。
蔡尚思:《四论梁启超后期的思想体系问题——读陈旭麓同志的"辛亥革命后的梁启超思想"》,《学术月刊》1961年第12期。
周维德:《梁启超"小说界革命"口号的反动实质》,《光明日报》1965年10月31日。
胡啸:《梁启超后期思想的评价问题》,《复旦学报》(社会科学版)1979年第5期。
李泽厚:《梁启超王国维简论》,《历史研究》1979年第7期。
姚全兴:《论梁启超的情感说》,《文学评论丛刊》(第九辑)1981年5月。
胡伟希:《戊戌变法失败后梁启超的思想转变》,《史学月刊》1983年第2期。
万健:《梁启超美学思想述评》,《西北民族学院学报》1983年第4期。
王杏根:《谈谈梁启超的"新文体"》,《语文学习》1983年第8期。
陈永标:《试论梁启超的美学思想》,《华南师范大学学报》(社会科学版)1984年第2期。
万发云、钟珍维:《论梁启超的文学思想》,《海南大学学报》(社会科学版)1984年4期。
哈九增:《鲁迅对梁启超"立人"思想的继承与发展》,《浙江学刊》1986年第5期。
胡代胜:《论梁启超新民思想的形成》,《中州学刊》1987年第2期。
聂振斌:《趣味教育——梁启超》,《美育》1987年第5期。
王富仁、查子安:《立于两个不同的历史层面和思想层面上——鲁迅与梁启超的文化思想和文学思想之比较》,《河北学刊》1987年第6期。
王强:《鲁迅与梁启超》,《天津社会科学》1988年第4期。
覃兆刿:《论梁启超在中国近代美学史上的地位》,《湖北大学学报》(哲学社会科学版)1990年第5期。
宋铮:《趣味:梁启超对人生的美学设计——论梁启超后期的趣味理论》,《福建论坛》(文史哲版)1993年第3期。
张锡勤:《梁启超对中国近代化进程的复杂影响》,《北方论坛》1993年第5期。
阎平:《历史的悖论——评梁启超的开明专制思想》,《徐州师范大学学报》1997年第3期。
黄开发:《新民之道:梁启超的文学功用观及其对“五四”文学观念的影响》,《中国现代文学研究丛刊》1999年第4期。
高黎娜:《梁启超的启蒙思想与近代中国儿童文学观念》,《陕西教育学院学报》1999年第4期。
曾扬华:《梁启超的小说理论与批评》,《中山大学学报》(社会科学版)1999年第5期。
杨立民:《梁启超情感论文艺观及其现代意义》,《河北学刊》1999年第6期。
陈望衡:《评梁启超的“趣味主义”人生观》,《湖南大学学报》(社会科学版)2000年第3期。
孔范今:《梁启超与中国文学的现代转型》,《文史哲》2000年第2期。
胡健:《梁启超的小说美学及其周边》,《青海师专学报》2000年第2期。
张宝明:《国民性:沉郁的世纪关怀——从梁启超、陈独秀、鲁迅的思想个案出发》,《郑州大学学报》(社会科学版)2000年第2期。
徐德明:《梁启超小说观念及实践的过渡性特征》,《扬州大学学报》(人文社会科学版)2000年第4期。
罗一楠:《简论梁启超对物质科学与精神文化关系的探讨》,《长白学刊》2000年第6期。

杨晓明:《梁启超小说理论的现代性意义》,《四川大学学报》(哲学社会科学版)2000年第6期。

杨晓明:《启蒙现代性与文学现代性的冲突和调适——梁启超文论再评析》,《厦门大学学报》(哲学社会科学版)2001年第1期。

姜文振、张路安:《梁启超对方艺美学现代性建构的贡献》,《邯郸师专学报》2001年第1期。

金雅:《梁启超小说思想的建构与启迪》,《杭州师范学院学报》(人文社会科学版)2001年第3期。

蒋广学:《梁启超的现代学术思想与20世纪中国思想史之关系》,《江苏社会科学》2001年第4期。

张昭君:《儒学与梁启超文化思想的演进》,《安徽史学》2001年第1期。

王云升:《试析梁启超诗学的启蒙主题》,《佛山科技学院学报》(社会科学版)2002年第4期。

元青:《梁启超晚年的国民运动观刍议》,《广东社会科学》2002年第1期。

金雅:《梁启超的"三大作家批评"与20世纪中国文论的现代转型》,《文艺理论与批评》2003年第2期。

金雅:《梁启超美学思想的精神特质》,《绍兴文理学院学报》(哲学社会科学)2003年第3期。

金雅:《文学革命与梁启超对中国文学审美意识更新的贡献》,《云梦学刊》2003年第3期。

金雅:《梁启超的"情感说"及其美学理论贡献》,《学术月刊》2003年第3期。

金雅:《梁启超与中国美学的现代转型》,《文艺报》2004年8月17日。

张光芒:《启蒙美学与政治美学比较》,《南京师范大学文学院学报》2004年第2期。

焦勇勤：《梁启超趣味主义美学》，《中州大学学报》2004 年第 1 期。

骆冬青：《论政治美学》，《南京师大学报》（社会科学版）2003 年第 3 期。

骆冬青：《政治美学的意蕴》，《南京师范大学文学院学报》2004 年第 1 期。

高永年、何永康：《百年中国文学与政治审美因素》，《文学评论》2008 年第 4 期。

赵牧：《“重返八十年代”与“重建政治维度”》，《文艺争鸣》2009 年第 1 期。

范永康：《“诗性政治”论——兼及文学性和政治性的融通》，《广西社会科学》2010 年第 2 期。

孟繁华：《新世纪文学：文学政治的重建——文学政治的内部视角与外部想象》，《文艺争鸣》2010 年第 11 期。

李河成：《政治美学话语、审美共通感问题与美政预设——当代政治美学研究综述》，《天府新论》2012 年第 3 期。

王金双、熊元义：《梁启超与中国现代美学转型》，《艺术百家》2013 年第 5 期。

李松：《政治美学研究的思路与方法》，《中国文学研究》2013 年第 7 期。

文苑仲：《国外政治美学研究的五种范式》，《理论月刊》2015 年第 5 期。

后 记

本书在博士论文基础之上修改而成。

从博士论文选题到本书最终脱稿，可以说是几经周折。首先是选题的调整。原计划是从审美、政治与启蒙的三维融合视角，研究中国现代文论的发生问题，并以此选题申报了江苏省教育厅普通高校研究生科研创新计划项目与苏州大学优秀博士论文选题重点资助项目，后来在研究的过程中才浓缩聚焦于梁启超美学思想的审美、政治与启蒙的三维研究。其次是研究兴趣的转移。我的专业方向是文艺学，后来因为偶然的原因接触到基础教育领域的阅读与写作教学，研究兴趣也随之发生了转换，导师刘锋杰教授序中说我“喜欢的专业较多”即指此事。再次是身体与家庭的影响。由于天性好动，读博期间篮球运动时跟腱断裂，卧床半年有余，再加上女儿升学等，对本课题研究也造成了不小的影响。最后是出版过程的坎坷。博士论文完成后，即着手完善修改，准备出版，也算是对自己这段学习历程的交代。但在出版过程中，由于种种原因并不是非常顺利，最终才辗转至社会科学文献出版社出版。虽然本书诞生过程命运多舛，但最终总算有了一个美好的结果。

本书的完成，离不开导师刘锋杰教授的耳提面命。从选题的确定到章节的安排，从理论的创新到方法的选择，从观点的揣摩到文字的推敲，无不凝结着他的心血与智慧。刘老师是一位睿智的学者，授课导学，他总能另辟蹊径，发常人之所难见；我们碰到困惑，他三言两语，就能切中肯綮，让人茅塞顿开、柳暗花明。无论课堂教学还是平时学术研讨，他总是鼓励学生各抒己见，并能从学生的发言中找到闪光点；他发言时娓娓道来，总能给我们打开另一扇窗户，带给我们不一样的惊奇。刘老师也是一位温和的长者，非常随和，没有一点老师的架子。无论学习还是生活，与他在一起，我们都如沐春风。从硕士到博士，能够在“刘门”学习，既是我的幸运，也是我的幸福。

南京晓庄学院文学院两任院长赵国乾教授、杨学民教授一直关心本书的出版，同事关鹏飞博士为本书出版牵线搭桥，责任编辑杜文婕老师为本书付出了很多心血，在此一并致谢！

莫先武
2020 年 5 月记于南京莫愁湖畔寓所

图书在版编目（CIP）数据

梁启超美学思想研究 / 莫先武著. -- 北京：社会科学文献出版社，2020.5
ISBN 978-7-5201-6496-2

Ⅰ.①梁… Ⅱ.①莫… Ⅲ.①梁启超（1873-1929）-美学思想-研究 Ⅳ.①B83-092

中国版本图书馆 CIP 数据核字（2020）第 054899 号

梁启超美学思想研究

著　　者 / 莫先武

出 版 人 / 谢寿光
责任编辑 / 杜文婕
文稿编辑 / 李小琪

出　　版 / 社会科学文献出版社（010）59367143
地址：北京市北三环中路甲 29 号院华龙大厦　邮编：100029
网址：www.ssap.com.cn
发　　行 / 市场营销中心（010）59367081　59367083
印　　装 / 三河市龙林印务有限公司

规　　格 / 开　本：787mm × 1092mm　1/16
印　张：16.25　字　数：234 千字
版　　次 / 2020 年 5 月第 1 版　2020 年 5 月第 1 次印刷
书　　号 / ISBN 978-7-5201-6496-2
定　　价 / 98.00 元